U0064469

費曼物理學講義 III

量子力學

3 薛丁格方程式

The Feynman Lectures on Physics
The New Millennium Edition
Volume 3

By Richard P. Feynman,
Robert B. Leighton, Matthew Sands

高涌泉、吳玉書　譯

費曼物理學講義 III
量子力學
3 薛丁格方程式　　目錄

第**15**章

獨立粒子近似　　9

第**16**章

機率幅與位置的關係　　43

費曼物理學講義 III
量子力學

1 量子行為

2 量子力學應用

第15章
獨立粒子近似

15-1 自旋波

　　我們在第 13 章中得到了電子或其他「粒子」（例如原子激發）在晶格中傳播的理論。我們在上一章將這個理論應用於半導體，可是一旦碰到有很多電子的情形，我們就忽略掉電子之間的任何交互作用。這種做法當然是一種近似。

　　在這一章中，我們將進一步討論電子間交互作用可以忽略的想法。我們也要利用這個機會，告訴你更多關於這個粒子傳播理論的應用。既然我們大致上會繼續忽視粒子之間的交互作用，所以除了新的應用之外，本章中真正新的東西很少。可是我們要考慮的第一個例子，卻是可以相當精確寫下正確方程式的例子，即使是在「粒子」的數目大於 1 的時候。我們可以從這些方程式，看出忽略交互作用的近似是如何做到的。不過，我們不會非常仔細的分析這個問題。

　　第一個例子是鐵磁晶體中的「自旋波」（spin wave），我們已經在第 II 卷第 36 章中討論過鐵磁性理論。在零溫度，對於鐵磁性晶體的磁性有貢獻的所有電子自旋都是平行的。自旋之間有交互作用的能量，當所有的自旋都指向下的時候，這時的交互作用能量是最低的。不過，只要溫度不是零，某些自旋就有可能會翻轉過來。我們在第 36 章以近似的方式計算了這個翻轉的機率。我們這一次要描述量子力學理論，目的是讓你瞭解，如果想要更精準的解這個問題，你得做些什麼事。（我們將仍理想化的假設電子是局限在原子上，同時自旋只和隔鄰的自旋有交互作用。）

　　考慮一個模型，其中每個原子上的電子都是成對的，除了一個電子之外，因此所有的磁性效應都來自於每個原子上未成對的自旋

1/2 電子。此外，假設電子是限制在晶格中原子的位置上。這樣的模型大致上對應到鎳金屬。

我們也假設在相鄰兩個自旋電子之間有交互作用，因此系統的能量就包括一項交互作用能量：

$$E = - \sum_{i,\,j} K\boldsymbol{\sigma}_i \cdot \boldsymbol{\sigma}_j \tag{15.1}$$

其中的 $\boldsymbol{\sigma}$ 代表自旋，而且我們得將所有相鄰電子對的能量累加起來。當我們在考慮氫原子超精細分裂的時候，已經討論過這種交互作用能量（氫原子的超精細分裂是來自氫原子中電子磁矩與質子磁矩的交互作用），我們那時將它表示成 $A\boldsymbol{\sigma}_e \cdot \boldsymbol{\sigma}_p$。現在如果有一對電子，例如原子 4 與原子 5 的電子，它們的哈密頓函數就會是 $-K\boldsymbol{\sigma}_4 \cdot \boldsymbol{\sigma}_5$。每一對電子就有這樣一項能量，所以總哈密頓函數便是這些項的總和（好像古典能量那樣）。我們用 $-K$ 來說明能量的大小，所以正的 K 就對應到鐵磁性；也就是說，如果相鄰的自旋是平行的，則總能量最低。在真實的晶體中，或許次近鄰的自旋也有交互作用等等，但是我們在這個階段不需要考慮這些更複雜的情形。

有了(15.1)式的哈密頓函數，我們能夠（在我們所用的近似之下）完整的描述鐵磁性，而且應該可以得到磁化的性質。我們也應該能夠把來自磁化現象的熱力學性質計算出來。如果我們能夠找到所有的能階，就可以利用統計力學原理求出晶體在溫度等於 T 時的性質。（這個原理即是，系統處在能量 E 狀態的機率與 $e^{-E/\kappa T}$ 成正比。）但是這個問題從未被完全解決。

我們將利用一個簡單的例子，來說明一些問題，這個例子是所有的原子都排成一行，也就是一維晶格的情形。你很容易把這些想法推廣到三維。每個原子的位置上都有一個電子，它有兩個可能的

狀態，自旋向上或向下；描述整個系統的方法就是說清楚所有的自旋是如何安排的。我們把系統的哈密頓函數看成是交互作用能量的算符，把(15.1)式中的自旋向量解釋成 $\boldsymbol{\sigma}$ 算符（或 $\boldsymbol{\sigma}$ 矩陣），就可以寫下線性晶格的哈密頓算符：

$$\hat{H} = \sum_n - \frac{A}{2} \hat{\boldsymbol{\sigma}}_n \cdot \hat{\boldsymbol{\sigma}}_{n+1} \qquad (15.2)$$

為了方便起見，我們把這個方程式中的常數寫成 $A/2$（以便後面某些方程式會和第 13 章的方程式一模一樣。）

那麼這個系統的最低能量狀態是什麼？這個狀態就是所有自旋指向同一方向，例如說全部向上的狀態。* 我們可以把這個狀態寫成 $|\cdots\cdots+++\cdots\cdots\rangle$，或是 $|$ 基$\rangle$，代表「基」態（ground state）或最低能量態。這個狀態的能量很容易計算。一種方法是用 $\hat{\sigma}_x$、$\hat{\sigma}_y$、$\hat{\sigma}_z$ 寫出所有的向量 $\boldsymbol{\sigma}$，並仔細算出哈密頓算符的每一項作用在基態上以後的結果，然後把這些結果加起來。不過我們也可以走另一條捷徑。我們在 12-2 節中學到 $\hat{\boldsymbol{\sigma}}_i \cdot \hat{\boldsymbol{\sigma}}_j$ 可以用包立自旋交換算符寫成

$$\hat{\boldsymbol{\sigma}}_i \cdot \hat{\boldsymbol{\sigma}}_j = (2\hat{P}_{ij}^{\text{自旋交換}} - 1) \qquad (15.3)$$

其中的算符 $\hat{P}_{ij}^{\text{自旋交換}}$ 的作用是把第 i 個電子與第 j 個電子的自旋交換。將(15.3)式代入哈密頓算符就得到

---

*原注：這裡的基態其實是「簡併的」（degenerate），還有其他的狀態有相同的能量，例如，所有自旋向下，或任何其他方向。如果在 z 方向有最細微的外加磁場，這些簡併狀態的能量會有一些不一樣，而我們所選的狀態就是真正的基態。

$$\hat{H} = -A \sum_{n} (\hat{P}_{n, n+1}^{\text{自旋交換}} - \tfrac{1}{2}) \tag{15.4}$$

現在就很容易算出 $\hat{H}$ 作用在不同狀態後的結果。譬如，如果 i 與 j 的自旋都向上，把這兩個自旋交換之後，什麼也沒有改變，所以 $\hat{P}_{ij}^{\text{自旋交換}}$ 作用在這樣的狀態上就得回原來的狀態，也就是等於對原來的狀態乘上 +1；所以（$\hat{P}_{ij}^{\text{自旋交換}} - \tfrac{1}{2}$）就等於 $\tfrac{1}{2}$。（從現在起，我們將去掉 $\hat{P}$ 的描述性上標。）

既然基態的自旋全部向上，所以如果你交換某一對自旋，還是會得回原來的狀態。基態是一個定態（stationary state）。如果將哈密頓算符作用到基態上，你會再次得到相同的狀態，只是得多乘上一個常數。這個常數是很多項的和（每一對自旋貢獻一項），每一項是－($A/2$)。所以，系統基態的總能量是－($A/2$)乘上原子的個數。

接下來我們想知道某些受激態的能量。我們發現以基態的能量為基準來測量能量很方便，也就是將基態能量定為能量零點。這個選擇等於是把哈密頓算符中的每一項都加上能量 $A/2$，也就是把 (15.4) 式中的「1/2」改為「1」。所以新的哈密頓算符就是

$$\hat{H} = -A \sum_{n} (\hat{P}_{n, n+1} - 1) \tag{15.5}$$

在這個哈密頓算符之下，最低能態的能量就等於零，因為自旋交換算符等於乘以 1（對於基態而言），剛好與每一項中的 1 相抵消。

如果要描述基態以外的其他狀態，我們便需要一組適當的基底狀態（base state）。一個方便的做法是把狀態依據它們有一個電子自旋向下，或兩個電子自旋向下，或三個向下等等來分類。當然有一個自旋向下的狀態很多，這個向下的自旋可能是在原子「4」、原子

「5」、或原子「6」等等。我們事實上可以選擇這樣的狀態做為基底狀態。雖然我們可以把這些狀態 s 寫成：$|4\rangle$、$|5\rangle$、$|6\rangle$、……，但是如果我們用「異類原子」（有向下自旋電子的原子）的座標 x 來標定這個原子，則以後會更方便。因此 $|x_5\rangle$ 這個狀態的定義就是，除了位於 x_5 的原子之外，所有原子的電子都有向上的自旋（見圖 15-1）。一般而言，$|x_n\rangle$ 所代表的狀態是，在座標為 x_n 的第 n 個原子上有向下的自旋。

　　哈密頓算符(15.5)式對於狀態 $|x_5\rangle$ 的作用是什麼？以哈密頓算符其中的一項，譬如，以 $-A(\hat{P}_{7,8}-1)$ 為例，算符 $\hat{P}_{7,8}$ 的作用是交換相鄰原子 7、8 的自旋，但是這兩個自旋在狀態 $|x_5\rangle$ 中都是向上的，因此 $\hat{P}_{7,8}$ 作用於 $|x_5\rangle$ 之後並沒有改變什麼，也就是

$$\hat{P}_{7,8}\,|x_5\rangle = |x_5\rangle$$

所以

$$(\hat{P}_{7,8}-1)\,|x_5\rangle = 0$$

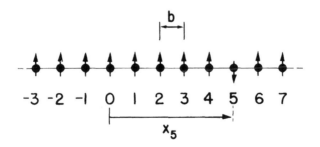

圖 15-1　一排自旋的基底狀態 $|x_5\rangle$。除了位於 x_5 的自旋是向下的，所有的自旋都向上。

因此，除了牽涉到原子5的項之外，其他所有哈密頓算符的項作用在 $|x_5\rangle$ 之後都會得到零。算符 $\hat{P}_{4,5}$ 對於 $|x_5\rangle$ 的作用是交換原子4的自旋（向上）與原子5的自旋（向下），這個作用的結果是將原子4的自旋變成向下，其他自旋則全部向上，也就是

$$\hat{P}_{4,5}\,|\,x_5\rangle = |\,x_4\rangle$$

同樣的，

$$\hat{P}_{5,6}\,|\,x_5\rangle = |\,x_6\rangle$$

所以哈密頓算符中需要考慮的項就只有 $-A(\hat{P}_{4,5}-1)$ 與 $-A(\hat{P}_{5,6}-1)$ 而已。它們作用到 $|x_5\rangle$ 之後，分別會得到 $-A\,|\,x_4\rangle + A\,|\,x_5\rangle$ 以及 $-A\,|\,x_6\rangle + A\,|\,x_5\rangle$。最後的結果是

$$\hat{H}\,|\,x_5\rangle = -A\sum_n (\hat{P}_{n,n+1}-1)\,|\,x_5\rangle = -A\{|\,x_6\rangle + |\,x_4\rangle - 2\,|\,x_5\rangle\}$$
(15.6)

當哈密頓算符作用在 $|x_5\rangle$ 以後，會出現處於狀態 $|x_4\rangle$ 與 $|x_6\rangle$ 的機率幅。這只是意味著，有某個機率幅讓向下的自旋跳到隔壁的原子上。所以，由於自旋之間交互作用的關係，如果一開始有一個自旋向下，那麼就會有某個機率讓向下的自旋稍後會出現在別的地方。現在考慮一般的狀態 $|x_n\rangle$，哈密頓算符作用在 $|x_n\rangle$ 以後會得到

$$\hat{H}\,|\,x_n\rangle = -A\{|\,x_{n+1}\rangle + |\,x_{n-1}\rangle - 2\,|\,x_n\rangle\}$$ (15.7)

請特別注意一件事：如果我們拿了一組只有一個向下自旋的完備狀態，這些狀態（在哈密頓算符作用之後）只會彼此混合。哈密頓算符絕對不會把這類狀態與有更多向下自旋的狀態混在一起，只要你

僅能夠交換自旋，則向下自旋的總數目就永遠不會改變。

我們要用矩陣記號來表示哈密頓算符，例如 $H_{n,m} \equiv \langle x_n | \hat{H} | x_m \rangle$，這是很方便的事：(15.7)式就等於

$$H_{n,n} = 2A$$
$$H_{n,n+1} = H_{n,n-1} = -A \tag{15.8}$$
$$H_{n,m} = 0, \quad \text{對於} \quad |n - m| > 1$$

那麼對於只有一個向下自旋的狀態來說，能階是什麼？和以前一樣，令 C_n 代表某個狀態 $| \psi \rangle$ 位於狀態 $| x_n \rangle$ 的機率幅。如果 $| \psi \rangle$ 有固定的能量，則所有的 C 必定要以相同的方式隨著時間而變，也就是

$$C_n = a_n e^{-iEt/\hbar} \tag{15.9}$$

把這個試探解代入以下平常的哈密頓方程式中

$$i\hbar \frac{dC_n}{dt} = \sum_m H_{nm} C_m \tag{15.10}$$

並且用上(15.8)式所給的矩陣元素，我們當然會得到無窮多個方程式，但是它們全部可以寫成

$$Ea_n = 2Aa_n - Aa_{n-1} - Aa_{n+1} \tag{15.11}$$

我們再次看到第 13 章碰過的方程式，除了那裡的 E_0 現在為 $2A$ 所取代。把那裡的解搬到這裡來，就得到沿著晶格傳播的機率幅 C_n（向下自旋機率幅），它的傳播常數 k 與能量 E 的關係是

$$E = 2A(1 - \cos kb) \tag{15.12}$$

其中的 b 是晶格常數。

這個有固定能量的解對應到向下自旋的「波」，稱為「自旋波」。對於任何波長來講，都有相對應的能量。在波長很大（k 很小）的時候，能量與 k 的關係是

$$E = Ab^2k^2 \qquad (15.13)$$

和以前一樣，我們可以考慮一個局域的波包（不過只包括長波長的波），它對應到有一個自旋向下的電子位於晶格的某一區域：這個向下自旋的行為就像是一個「粒子」。因為它的能量與 k 的關係是 (15.13)式，這「粒子」的有效質量便是

$$m_{\text{eff}} = \frac{\hbar^2}{2Ab^2} \qquad (15.14)$$

這些「粒子」有時稱為「磁振子」（magnon）。

15-2 兩個自旋波

我們現在要討論有兩個向下自旋的情形。和以前一樣，我們必須選擇一組基底狀態。我們所選擇的基底狀態是有兩個向下的自旋位於兩個原子位置上，如同圖 15-2 所示的狀態。我們可以用向下自

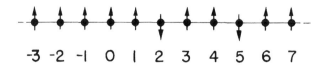

圖 15-2　有兩個向下自旋的狀態

旋所在位置的 x 座標來標明這樣的狀態。圖 15-2 所示狀態可以稱爲 $|x_2, x_5\rangle$，一般的基底狀態是 $|x_n, x_m\rangle$，是雙重無窮的集合！在這樣的描述之下，狀態 $|x_4, x_9\rangle$ 與狀態 $|x_9, x_4\rangle$ 是完全一樣的狀態，因爲每個狀態的意思都是有一個向下自旋在 4，同時也有一個向下自旋在 9；順序沒有意義。還有，狀態 $|x_4, x_4\rangle$ 也沒有意義，因爲沒有這種東西。

我們描述任何狀態 $|\psi\rangle$ 的方法，就是說明它位於每個基底狀態上的機率幅。所以如果系統的狀態是 $|\psi\rangle$，$C_{m,n} = \langle x_m, x_n | \psi \rangle$ 所代表的就是發現系統在第 m 個原子與第 n 個原子上都有向下自旋的機率幅。現在的問題看起來比較複雜，但這不是概念上的複雜，而是簿記上的複雜。（量子力學複雜的地方之一正是簿記。一旦向下的自旋愈來愈多，記號會變得愈來細緻，有很多指數、方程式看起來很可怕；但是概念其實並不必然比最簡單的情形更爲複雜。）

自旋系統的運動方程式就是 $C_{n,m}$ 的微分方程式：

$$i\hbar \frac{dC_{n,m}}{dt} = \sum_{i,j} (H_{nm,ij})C_{ij} \tag{15.15}$$

我們現在想找出定態。和以前一樣，將機率幅對時間微分，就相當於把 E 乘上機率幅，同時 $C_{m,n}$ 可以用係數 $a_{m,n}$ 來取代。其次我們必須仔細算出 H 作用在前述狀態（自旋 m 和 n 往下）後的結果。這個計算並不困難。暫且假設 m 和 n 相離很遠，這樣我們就不必擔心一些明顯的麻煩。交換算符在位置 x_n 的作用會把向下的自旋移到第 $(n+1)$ 或第 $(n-1)$ 個原子，所以有某個機率幅說現在的狀態 $|x_m, x_n\rangle$ 是來自 $|x_m, x_{n+1}\rangle$，也有一個機率幅說它是來自 $|x_m, x_{n-1}\rangle$。依據同樣的理由，也有可能是 x_m 的自旋在移動，所以也有某個機率幅說 $C_{m,n}$ 是由 $C_{m+1,n}$ 或由 $C_{m-1,n}$ 流過來的。這些效應應該全部相等。最

後，$C_{m,n}$ 應該滿足的哈密頓方程式是

$$Ea_{m,n} = -A(a_{m+1,n} + a_{m-1,n} + a_{m,n+1} + a_{m,n-1}) + 4Aa_{m,n}$$

$$(15.16)$$

這個方程式只有在兩種情形出錯：首先是如果 $m = n$，這時候根本就沒有方程式；其次是如果 $m = n \pm 1$，則(15.16)式的其中兩項應該不在那裡。**我們將不理會這些例外**。我們完全忽略這些方程式之中有少數其實必須更正。畢竟晶格是無限的，而我們有無窮多個方程式，忽視一兩個或許不太有關係。所以我們所取的第一個粗糙近似是忽略有些方程式必須修改的要求。換句話說，我們假設(15.16)式對於所有的 m 與 n 都成立，即使 m 和 n 就在彼此的隔壁。**這就是我們所用近似的基本部分。**

這麼一來，解就不難找了。我們馬上得到

$$C_{m,n} = a_{m,n}e^{-iEt/\hbar} \qquad (15.17)$$

以及

$$a_{m,n} = (\,\text{常數}\,)\,e^{ik_1 x_m}e^{ik_2 x_n} \qquad (15.18)$$

其中

$$E = 4A - 2A\cos k_1 b - 2A\cos k_2 b \qquad (15.19)$$

如果我們有兩個**獨立、單一**的自旋波（如上一節所討論的那種），分別對應到 $k = k_1$ 與 $k = k_2$，則後果是什麼？它們的能量根據(15.12)式就是

$$\epsilon_1 = (2A - 2A\cos k_1 b)$$

以及

$$\epsilon_2 = (2A - 2A \cos k_2 b)$$

請注意，(15.19)式的能量正是以上個別能量的和

$$E = \epsilon(k_1) + \epsilon(k_2) \qquad (15.20)$$

換句話說，我們可以把解想成這樣子：有兩個粒子，即兩個自旋波，其中一個的動量由 k_1 表示，另外一個的動量由 k_2 表示，而系統的能量正是這兩個物體的能量和。這兩個粒子的行動完全是獨立的。一切就只是這樣了。

當然我們已經做了一些近似，可是我們目前不想討論答案的精確性。不過，在有數十億個原子的合理大小晶格中，哈密頓有數十億項，你或許會猜，忽略掉幾項不會造成太大的誤差。如果向下自旋的數目很大，以致於它們的密度頗可觀，那麼我們當然得擔心必要的修正。

（很有趣的，如果只有兩個向下自旋，我們其實可以得到完整解。結果並不是特別重要，但是方程式在這種情形下可以完整解出來是很有意思的事。這個解是

$$a_{m,n} = \exp[ik_c(x_m + x_n)] \sin(k \,|\, x_m - x_n \,|) \qquad (15.21)$$

能量是

$$E = 4A - 2A \cos k_1 b - 2A \cos k_2 b$$

波數 k_c 跟 k 與參數 k_1 跟 k_2 的關係是

$$k_1 = k_c - k \qquad k_2 = k_c + k \qquad (15.22)$$

這個解包括了兩個自旋的「交互作用」。當兩個自旋碰在一起，兩者就有散射的機會，這個解可以描述這個情況。自旋的行為像是有交互作用的粒子，但是它們交互作用的詳細理論超出了我們在這裡想討論的範圍。）

15-3 獨立粒子

我們在上一節寫下了適用於兩個粒子（向下自旋）的哈密頓方程式——(15.15)式。然後我們用了相當於忽略掉兩粒子間「交互作用」的近似，而得到由(15.17)式與(15.18)式所描述的定態解。這個狀態只是兩個單一粒子狀態的乘積。我們已經很小心的指出，狀態 $|x_9, x_4\rangle$ 和狀態 $|x_4, x_9\rangle$ 並**不是**兩個不同的狀態，x_m 和 x_n 的順序沒有意義。一般說來，在 x_m 跟 x_n 的值對調之下，機率幅 $C_{m,n}$ 的代數式必須保持不變，因為這種對調不會改變狀態。無論如何，$C_{m,n}$ 應該代表在 x_m 找到向下自旋與在 x_n 找到向下自旋的機率幅。但請注意，(15.18)式對於 x_m 和 x_n 來說卻**不是**對稱的，因為一般而言，k_1 與 k_2 是不同的。

問題出在我們沒有逼使(15.15)式的解去滿足這個額外的要求。還好，這個麻煩很容易解決。首先請注意，哈密頓方程式有另外一個和(15.18)式一樣好的解：

$$a_{m,n} = K e^{ik_2 x_m} e^{ik_1 x_n} \tag{15.23}$$

它甚至和(15.18)式有相同的能量。任何(15.18)式和(15.23)式的線性組合也是一個好的解，而且能量也是如(15.19)式所給的那樣。因為對稱性的要求，我們應該挑選的解就只是(15.18)式與(15.23)式的和：

$$a_{m,n} = K[e^{ik_1 x_m}e^{ik_2 x_n} + e^{ik_2 x_m}e^{ik_1 x_n}] \qquad (15.24)$$

這麼一來，無論 k_1 與 k_2 是什麼，機率幅 $C_{m,n}$ 就和我們如何擺 x_m 和 x_n 無關，萬一我們把 x_m 和 x_n 的定義顛倒過來，我們還是得到同樣的機率幅。我們以「磁振子」來解釋(15.24)式的方式也必須改變。我們再也不能說這個方程式代表**一個**波數為 k_1 的粒子和**另一個**波數為 k_2 的粒子，機率幅(15.24)式代表**一個**有兩個粒子（磁振子）的狀態。這個狀態的性質是由兩個波數 k_1 和 k_2 來標明。我們的解看起來有點像是一個動量為 $p_1 = \hbar k_1$ 的粒子與另一個動量為 $p_2 = \hbar k_2$ 的粒子的複合態，只是在這個狀態中，我們無法說哪個粒子是哪個。

　　我們現在的討論應該已經讓你想起第 4 章中關於全同粒子（identical particles）的故事。我們剛剛正證明了，自旋波粒子（磁振子）的行為正像是全同的玻色子（Bose particle，或 boson），也就是說，如果我們「交換兩個粒子」，我們會得回原來的機率幅，而且正負號也相同。但是你或許會問，為什麼我們選擇把這兩項**加**起來以得到(15.24)式，為什麼不相減？如果這樣，交換 x_m 和 x_n 只會改變 $a_{m,n}$ 的正負號，而這應該沒有什麼關係。然而交換 x_m 和 x_n **不會改變任何東西**，所有晶格中的電子完全還在它們原來的地方，所以甚至連機率幅的正負號都沒有理由改變。磁振子的行為就像是玻色子。★

　　以上討論主要有兩個目的：第一，是要告訴你一些關於自旋波的事；第二，展示一種狀態，它的機率幅是另兩個機率幅的**乘積**，

★原注：一般說來，我們所討論的這一類準粒子（quasi particle）可以是玻色子或是費米子，同時它和自由粒子一樣，有整數自旋的粒子是玻色子，有半整數自旋的粒子是費米子。「磁振子」代表一個自旋向上的電子翻轉過來，所以**自旋角動量的改變是 1**。磁振子有整數自旋，是個玻色子。

而且它的能量也是對應到那兩個機率幅的能量之**和**。對於**獨立粒子**來說，機率幅是一個乘積，而能量是一個和。你很容易瞭解為什麼能量是「和」：能量是虛數指數中時間 t 的係數，它和頻率成正比；如果有兩個物體正在做什麼事情，其中一個的機率幅是 $e^{-iE_1t/\hbar}$，另一個的機率幅是 $e^{-iE_2t/\hbar}$，而且如果這兩件事同時進行的機率幅是這兩個機率幅的乘積，那麼乘積中就有一個單一頻率是兩個頻率的和，所以對應到機率幅乘積的能量就是兩個物體能量的和。

我們其實繞了一大圈子，來告訴你一件簡單的事。當你不把粒子之間的任何交互作用考慮進來，就可以將它們看成是相互獨立的。它們可以個別存在於各種狀態中，就好像它們是孤獨的那樣。可是你必須記得，如果它們是全同粒子，那麼它們不是玻色子就是費米子，依問題而定。例如，加到晶格中的兩個額外電子就是費米子。當兩個電子的位置交換了，機率幅必須改變正負號。如果(15.24)式所談的是電子，則右側兩項之間必須是負號。因此兩個費米子不能存在於完全相同的狀況，也就是相同的自旋與相同的 k，這種狀態的機率幅為零。

15-4 苯分子

雖然量子力學提供了基本定律來決定分子的結構，我們只能夠把這些定律精準的應用在最簡單的複合物。因此化學家設想出各種近似法來計算複雜分子的一些性質。我們現在想告訴你，有機化學家如何利用獨立粒子近似。讓我們從苯分子開始。

我們已經在第 10 章用另一種觀點討論過苯分子，那時所用的近似圖像是把這個分子當成雙態系統，這兩個狀態顯示於次頁的圖 15-3。有一個由六個碳原子構成的環，每個位置的碳都有一個氫原

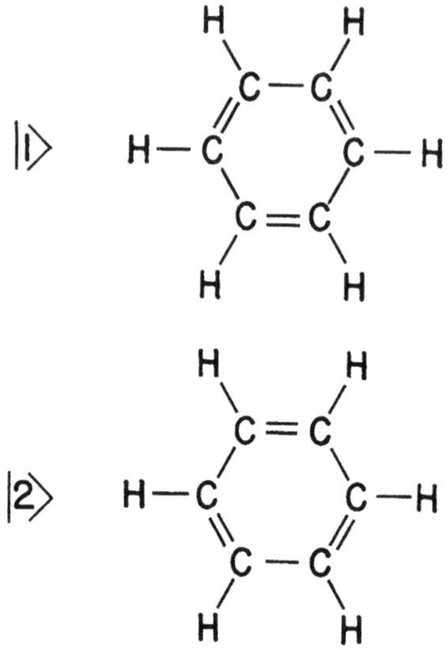

圖 15-3　第 10 章中所用的兩個苯分子基底狀態

子附在上面。以一般的價鍵理論來說，我們必須假設，碳與碳之間的鍵結只有一半是雙鍵，同時最低能量的情況有兩種可能性，如圖所示。這個系統當然還有其他更高能量的狀態。我們在第 10 章中只考慮這兩個狀態，把其他的狀態都忽略了。我們發現分子的基態能量並不是圖中兩個狀態之一的能量，而是比這個能量都還低，兩者的差距與從一個態跳到另一個態的機率幅成正比。

　　現在我們要從完全不同的角度來看同一個分子，也就是用另一種近似。這兩種觀點會給我們不同的答案，但是我們如果改進這些近似法，這樣應該能夠帶領我們找到真實的答案──對於苯分子的有效描述。可是我們不打算另費心力去改進這些近似，當然這就是一般的情況，所以你對這兩種描述的不完全一致，不應感到驚訝。

不過我們起碼要證明，在新的觀點之下，苯分子的最低能量要比圖 15-3 中的任何一種三鍵結構還要低。

　　我們將使用以下的觀點。假設苯分子中的六個碳原子只用單鍵連接，如圖 15-4 所示。也就是我們拿掉了六個電子，因爲一個鍵代表兩個電子，所以我們有一個六重離子化的苯分子。如果我們現在一次一個的把電子擺回去，並想像每個電子可以自由繞著環跑，那麼會發生什麼事？我們也假設圖 15-4 所有的鍵都滿足（satisfied）了，不必再去考慮它們。

　　如果把一個電子放進這個分子離子，會如何？電子當然可能局限在繞著環的六個位置之一（這六個位置對應到六個基底狀態），電子也會有某個機率幅，比方說 A，讓它從一個位置跑到另一個位置。如果我們分析定態，就會得到某些可能的能階。這是只有一個電子的情形。

　　接下來放進第二個電子。現在我們要用靠想像所得到的最荒謬近似——**一個電子不會受到另一個電子的影響**。這兩個電子當然有交互作用，它們會因庫侖力而互相排斥，而且當兩個電子處在同一位置時，它們的能量並非兩倍於單獨一個的能量，兩者差異很大。

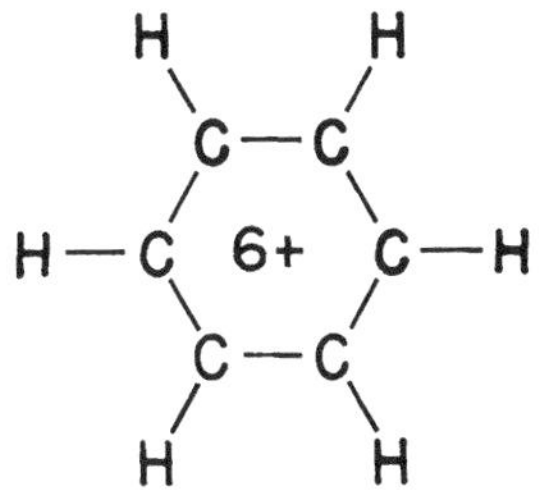

圖 15-4　去掉六個電子的苯環

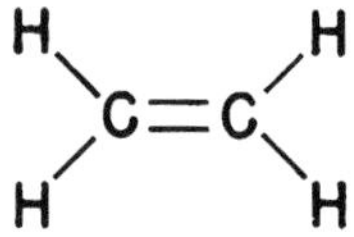

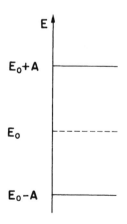

圖 15-5　乙烯分子

在只有**六個**位置的時候，獨立粒子的近似當然不合理，尤其是我們要擺進六個電子！不過，有機化學家還是從這種近似學到了很多。

在更仔細的討論苯分子之前，我們先考慮一個更簡單的情形——只有兩個碳原子和兩邊各有兩個氫原子的乙烯分子，如圖 15-5 所示。這個分子在兩個碳原子之間有一個「額外」的鍵，這個鍵牽涉到兩個電子。如果我們拿掉這兩個電子的其中之一，我們有什麼呢？我們可以把它看成是雙態系統，剩下的電子可以位在其中一個碳原子上。我們可以將它當成雙態系統來分析。這剩下電子的能量不是$(E_0 - A)$，就是$(E_0 + A)$，如圖 15-6 所示。

$$E$$

$$E_0 + A$$

$$E_0$$

$$E_0 - A$$

圖 15-6　乙烯分子中「額外」電子的可能能階。

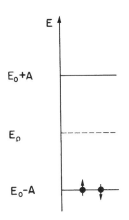

圖 15-7　在乙烯分子額外的鍵中，兩個電子（一自旋向上，一自旋向下）可以占據最低的能階。

　　現在加入第二個電子。好，如果我們有兩個電子，可以把第一個放在較低能量的狀態，第二個放在較高能量的狀態。且慢，我們忘了一件事。這每一個狀態其實是兩個狀態。當我們說有一個可能的狀態具有能量$(E_0 - A)$，其實有兩個可能的狀態。兩個電子其實可以進入同一個狀態，只要一個電子的自旋向上，而另一個自旋向下。（因為不相容原理的緣故，我們不能再放進更多的電子了。）所以其實有兩個可能的狀態能量為$(E_0 - A)$。我們可以用圖來說明能階，與它們被占據的情形，如圖 15-7 所示。最低能量的情形是兩個電子都在最低能階，它們有相反的自旋。因此如果忽略掉電子之間的交互作用，乙烯分子額外鍵的能量就是 $2(E_0 - A)$。

　　現在回到苯分子。圖 15-3 有三個雙鍵。每一個雙鍵正像是乙烯的鍵，所以對能量的貢獻是 $2(E_0 - A)$，這時的 E_0 是把電子放到苯中一個位置的能量，A 是跳到下一個位置的機率幅。所以總共的能

量應該大約是 $6(E_0 - A)$。但是我們以前在研究苯的時候，發現實際的能量比有三個額外鍵的結構還低。我們現在就從新的觀點，來看苯的能量是否比三個鍵還低。

我們從六重離子化苯環（即少了六個電子的苯環）開始，然後加入一個電子。這個系統現在是六態系統，我們還沒有解過這樣的系統，但是我們知道怎麼做，我們可以考慮六個機率幅、六個方程式等等。然而這些工作其實都可以省下來，我們只要注意到，當先前算出電子在一串無窮長的原子上的行為時，我們其實已經解決了這個問題。當然，苯不是無窮長的線，它有六個原子繞成一圈。但是假設我們把圓圈打開成一線，然後把原子沿著線編號，從 1 到 6。在一條無窮長的線上，下一個位置應該是 7，可是如果我們堅持這個位置和 1 號位置一樣，則情況就會和苯環一樣。換句話說，我們可以用無窮長的線的解答，不過得**加上一個額外的條件**——解必須是週期性的，六個原子為一週期。我們從第 13 章學到，一條線上的電子有固定能量的狀態，它在每個位置上的機率幅是 $e^{ikx_n} = e^{ikbn}$。k 和能量的關係是

$$E = E_0 - 2A \cos kb \tag{15.25}$$

我們現在採用的解是每隔六個原子就會重複的那些解。我們先討論一般的情形，也就是有 N 個原子的環。如果解的週期是 N 個原子間隔（Nb），那麼 e^{ikbN} 必須等於 1，或者說 kbN 必須是 2π 的整數倍。如果 s 代表任意整數，我們的結論就是

$$kbN = 2\pi s \tag{15.26}$$

我們以前學過，只需要考慮 k 在 $\pm \pi/b$ 之間的值，這表示只要考慮 s 在 $\pm \frac{N}{2}$ 之間的值，就可以得到所有可能的狀態。

因此，N 個原子的環有 N 個固定能態*，它們的波數 k_s 是

$$k_s = \frac{2\pi}{Nb} s \qquad (15.27)$$

每一個狀態有由(15.25)式所決定的能量，所以我們得到了可能能階的線譜。圖 15-8(b)顯示了苯（$N = 6$）的能譜。（括號內的數字代表能量相同的**不同**狀態有多少種。）

有一個很好的方法，可以幫助我們想像這六個能階，這就是如

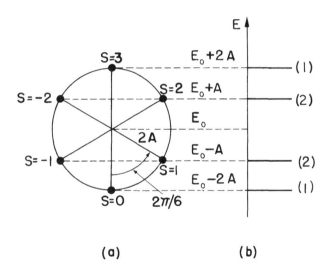

(a)   **(b)**

圖 15-8 有六個電子位置的環（例如苯環）的能階

*原注：你或許會認為對於偶數的 N 而言，有 $N + 1$ 個狀態。這是不對的，因為 $s = \pm N/2$ 代表同一狀態。

15-8(a) 的圖。想像一個圓圈，中心是 E_0 的能階，半徑是 $2A$。我們從最底下開始，將圓分成六份相等的圓弧，並記下來（亦即以最底下的點爲準，每隔 $k_s b = 2\pi s/N$ 徑角度就加記號；對於苯來說，就是每隔 $2\pi s/6$ 徑角加記號），那麼圓上的點的垂直高度就是(15.25)式所代表的解。這六個點代表六個可能的狀態。最低能階是$(E_0 - 2A)$，有兩個狀態的能量是$(E_0 - A)$等等。★ 這些是一個電子的可能狀態。如果電子的數目多過一個，那麼兩個自旋相反的電子可以進入同一狀態。

對於苯分子來說，我們必須放進六個電子。最低能量的基態是兩個電子在 $s = 0$，兩個在 $s = +1$，兩個在 $s = -1$。根據獨立粒子近似，基態的能量是

$$E_{\text{基態}} = 2(E_0 - 2A) + 4(E_0 - A)$$
$$= 6E_0 - 8A \tag{15.28}$$

這個能量的確比三個雙鍵的能量小，小了 $2A$。

只要比較苯的能量與乙烯的能量就可以決定 A，大約是 0.8 電子伏特，或者以化學家喜歡的單位來說是每莫耳 18 千卡。

我們可以用這種描述方式，來計算或瞭解苯的其他性質。譬如，可以用圖 15-8 來討論受光激發的苯。如果我們想激發其中一個電子，會發生什麼事？這個電子會跑到空的更高能階去。最低能量的激發是從最高的填滿能階（filled level）到最低能量的空能階（empty level）的躍遷，這麼做需要的能量是 $2A$。因此苯可以吸收頻

★原注：當兩個狀態有相同的能量（它們可能有不同的機率幅分布），我們說這兩個狀態是「簡併態」。請注意，有**四個**電子可以有能量 $E_0 - A$。

率 v 的光，只要 $hv = 2A$。苯也可以吸收能量爲 $3A$ 與 $4A$ 的光子。不用說，苯的吸收光譜已經被測量出來，而且譜線的模樣大致上和預期相符，除了最低躍遷是發生在紫外區域；所以 A 的值必須選在 1.4 和 2.4 電子伏特之間才能符合數據。換句話說，A 的值比來自化學結合能的預測大了兩到三倍。

　　化學家如果碰到這種狀況，他們會分析很多類似的分子，然後得到一些經驗定則。例如，他會學到：如果要計算結合能，你必須使用這樣與這樣的 A 值，但是如果想得到大致正確的吸收光譜，你得用另一個 A 值。你或許會覺得，這聽起來有點荒謬；以物理學家的觀點看，這樣不是太令人滿意，因爲他們想要從第一原理瞭解自然。但是化學家的問題不一樣，他必須在分子還沒有造出來或還沒有完全瞭解之前，就設法猜出會發生什麼事。化學家需要的是一系列的經驗定則，它們怎麼來的並不重要。所以化學家使用理論的方式和物理學家大不相同，化學家會用有些許道理的方程式，但是他必須調整方程式裡的常數，做經驗上的修正。

　　在苯的例子上，我們之所以會得到不一致的結果，主要的原因是，我們做了電子是獨立的這一假設，因此一開始的理論就是不正確的。但它還是有些道理，因爲結果的方向大致是對的。有了這樣的方程式加上一些經驗定則，包括各種例外，有機化學家還是完成了所選各種複雜東西的研究。（不要忘了，物理學家能夠眞正的從第一原理計算東西的原因是，他只選擇簡單的問題。物理學家從不解決有 42 個或甚至是 6 個電子的問題。到目前爲止，物理學家能大致精確計算的系統只有氫原子與氦原子。）

15-5　更多有機化學

我們現在來看看，如何把同樣的點子應用到其他分子。考慮一個像丁二烯(1, 3)的分子，我們根據通常的價鍵表示法，將它畫在圖15-9。

我們可以對於對應到兩個雙鍵的四個電子，再次玩同樣的遊戲。如果我們拿掉額外的四個電子，就有四個排成一排的碳原子。你會說：「喔，我只知道如何解決無窮長的一排原子。」但**無窮長**情況的解，其實也已把有限長的解包括在內。請看，假設 N 是這一排原子的總個數，同時將原子從 1 到 N 編號，如圖 15-10 所示；如果要寫下電子在位置 1 的機率幅，你不會有一項從位置 0 流過來的機率幅。同樣的，電子在位置 N 的方程式也不會和無窮長情況下同一位置的方程式一樣，因為沒有東西會從位置 $N+1$ 流過來。

但是，假設我們可以求得無窮長情形的一個特殊解，這個解有以下的性質：電子在原子 0 位置的機率幅為零，它在$(N+1)$原子上的機率幅也是零。那麼對於從 1 到 N 有限位置上的那一組方程式來說，以上的解也成立。你或許會覺得在無窮長的情形下，這樣的解不可能存在，因為我們的解都是 $e^{ik x_n}$ 的形式，而這種解的絕對值處處都一樣。然而你得記得，能量只和 k 的絕對值有關，所以另一個

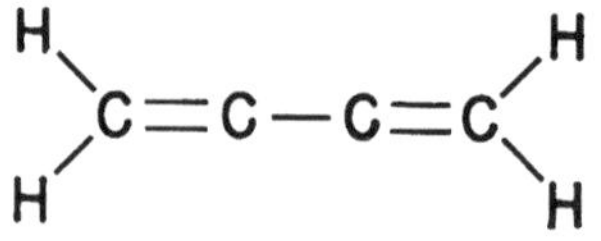

圖 15-9　丁二烯(1, 3)分子的價鍵表示法

也有同樣能量的有效解是 e^{-ikx_n}。如果取這兩個解的線性組合，也會得到能量相同的解；例如把它們相減，解的形式是 $\sin kx_n$，會滿足機率幅在 $x = 0$ 必須爲零的條件；它的能量仍是$(E_0 - 2A \cos kb)$。現在只要選擇適當的 k 值，就可以讓機率幅在 x_{N+1} 爲零，我們只需要求$(N + 1)kb$ 是 π 的整數倍就可以了，也就是

$$kb = \frac{\pi}{(N + 1)} s \qquad (15.29)$$

其中的 s 是從 1 到 N 之間的整數。（我們取正的 k 值，因爲每個解都包含 $+k$ 與 $-k$，所以改變 k 的正負號還是得到同一個解。）對於丁二烯分子來說，$N = 4$，所以有四個狀態：

$$kb = \pi/5, \quad 2\pi/5, \quad 3\pi/5, \text{ 以及 } 4\pi/5 \qquad (15.30)$$

　　我們可以用一個圓圖來表示這些能階，這圓圖和以前用於苯的圓相類似；這次我們用分爲五等分的半圓，如次頁的圖 15-11 所示。最底邊的點對應到 $s = 0$，這並不代表任何狀態，最頂上的點對應到 $s = N + 1$，也同樣不代表任何狀態。剩下的四個點就對應到四個可能的狀態。我們共有如預期的四個定態，因爲一開始的基底狀態也是四個。在圓圖中，兩個點之間的角度是 $\pi/5$ 徑度，或 36 度。最低的能量是（$E_0 - 1.618A$）。（啊，數學眞奇妙，根據這個

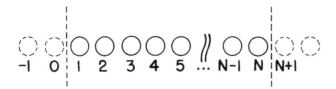

圖 15-10　一排 N 個分子

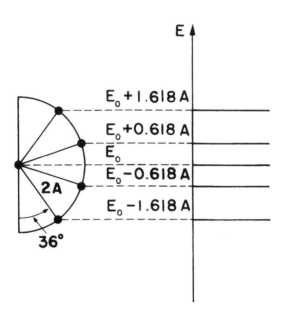

<u>圖 15-11</u>　丁二烯分子的能階

理論，丁二烯分子的最低能量狀態來自希臘人的黃金比★！）

　　現在把四個電子放進去，然後計算丁二烯分子的能量。我們可以用這四個電子來填滿最低的兩個能階，能階上兩個電子的自旋是相反的。總能量是

$$E = 2(E_0 - 1.618A) + 2(E_0 - 0.618A) = 4(E_0 - A) - 0.472A$$

$$(15.31)$$

　　★原注：黃金比（golden mean）是特別長方形的邊長比值。這
　　　種長方形可以分解成一個正方形以及一個與自己類似的長方
　　　形。

這似乎是合理的結果。這個能量比兩個簡單雙鍵更低一些，但是這個結合沒有苯那麼強。無論如何，這就是化學家分析一些有機分子的方法。

　　化學家不僅使用能量，也使用機率幅。他們只要知道每個狀態的機率幅以及哪些狀態被占據了，就可以知道在分子中任何地方發現電子的機率。那些比較容易找到電子的地方，就比較容易在化學取代作用中有反應，如果這個取代過程要求和其他原子群分享電子；其他的位置則是比較容易參與那些傾向於讓出一個電子給系統的取代。

　　同樣的點子也有助於我們瞭解像葉綠素（chlorophyll）那麼複雜的分子，圖 15-12 顯示了這個分子的一種形式。請注意我們用粗線

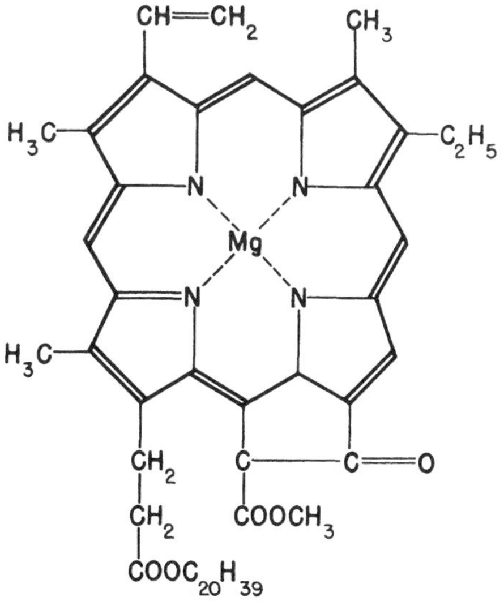

圖 15-12　葉綠素分子

所畫的單鍵或雙鍵形成了一個有二十條線段的長封閉環。雙鍵的額外電子可以繞著這個環跑。利用獨立粒子方法可以得到一整組的能階。在能譜可見部分的能階之間的躍遷會導致很強的吸收譜線（absorption line），所以這個分子有很強的顏色。類似的複雜分子，例如會讓樹葉轉紅的葉黃素（xanthophyll），也可以用同樣的方式來研究。

　　這類理論在有機化學上的應用，還會再引出一個新點子。這個點子也許是最成功的，或就某個觀點而言，是最精確的點子。它和以下的問題有關：我們在什麼情況下會得到非常強的化學鍵結？答案很有趣。以苯為例，當我們從六重離子化分子出發，然後將電子一個一個放進去，我們考慮的是各種苯離子，負的或正的。假設把離子（或中性分子）的能量表示成電子數目的函數，並把函數畫成圖；如果將 E_0 定義為零（反正我們也不知道它的值），我們就得到圖 15-13 的曲線。對於頭兩個電子來說，函數的斜率是固定的；以後每一群電子能量的斜率會增加，而且不同群電子的斜率之間是不連續的。斜率改變的地方是當我們填滿了一組能量相同的能階，然後下一個電子必須進到下一組更高能階的時候。

　　苯離子的真正能量其實和圖 15-13 的曲線相當不一樣，原因是我們一直忽略了電子之間的交互作用以及靜電能。這些修正和 n 的關係是相當平滑的。即使我們把這些修正都包括進來，最後的能量曲線仍然會在填滿某能階的 n 值處有轉折。

　　現在考慮一條（平均上）符合能量點的非常平滑曲線，如圖 15-14 所示。我們可以說曲線之上的點有「高於正常」的能量，在曲線之下的點有「低於正常」的能量。一般而言，我們會期待，那些化學上而言低於正常能量的組態，有比較高的穩定性。請注意，離開曲線較遠較低的組態永遠出現在直線段的端點，也就是當有足

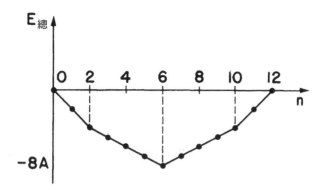

圖 15-13　當圖 15-8 的最低能階被 n 個電子填滿之後，電子能量的總和如圖所示。我們將 E_0 定義為零。

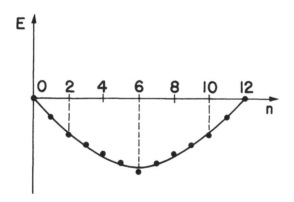

圖 15-14　圖 15-13 的點配合上一條平滑的曲線。$n = 2$、6、10 的分子比其他分子更為穩定。

夠電子填滿一個「能量殼層」的時候。這是這個理論非常精確的預測：當可用的電子剛好足以填滿能量殼層的時候，分子或離子是特別穩定的。

　　這個理論解釋也預測了一些非常奇特的化學現象。舉一個非常
簡單的例子：考慮有三邊的環（$N = 3$）。我們幾乎不可能相信化學
家可以造出一個這樣的環，而且還很穩定，但是這樣的分子的確被
造出來了。圖 15-15 顯示了三個電子的能量圓圈。如果你把兩個電
子放進較低能態，你只處理了所需三個電子中的兩個，第三個電子
一定要放進更高的能階。根據我們的論證，這個分子應該不會特別
穩定，而兩個電子的結構卻應該是穩定的。真實的情況是三苯環丙
烯（triphenyl cyclopropenyl）的中性分子很難製造，但是圖 15-16 所
顯示的正離子就相當容易製造。三邊環從來就不容易製造，因為當
有機分子的鍵構成正三角形時，總有很大的應力（stress）。任何穩
定的化合物都需要（以某種方式）有穩定的結構。總之，如果在三
個角落上加上苯環，我們就可以做出正離子。（我們還不真正瞭解
為什麼需要加進苯環。）

　　我們可以用類似的方法分析五邊的環。如果畫出能量圖，你就

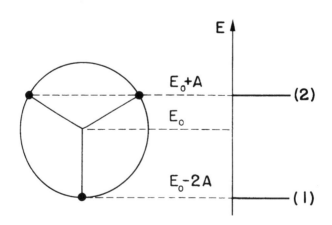

圖 15-15　三邊環的能量圖

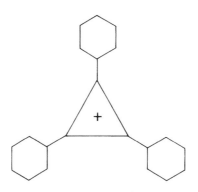

圖 15-16　三苯環丙烯正離子

可以大致看出，六個電子的結構應該是特別穩定的結構，所以這種
分子最穩定的狀況應該是負離子。五邊環其實很容易做，也廣為人
知，並且永遠是負離子。同樣的，你可以很容易驗證四邊環或八邊
環不是很有趣，但是類似六邊環的十四邊環或十邊環，它們的中性
物體應該是特別穩定的。

15-6 獨立粒子近似的其他應用

　　另外還有兩種類似的情況，可是我們只會稍微的描述一下。在
考慮原子結構的時候，我們可以想像電子一層層地的填充殼層。對
於電子運動的薛丁格理論來說，我們其實只能夠很容易的算出**單一**
電子在「連心」力場（central field）中的運動（這種連心力場的大
小只和離開一個點的距離有關），那麼我們怎麼可能理解有 22 個電
子的原子到底在幹什麼？！

　　一種辦法是利用某種獨立粒子近似。首先計算一個電子的情

形，你會得到一些能階，然後把一個電子放到最低能態；以一個粗糙的模型來說，你可以繼續忽視電子的交互作用，並繼續填充後面的殼層，不過有一種方法可以得到更好的答案，那就是起碼以某種近似的方式，把電子電荷的效應考慮進來。每次你加入一個電子的時候，計算它在各個地方的機率幅，然後用這個機率幅去估計球形對稱的電荷分布。你再利用這個分布，以及正原子核與所有之前電子的電場，去計算下一個電子的狀態。你能夠用這個方法相當正確的估計出中性原子以及各種離子狀態的能量。你會發現存在著能量殼層，就如電子在環形分子中那樣。如果殼層只是部分填滿，原子就會想要多接收一個或多個額外電子，或者丟掉一些電子，以進入最穩定的滿殼層（filled shell）狀態。

這個理論提供了一種機制，可以解釋出現在元素週期表中的基本化學性質。惰性氣體（inert gas）是某個殼層剛好填滿了的元素，很難讓它們起反應。（它們之中有一些當然會起反應，例如跟氟與氧反應；但這種化合物的束縛是很弱的；所謂的惰性氣體的確幾乎是惰性的。）比惰性氣體還多一個或少一個電子的原子，很容易失去或獲得一個電子以進入特別穩定的（低能量）狀況，這種穩定的狀況來自完全填滿的殼層；所以這種化學元素是很活潑的 +1 價或 −1 價的元素。

用到獨立粒子近似的另一種情況是核物理。質子和中子在原子核中的交互作用相當強，不過即使這樣，獨立粒子模型還是可以再次用來分析原子核結構。實驗學家首先發現帶有某些特定中子數（即 2、8、20、28、50、82）的原子核特別穩定。原子核內的質子數如果也是這些數字，一樣特別穩定。因爲我們一開始無法解釋這些數字，所以它們就稱爲核物理的「魔數」（magic number）。

人們很清楚質子和中子的交互作用很強，因此當有人發現獨立

粒子模型預測了殼層結構以及頭幾個魔數時，人們大爲驚訝。這個模型假設每個核子（質子或中子）是在一個連心位勢（central potential）中運動，這個位勢是由所有其他核子的平均效應所造成的；不過這個模型卻不能得到比較大的魔數。然後梅爾（Maria Mayer, 1906-1972）發現〔另外簡生（Johannes H. D. Jensen, 1907-1973）和其合作者也獨立的得到同樣的結果〕，只要把所謂的「自旋—軌道交互作用」這項修正加到獨立粒子模型之中，就可以得到所有的魔數。（自旋—軌道交互作用使得核子的能量降低，如果它的自旋和來自運動的軌角動量有相同的方向。）這個理論也就是所謂的原子核的「殼層結構」觀點，其實還可以讓我們預測原子核與核反應的某些特質。

獨立粒子近似在很多領域都很有用處，從固態物理、化學、生物、到核物理。它經常只是粗糙的近似，但是卻能讓我們理解，爲什麼有特別穩定的情況在殼層裡。既然它忽略了個別粒子之間交互作用的一切複雜情況，我們應該很清楚，它常常不能完全正確的得到很多重要的細節。

第16章
機率幅與位置的關係

16-1 一條線上的機率幅

我們現在想討論量子力學的機率幅在空間中如何變化。在前面某些章節中，你也許會有相當不舒服的感覺到有些東西給忽略了。例如在討論氨分子的時候，我們選用了兩個基底狀態來描述它。一個基底狀態是氮原子位於三個氫原子構成的平面之「上」，另一個狀態則是氮原子位於三個氫原子的平面之「下」。為什麼只挑這兩個狀態？為什麼氮原子不能夠只在三個氫原子平面上方兩埃或是三埃、或是四埃的地方？氮原子當然可以位於很多地方！同樣的，當我們談到氫分子離子（兩個質子分享一個電子）時，我們只想像兩個基底狀態：一個是電子靠在第一號質子旁邊，另一個基底狀態則是電子靠在第二號質子旁邊；我們很明顯的忽略了很多細節。電子不會剛好在二號質子上，而只是在其附近而已。它可能是在質子上面某個地方、或下面某個地方、或右邊某個地方。

我們是故意避開討論這些細節的。我們說只對於問題的某些特點感興趣，所以我們想像當電子在一號質子附近時，它只會處在某特定的情況；在那個情況下發現電子的機率（在質子附近）會有相當明確的分布，但是我們對於細節並不感興趣。

換句話說，先前在討論氫分子離子的時候，我們選擇了一種近似描述──只用兩個基底狀態來描述情況，不過事實上這些狀態有很多很多。一個電子在質子旁可以居於最低能量態，也就是基態，但是還有很多受激態。對於每個受激態來講，電子在質子附近的分布都不一樣。我們忽略了這些受激態，理由是我們只對低能量的情況感興趣。可是正是這些其他的受激態，才可能導致質子旁電子的各種分布。我們如果要仔細描述氫分子離子，就必須把這些其他可

能的基底狀態考慮進來。做法不只一種，其中之一是更仔細的考慮、更細心的描述電子位置的那些狀態。

我們接下來要考慮一個更細緻的步驟，它會允許我們仔細談論電子的位置，方法是求出在特定的情況下，在任何地方與每個地方找到電子的機率幅。我們在先前的討論中做了一些近似，這種更完備的理論對這些近似提供了基礎。就某個意義而言，我們先前的方程式可以從這個更完備的理論，以某種近似推導出來。

你或許會好奇，為什麼我們不一開始就用更完備的理論，然後依據情況再來做各種近似。那是因為我們覺得如果從雙態近似開始，然後漸漸逼近更完備的理論，會比反過來走更好，這樣你會比較容易瞭解量子力學的基本架構。因為這個理由，我們所採的順序似乎就和其他很多書的順序背道而馳。

當我們進入這一章的主題後，你會注意到我們違背了過去一向遵循的原則。在過去，每次我們提到任何主題，我們永遠試著對於物理給出一個或多或少完整的描述，我們盡可能告訴你，這些想法能做些什麼。除了描述理論的一般性結果，我們也想描述某些特定的細節，讓你可以瞭解理論能做些什麼。我們現在要打破這樣的規矩；我們將描述人們如何可以談論空間中的機率幅，並且告訴你這些機率幅所滿足的微分方程式，不過我們將沒有時間繼續討論這個理論的很多明顯蘊涵。我們所談的甚至也不夠深入，無法把這個理論和先前用過的一些近似理論，例如氫分子與氨分子等聯繫起來。這一次，我們必須留下一些事情沒講清楚。我們正逐漸接近課程的尾聲，所以必須滿足於只試著向你介紹一般性想法，以及指出我們的描述與其他解說量子力學方式的關連。我們希望你對於這些想法有足夠的理解，以便自己獨立去探索且藉由閱讀書本，學到我們即將描述的方程式的很多意涵。我們畢竟必須留一些東西到未來。

我們再回顧電子如何可以沿一排原子運動。當電子有某個機率幅可以從一個原子跳到下一個，它就有固定能量狀態，使得發現電子的機率幅，是以行進波的形式沿著晶格分布。如果波長很長，也就是波數 k 很小，狀態的能量就和波數的平方成正比。如果晶格間隔爲 b，而且每單位時間電子從一個原子跳到另一個的機率幅是 $iA/\hbar$，那麼狀態的能量和 k 的關係（在 kb 很小的時候）是

$$E = Ak^2b^2 \tag{16.1}$$

（見 13-3 節）我們也看到一群能量類似的這種波會形成波包，而且波包的行為就像一個古典粒子，它的質量 m_{eff} 是

$$m_{\text{eff}} = \frac{\hbar^2}{2Ab^2} \tag{16.2}$$

既然晶體中機率幅波的行為就像是一個粒子，我們有理由期待粒子的一般性量子力學描述，會顯現出晶格中所觀察到的波性。假設考慮排成一線的晶格，並且想像晶格間隔 b 變得愈來愈小。在這個極限之下，電子可以位於一條線上的任何位置，我們得用上機率幅的連續分布——在一條線上的任意點發現電子的機率幅；這會是描述電子在真空中運動的一種方式。換句話說，如果想像空間可以用無窮多個非常靠近的點來標明，同時我們可以找到一個方程式，它能夠聯繫一個點的機率幅與隔壁點的機率幅，則我們將得到電子的量子力學運動方程式。

我們先回顧一下量子力學的一般性原理。假設有一個粒子，它可以存在於一個量子力學系統的各種狀況。我們把任何這樣的狀況稱爲「狀態」，並用一個狀態向量，例如 $|\phi\rangle$，來標定它。另外的狀況可用另一個狀態向量，如 $|\psi\rangle$，來標定。我們接著引入基底狀

態的概念，這是一組狀態 $|1\rangle$、$|2\rangle$、$|3\rangle$、$|4\rangle$ 等，它們有以下的性質：首先，這些狀態都不一樣：它們是正交的；我們的意思是對於任何兩個基底狀態 $|i\rangle$、$|j\rangle$ 來說，機率幅 $\langle i\,|\,j\rangle$（位於狀態 $|i\rangle$ 的電子也處於狀態 $|j\rangle$)的機率幅)等於零——除非 $|i\rangle$ 跟 $|j\rangle$ 代表相同的狀態。我們以符號

$$\langle i\,|\,j\rangle \;=\; \delta_{ij} \tag{16.3}$$

來代表這個條件；其中的 $\delta_{ij} = 0$ 如果 i 不等於 j，而 $\delta_{ij} = 1$ 如果 i 等於 j。

　　其次，基底狀態 $|i\rangle$ 必須是一組完備基底，以便任何狀態都可以用它們來描述。也就是說，任何狀態 $|\phi\rangle$ 都可以完整的用（位於狀態 $|\phi\rangle$ 的粒子也處於狀態 $|i\rangle$ 的）機率幅 $\langle i\,|\,\phi\rangle$ 來描述。事實上，狀態向量 $|\phi\rangle$ 等於每個基底向量乘上一個係數的和，這個係數就是狀態 $|\phi\rangle$ 也是在狀態 $|i\rangle$ 上的機率幅：

$$|\phi\rangle \;=\; \sum_i |i\rangle\langle i\,|\,\phi\rangle \tag{16.4}$$

　　最後，如果有任何兩個狀態 $|\phi\rangle$ 與 $|\psi\rangle$，則狀態 $|\psi\rangle$ 也是在狀態 $|\phi\rangle$ 上的機率幅可以表示成

$$\langle\phi\,|\,\psi\rangle \;=\; \sum_i \langle\phi\,|\,i\rangle\langle i\,|\,\psi\rangle \tag{16.5}$$

也就是先把狀態 $|\psi\rangle$ 投影到基底狀態上，再把每個基底狀態投影到狀態 $|\phi\rangle$ 上，最後再對於每個基底狀態累加起來。

　　當我們在第 13 章中討論，電子被放在一排原子上會發生什麼事情時，我們選用了一組基底狀態，其中的狀態是電子被局限在那排原子之一上頭的狀態。所以基底狀態 $|n\rangle$ 代表電子被局限在第「n」個原子上的情況。（當然我們稱為 $|n\rangle$ 的基底狀態也可以稱

為 $|i\rangle$），這些稱法沒有什麼特別意義。）稍後，我們發現用原子的座標 x_n 而不是原子的排序來標定基底狀態，是很方便的事。狀態 $|x_n\rangle$ 只是狀態 $|n\rangle$ 的另一種寫法。這麼一來，根據一般原則，任何狀態例如 $|\psi\rangle$ 都可以用處於 $|\psi\rangle$ 的電子也處於狀態 $|x_n\rangle$ 的機率幅來描述。為了方便起見，我們選用符號 C_n 來代表這些機率幅：

$$C_n = \langle x_n \mid \psi \rangle \tag{16.6}$$

既然基底狀態是和原子的位置伴隨在一起，我們就可以把機率幅 C_n 想成是座標 x_n 的函數，並將它寫成 $C(x_n)$。一般而言，機率幅 $C(x_n)$ 會隨著時間而變，因此也是 t 的函數，不過我們通常不會刻意把 C 對於 t 的依賴明顯標示出來。

我們在第 13 章中接著提議機率幅 $C(x_n)$ 應該以哈密頓方程式 (13.3)式的形式隨時間而變。以這裡的新記號來表示，方程式就成為

$$i\hbar \frac{\partial C(x_n)}{\partial t} = E_0 C(x_n) - AC(x_n + b) - AC(x_n - b) \tag{16.7}$$

右側的最後兩項代表在原子$(n + 1)$或原子$(n-1)$上的電子流到原子 n 的過程。

我們發現(16.7)式有對應到固定能量狀態的解，這樣的解可以寫成

$$C(x_n) = e^{-iEt/\hbar}e^{ikx_n} \tag{16.8}$$

低能量的狀態有較大的波長（k 比較小)，在這種情形能量和 k 的關係是

$$E = (E_0 - 2A) + Ak^2b^2 \tag{16.9}$$

我們可以選擇適當的能量零點好讓$(E_0 - 2A) = 0$，那麼能量和k的關係就是(16.1)式。

我們現在來看一下如果讓晶格間隔b趨近於零，但是保持波數k不變，則會如何？如果我們只是單純的讓k等於零，那麼(16.9)式中的最後一項就等於零，這樣子便沒有任何物理可言。但是假設A會和b一起改變，以致於當b趨近於零的時候，乘積Ab^2仍能夠保持不變*——利用(16.2)式，我們將Ab^2寫成常數$\hbar^2/2m_{\text{eff}}$。在這種情形下，(16.9)式不會改變，但是微分方程式(16.7)式會變成什麼呢？

首先將(16.7)式寫成

$$ih \frac{\partial C(x_n)}{\partial t} = (E_0 - 2A)C(x_n) + A[2C(x_n)$$
$$- C(x_n + b) - C(x_n - b)] \qquad (16.10)$$

我們可以選擇E_0以便讓第一項等於零。接下來設想一個連續函數$C(x)$，它會平滑的在每個x_n位置通過適當的$C(x_n)$。當間隔b趨近於零，點x_n會愈來愈靠在一起，因此方括號裡的量就只是正比於$C(x)$的二次微分（假設$C(x)$的變化相當平滑）。我們可以這麼寫（只要取每一項的泰勒展式就看得出來）：

$$2C(x) - C(x + b) - C(x - b) \approx -b^2 \frac{\partial^2 C(x)}{\partial x^2} \qquad (16.11)$$

所以在b趨近於零的極限下，只要保持Ab^2等於常數$\hbar^2/2m_{\text{eff}}$，(16.7)式就變成

*原注：你可以想像，當x_n愈相靠近時，A從$x_{n\pm 1}$跳至x_n的機率幅會更大。

$$ih\,\frac{\partial C(x)}{\partial t} = -\,\frac{\hbar^2}{2m_{\text{eff}}}\,\frac{\partial^2 C(x)}{\partial x^2} \tag{16.12}$$

這個方程式的意思是在 x 發現電子的機率幅 $C(x)$ 的時間變化率取決於在附近點發現電子的機率幅，方式是和 $C(x)$ 對於位置的二次微分成正比。

薛丁格（Erwin Schrödinger, 1887-1961）首先發現了電子在空間中的正確量子力學運動方程式；對於沿著一直線的運動來說，這個方程式的形式和(16.12)式完全一樣，除了(16.12)式中的 m_{eff} 要由電子在空間中的質量 m 取代。因此描述電子在空間中一直線上運動的薛丁格方程式是

$$ih\,\frac{\partial C(x)}{\partial t} = -\,\frac{\hbar^2}{2m}\,\frac{\partial^2 C(x)}{\partial x^2} \tag{16.13}$$

我們不希望讓你以為我們已經推導出了薛丁格方程式，而只是希望告訴你一種看待它的方式。當薛丁格最初寫下他的方程式時，所依據的是一些經驗與試探性的論證，以及非常高明的直覺猜測。他依據的某些理由甚至還是錯的，不過這沒有關係，重要的是這個方程式能正確的描述自然。我們這裡的討論只不過想告訴你，正確的基本量子力學方程式(16.13)式，與電子沿一排原子運動的極限情形有相同的形式。這表示我們可以把(16.13)這個微分方程式，想成是描述機率幅（沿一條線）從一點到下一點的擴散。換句話說，如果電子有某個機率幅可以位於某一點，它過些時候將有某個機率幅讓它處於隔壁的點。事實上，這個方程式看起來，和我們在第 I 卷用過的擴散方程式很類似。但兩者有一個很大的區別：(16.13)式中時間微分項之前的虛數係數，會讓這個方程式的行為和一般描述氣

體沿著一條細管散開來的方程式完全不一樣。一般的擴散方程式會有實數指數函數解，但是(16.3)式的解卻是複數波。

16-2 波函數

　　現在你既然對於事情是什麼樣子有了一些概念，我們就要從頭開始研究如何描述電子在一條線上的運動，但是我們不必從與晶格上原子有關的電子狀態開始討論。我們要回到最初，設法瞭解必須用什麼想法，才能描述自由粒子的運動。既然我們感興趣的是粒子沿連續體的運動，就必須處理無窮多個可能狀態，因此你待會就會看到，我們得要在某些技術細節上，修改以前為了處理有限個狀態所發展出來的想法。

　　我們一開始先令 $|x\rangle$ 代表粒子的座標，恰好就是 x 那一點的狀態。因此線上的每一個 x 值，例如 1.73 或 9.67 或 10.00，都有一個相對應的狀態。我們將把這些狀態 $|x\rangle$ 當成基底狀態：只要把所有線上的點都包括進來，我們就有一組可以描述一維運動的完備基底。現在假設有另外一種狀態，如 $|\psi\rangle$，它代表電子以某種形式分布於線上的狀態。一種描述這個狀態的方法是寫下所有電子也會出現在每一個基底狀態 $|x\rangle$ 上的機率幅。我們將有無窮多個這種機率幅，因為每一個 x 值就有一個；我們將這些機率幅寫成 $\langle x|\psi\rangle$。每一個這種機率幅都是複數，而且既然每一個 x 值都有一個這樣的複數，機率幅 $\langle x|\psi\rangle$ 的確就是 x 的函數，我們把這個函數寫成 $C(x)$：

$$C(x) \equiv \langle x|\psi\rangle \tag{16.14}$$

當我們在第 7 章中討論機率幅如何隨時間變化時，已經考慮過

這種隨座標連續變化的機率幅。例如我們在那裡證明了一個有明確
動量的粒子，在空間中的機率幅應該有特定的變化模式。如果粒子
有明確的動量 p 以及（和 p 相對應的）明確能量 E，那麼我們在任
何位置 x 找到粒子的機率幅看起來就像是

$$\langle x \mid \psi \rangle = C(x) \propto e^{+ipx/\hbar} \qquad (16.15)$$

這個方程式表達了量子力學中一項重要的一般原理：對應到空間中
不同位置的基底狀態與另一組基底狀態（一切具有明確動量的狀態）
之間的關係。對於某一類問題而言，具有明確動量的狀態，常常比
位置 x 固定的狀態來得更為方便。當然，兩組基底狀態都可以用來
描述量子力學狀況。我們等會再回來討論它們的關係。目前我們暫
且將只用狀態 $|x\rangle$ 來描述事情。

　　在繼續討論之前，我們要稍微更改一下所用的記號，希望這不
會太讓你感到困惑。方程式(16.14)定義的函數 $C(x)$ 當然會取決於所
考慮的特定狀態 $|\psi\rangle$，我們應該把這種關連以某種形式表現出來。
例如，我們可以在所談論的函數 $C(x)$ 上頭加入一個下標像 $C_\psi(x)$；
雖然這是一個很合適的記號但是卻有點累贅，所以你不會在一般的
書中看到這種記號。多數人會將字母 C 省略掉，只用 ψ 來定義函
數：

$$\psi(x) \equiv C_\psi(x) = \langle x \mid \psi \rangle \qquad (16.16)$$

既然這是世人常用的記號，你最好習慣這個用法，以免當你在別的
地方碰到它時會覺得害怕。但是請你記得 ψ 現在有兩種用法：在
(16.14)式中，ψ 是我們賦予某特定電子物理狀態的標誌；而(16.16)
式左邊的符號 ψ 則是定義一個 x 的函數，這個函數等於在一條線上
每個點找到電子的機率幅。我們希望一旦你在熟悉了這些想法後就

不會感到太困惑。順帶一提，一般稱函數 $\psi(x)$ 為「波函數」，因為它經常具有複數波的形式。

　　既然我們將 $\psi(x)$ 定義成，在位置 x 發現處於狀態 ψ 的電子的機率幅，我們就想將 ψ 的絕對值的平方解釋成，在位置 x 發現電子的機率。不幸的，我們恰好在某一特定點發現粒子的機率是零。一般來說，電子會散布在線上的某個區域，而且既然每一小段線都含有無窮多個點，在每個點上發現粒子的機率，就不能是不為零的值。我們只能夠以**機率分布**（probability distribution）＊ 來描述找到電子的機率，這是在各個大約的地方發現電子的**相對**機率。令機率(x, Δx)代表在 x 附近一小範圍 Δx 內發現電子的機會。在任何物理狀況下，在足夠小的範圍內，機率將會平滑的變化，同時在任何小的有限線段 Δx 中，找到電子的機率會和 Δx 成正比。我們可以修正我們的定義以便將這種情況包括進來。

　　我們可以把機率幅 $\langle x \mid \psi \rangle$ 想成代表一種在一小範圍內，所有基底狀態的「機率密度」。既然在 x 附近一小範圍 Δx 內發現電子的機率應該正比於 Δx，$\langle x \mid \psi \rangle$ 的定義就必須使得下式成立：

$$機率\ (x, \Delta x) = |\langle x \mid \psi \rangle|^2\, \Delta x$$

因此機率幅 $\langle x \mid \psi \rangle$ 就是與本來處在狀態 ψ 中的電子，也被發現處於基底狀態 x 的機率幅成正比，而比例常數正好讓機率幅 $\langle x \mid \psi \rangle$ 的絕對值的平方，等於在任何小區域中找到電子的**機率密度**。我們也可以這麼寫

$$機率\ (x, \Delta x) = |\psi(x)|^2\, \Delta x \tag{16.17}$$

＊原注：機率的討論，請見第 I 卷的 6-4 節。

我們現在必須修改以前所用的一些方程式，以便讓它們和機率幅的新定義相容。假設有一個電子處於狀態 $|\psi\rangle$，而我們希望知道發現這一個電子處於另一個狀態 $|\phi\rangle$（這個狀態可能代表另一種分布的情況）的機率幅爲何；如果我們所談論的是一組有限個的離散態，我們就會用(16.5)式。在修改機率幅的定義之前，我們會用以下的式子：

$$\langle\phi\mid\psi\rangle = \sum_{\text{所有}\,x} \langle\phi\mid x\rangle\langle x\mid\psi\rangle \qquad (16.18)$$

可是，如果這兩個機率幅的歸一化方式和我們以上所談的一樣，那麼在一小 x 範圍內對於所有狀態的累加，就等於乘上 Δx，因此對於所有 x 值取和就變成一個積分。所以在新的定義之下，正確的形式就成爲

$$\langle\phi\mid\psi\rangle = \int_{\text{所有}\,x} \langle\phi\mid x\rangle\langle x\mid\psi\rangle\,dx \qquad (16.19)$$

機率幅 $\langle x\mid\psi\rangle$ 就是我們現在稱爲 $\psi(x)$ 的東西，同樣的，我們也可以用 $\phi(x)$ 來代表 $\langle x\mid\phi\rangle$。因爲 $\langle\phi\mid x\rangle$ 是 $\langle x\mid\phi\rangle$ 的共軛複數，所以可以把(16.19)式寫成

$$\langle\phi\mid\psi\rangle = \int \phi^*(x)\psi(x)\,dx \qquad (16.20)$$

在新的定義之下，每個式子的樣子都和以前一樣，除了你必須用對於 x 的積分來取代累加這一步驟。

我們必須指出，前面所講的如要成立其實還得滿足一個條件，那就是任何一組基底狀態，如果可以適當的用來描述發生的事情，就必須是一組完備的基底。對於在一維空間上運動的電子來說，只用基底狀態 $|x\rangle$ 來標明狀態其實是不夠的，因爲每個這種狀態的電子還可以有向上或向下的自旋。一種得到一組完備基底的辦法，

是拿兩組 x 的基底狀態，一組用來描述自旋向上，另一組則是自旋向下。不過我們暫時不去擔心這種較複雜的情形。

16-3 具有明確動量的狀態

假設有一個處於狀態 $|\psi\rangle$ 的電子，它可以用機率幅 $\langle x|\psi\rangle = \psi(x)$ 來描述。我們知道這個狀態代表電子以某種分布，散開於一條線上，所以在一小間隔 dx 之內找到電子的機率就是

$$機率\ (x, dx) = |\psi(x)|^2\, dx$$

這樣的電子，我們對於它的動量知道多少？我們可以問，這個電子具有動量 p 的機率是多少？我們先計算狀態 $|\psi\rangle$ 也處於另一個狀態 $|$ 動量 $p\rangle$ 的機率幅——這個狀態 $|$ 動量 $p\rangle$ 有明確的動量 p，計算的方法是利用(16.20)式這個分解機率幅的基本方程式。這個機率幅是

$$\langle 動量\ p\ |\ \psi\rangle = \int_{x=-\infty}^{+\infty} \langle 動量\ p\ |\ x\rangle\langle x\ |\ \psi\rangle\, dx \qquad (16.21)$$

發現電子帶有動量 p 的機率，就是以上機率幅的絕對值平方。可是我們再次的有一個關於歸一化的小問題。通常來講，我們只能談論電子的動量落在動量 p 附近一個小範圍 dp 內的機率。電子的動量剛好就是某個值 p 的機率一定是零（除非 $|\psi\rangle$ 恰是具有明確動量的狀態）。只有當我們問電子的動量落於動量 p 上一小範圍內的機率是多少時，才會得到不是零的機率。有好幾種歸一化條件可以選擇，我們會選用最方便的那一種，雖然你現在還未必看得出為什麼是這樣。

我們選用的歸一化條件是讓機率與機率幅的關係滿足以下的式子：

$$\text{機率}(p, dp) = |\langle \text{動量}\, p \,|\, \psi \rangle|^2 \frac{dp}{2\pi\hbar} \tag{16.22}$$

有了這個條件，就可決定機率幅〈動量 $p\,|\,x$〉的歸一化常數。機率幅〈動量 $p\,|\,x$〉當然只是我們寫在(16.15)式的機率幅〈$x\,|$ 動量 p〉的共軛複數。在我們所選用的歸一化條件之下，指數函數之前的比例常數恰好就是 1。也就是

$$\langle \text{動量}\, p \,|\, x \rangle = \langle x \,|\, \text{動量}\, p \rangle^* = e^{-ipx/\hbar} \tag{16.23}$$

這麼一來，(16.21)式成為

$$\langle \text{動量}\, p \,|\, \psi \rangle = \int_{-\infty}^{+\infty} e^{-ipx/\hbar} \langle x \,|\, \psi \rangle \, dx \tag{16.24}$$

這個式子加上(16.22)式，就可以讓我們得到任何狀態 $|\,\psi\,\rangle$ 的動量分布。

我們來看一個特殊的例子──例如電子位於 $x = 0$ 附近一小區域內。假設這個電子的波函數有以下的形式

$$\psi(x) = Ke^{-x^2/4\sigma^2} \tag{16.25}$$

這個波函數在 x 上的機率分布，是它的絕對值平方，也就是

$$\text{機率}(x, dx) = P(x)\, dx = K^2 e^{-x^2/2\sigma^2}\, dx \tag{16.26}$$

機率密度函數 $P(x)$ 是圖 16-1 所示的高斯曲線。大半的機率是集中在 $x = +\sigma$ 與 $x = -\sigma$ 之間。我們稱這個曲線的「半寬度」（half-width）是 σ。〔更精確點說，σ 是遵循這個分布的某東西的座標 x 的方均根（root mean square）值。〕我們通常會選擇適當的常數 K 以便讓機率密度 $P(x)$ 不僅僅是**正比**於在 x 附近單位長範圍內發現電子

的機率,而是 $P(x)$ Δx 就**等於**在 x 附近 Δx 內發現電子的機率。既然我們總會在某個地方找到電子,所以把機率積分起來一定是 1,因此只需要求 $\int_{-\infty}^{+\infty} P(x)dx = 1$ 我們就可以找到常數 K。我們算出來 $K = (2\pi\sigma^2)^{-1/4}$。(我們利用了 $\int_{-\infty}^{+\infty} e^{-t^2} dt = \sqrt{\pi}$ 這個式子,見第 I 卷,第 40 章。)

我們接下來要算出動量分布。令 $\phi(p)$ 代表發現電子帶有動量 p 的機率幅:

$$\phi(p) \equiv \langle \text{ 動量 } p \mid \psi \rangle \tag{16.27}$$

把(16.25)式帶入(16.24)式,就得到

$$\phi(p) = \int_{-\infty}^{+\infty} e^{-ipx/\hbar} \cdot Ke^{-x^2/4\sigma^2} \, dx \tag{16.28}$$

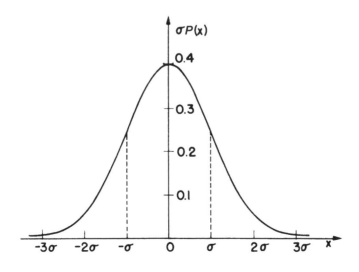

圖16-1 (16.25)式的波函數的機率密度

這個積分可以改寫成

$$Ke^{-p^2\sigma^2/\hbar^2}\int_{-\infty}^{+\infty}e^{-(1/4\sigma^2)(x+2ip\sigma^2/\hbar)^2}dx \qquad (16.29)$$

我們利用新的變數 $u = x + 2ip\sigma^2/\hbar$ 就可以算出積分等於

$$\int_{-\infty}^{+\infty}e^{-u^2/4\sigma^2}\,du = 2\sigma\sqrt{\pi} \qquad (16.30)$$

（數學家可能不喜歡我們的做法，不過答案還是正確的。）以及

$$\phi(p) = (8\pi\sigma^2)^{1/4}e^{-p^2\sigma^2/\hbar^2} \qquad (16.31)$$

我們所得到的有趣結果是以 p 表示的機率幅函數，正好和以 x 為變數的機率幅函數有相同的數學形式，兩者的區別只在於高斯寬度不一樣。我們可以把上式寫成

$$\phi(p) = (\eta^2/2\pi\hbar^2)^{-1/4}e^{-p^2/4\eta^2} \qquad (16.32)$$

其中 p 分布函數的半寬度 η 和 x 分布的半寬度 σ 有以下的關係：

$$\eta = \frac{\hbar}{2\sigma} \qquad (16.33)$$

我們的結果說：如果 σ 很小，也就是 x 分布的寬度很小，則 η 就變得很大，而 p 分布就會散得很開。或者反過來說：如果 p 分布很窄，則所對應的 x 分布就會很寬。只要我們願意，我們可以把 η 和 σ 看成是（處於我們所考慮的狀態之上的）電子在動量上與位置上的不準量。如果將 η 和 σ 分別稱為 Δp 與 Δx，則(16.33)式就成為

$$\Delta p\,\Delta x = \frac{\hbar}{2} \qquad (16.34)$$

我們可以證明一件很有意思的事：對於任何其他形式的 x 分布或 p 分布來說，乘積 $\Delta p \, \Delta x$ 不可能比上面的 $\hbar/2$ 小。高斯分布所給的方均根寬度乘積是最小的可能值。一般來說，我們有

$$\Delta p \, \Delta x \geq \frac{\hbar}{2} \tag{16.35}$$

這個式子是海森堡測不準原理的定量敘述，我們先前已經多次討論過這個原理的大致意義。我們通常會大略的說乘積 $\Delta p \, \Delta x$ 的最小值和 $\hbar$ 是同一數量級。

16-4 位置波函數的歸一化

現在回來討論原來的問題：如果我們面對的是連續的基底狀態，那麼基本方程式需要怎麼樣的修正？如果基底狀態是一組個數有限的離散狀態，則這組基底狀態必須滿足一個基本條件：

$$\langle i \,|\, j \rangle = \delta_{ij} \tag{16.36}$$

如果一個粒子正處在某一個基底狀態上，那它會處在另一個基底狀態中的機率幅就是零，同時我們可以選擇適當的歸一化常數，好讓機率幅 $\langle i \,|\, i \rangle$ 等於 1 。(16.36)式就是在描述這兩個條件。我們現在要來看的是，如果所用的基底狀態是 $|x\rangle$ 這個粒子在一條線上的狀態，我們應該如何修正(16.36)式這個關係。如果已知粒子是處在某個基底狀態 $|x\rangle$ 之上，那麼它會在另一個基底狀態 $|x'\rangle$ 上的機率幅是什麼？如果 x 和 x' 是線上的兩個位置，則 $\langle x \,|\, x' \rangle$ 當然是零，這個情況和(16.36)式是一致的。但是如果 x 等於 x' ，$\langle x \,|\, x' \rangle$ 卻不會等於 1 ，因為我們有和以前一樣的歸一化問題要處理。為了要知

道如何修補，我們回到(16.19)式，將這個方程式用於狀態 $|\phi\rangle$ 就是基底狀態 $|x'\rangle$ 的這一個特殊情形。我們就有

$$\langle x' \mid \psi \rangle = \int \langle x' \mid x \rangle \, \psi(x) \, dx \qquad (16.37)$$

既然機率幅 $\langle x \mid \psi \rangle$ 就是我們稱為函數 $\psi(x)$ 的東西，那麼機率幅 $\langle x' \mid \psi \rangle$ 也就是變數 x' 的函數 $\psi(x')$，因為兩個機率幅所指涉的是同一個狀態 $|\psi\rangle$。所以我們可以把(16.37)式重寫成

$$\psi(x') = \int \langle x' \mid x \rangle \, \psi(x) \, dx \qquad (16.38)$$

對於任何狀態 $|\psi\rangle$ 也就是對任何函數 $\psi(x)$ 而言，這個方程式必須成立。這一個條件應該可以完全決定機率幅 $\langle x \mid x' \rangle$ 的性質，它當然是取決於 x 和 x' 的函數。

　　接下來的問題就是尋找一個函數 $f(x, x')$，我們把它乘上 $\psi(x)$，並對於 x 積分就會得到 $\psi(x')$。可是沒有任何數學函數可以做到這一點！起碼它不是我們平常稱為「函數」的東西。

　　假設我們讓 x' 等於 0 這個特殊值，而且將機率幅 $\langle 0 \mid x \rangle$ 定義為某個 x 的函數，例如說 $f(x)$，那麼(16.38)式就成為

$$\psi(0) = \int f(x) \psi(x) \, dx \qquad (16.39)$$

什麼樣的函數 $f(x)$ 可能滿足這個方程式呢？既然這個積分值與 $\psi(x)$ 在 x 不等於 0 的值沒有關係，顯然的只要 x 不是 0，$f(x)$ 就必須是 0。如果 $f(x)$ 處處為 0，這個積分值也會是 0，(16.39)式就不會成立。所以我們有個不可能的情況：我們希望有一個函數，它除了在一點之外處處為零，同時這個函數還能給出不為零的積分。既然我們找不到這樣的函數，只好**說**函數 $f(x)$ 是由(16.39)式所**定義**的，這是最簡單的解決方式。換句話說，$f(x)$ 就是讓(16.39)式成立的函

數。狄拉克（Paul A. M. Dirac, 1902-1984）是首先發明這種函數的
人，因此就用他的名字來稱呼這個函數。我們把這個函數寫成
$\delta(x)$。我們所說的只不過是函數 $\delta(x)$ 有個奇怪的性質：如果將它代
入(16.39)式的 $f(x)$ 中，這個積分就會挑出 $\psi(x)$ 在 x 等於 0 時的值；
因為這個積分值和 $\psi(x)$ 在 x 不等於 0 時的值無關，函數 $\delta(x)$ 必須處
處為 0 ，除了在 $x = 0$ 這一點。總之，我們這麼寫：

$$\langle 0 \mid x \rangle = \delta(x) \tag{16.40}$$

我們用下式來定義其中的 $\delta(x)$：

$$\psi(0) = \int \delta(x)\psi(x)\, dx \tag{16.41}$$

請注意如果(16.41)式中的函數 $\psi(x)$ 是「1」這個特別函數，那麼我
們就得到

$$1 = \int \delta(x)\, dx \tag{16.42}$$

也就是說函數 $\delta(x)$ 的性質是：除了在 $x = 0$ 這一點之外，它處處等於
0 ，而且它的積分等於 1 。我們必須想像函數 $\delta(x)$ 在 $x = 0$ 這一點的
值是不得了的無窮大，以致於總面積會等於 1 。

　　一種想像狄拉克 δ 函數的方法，是把它想成是一系列愈來愈窄
也愈來愈高的長方形（或任何其他你喜歡的有峰函數），但是曲線
下面積保持不變（等於 1），如次頁的圖 16-2 所示。這個函數的從
$-\infty$ 到 $+\infty$ 的積分永遠是 1 。如果你把它乘上任意函數 $\psi(x)$，然後
積分起來，得到的值就近似於函數在 $x = 0$ 的值；當你用上愈來愈
窄也愈來愈高的長方形，這個近似就愈來愈好。如果願意，你可以
由這種極限過程來想像 δ 函數。不過唯一重要的事是 δ 函數的定義
必須使得(16.41)式對於每一個可能的函數 $\psi(x)$ 來說都成立。這個要

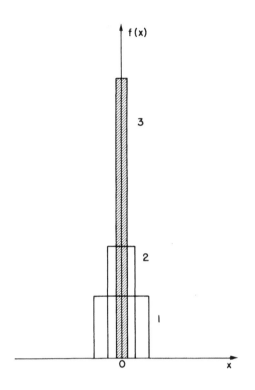

<u>圖 16-2</u>　一組函數，曲線下面積都是 1；它愈來愈像 $\delta(x)$。

求唯一的定義了 δ 函數，那麼它的性質就會正如我們所描述的那樣。

如果把 δ 函數的變數從 x 改為 $x - x'$，我們就有以下的關係：

$$\delta(x - x') = 0, \qquad x' \neq x$$
$$\int \delta(x - x')\psi(x)\,dx = \psi(x') \tag{16.43}$$

如果將(16.38)式中的機率幅 $\langle x \mid x' \rangle$ 看成是 $\delta(x - x')$，那個方程式就成立。所以我們的結果是對於基底狀態 $\mid x \rangle$ 來說，與(16.36)式相

對應的條件是

$$\langle x' \mid x \rangle = \delta(x - x') \tag{16.44}$$

我們已經完成了必要的修正，所以我們的基本方程式已能夠處理對應到一條線上的點的基底狀態連續體。很容易將上面的結果推廣到三維的情形：首先用向量 r 取代座標 x；其次把對於 x 的積分改成對於 x、y 與 z 的積分，換句話說，它們變成體積分；最後，把一維的 δ 函數改成 $\delta(x-x')\delta(y-y')\delta(z-z')$ 這三個 δ 函數的乘積。把一切都集合起來，我們就得到以下這一組適用於三維粒子機率幅的方程式：

$$\langle \phi \mid \psi \rangle = \int \langle \phi \mid r \rangle \langle r \mid \psi \rangle \, d\,體積 \tag{16.45}$$

$$\langle r \mid \psi \rangle = \psi(r)$$
$$\langle r \mid \phi \rangle = \phi(r) \tag{16.46}$$

$$\langle \phi \mid \psi \rangle = \int \phi^*(r)\psi(r) \, d\,體積 \tag{16.47}$$

$$\langle r' \mid r \rangle = \delta(x - x')\,\delta(y - y')\,\delta(z - z') \tag{16.48}$$

如果粒子的個數大於 1 該怎麼辦？我們會告訴你如何處理兩個粒子，你將很容易看出如何把它推廣到更多粒子的情形。假設有兩個粒子，一個稱爲 1 號粒子，另一個稱爲 2 號粒子。我們該以什麼做爲基底狀態？一組適當的基底狀態是這樣子的：我們說粒子 1 是在 x_1 位置，而粒子 2 是在 x_2，這個狀態可以寫成 $\mid x_1, x_2 \rangle$，這就是一個基底狀態。請注意，**僅描述一個粒子的位置並不足以定義**一個基底狀態。每一個基底狀態必須能定義整個系統的狀況。你絕不能認爲每個粒子都會獨立的以波的形式在三維空間中運動。

任何物理狀態 $\mid \psi \rangle$ 都可以用在任何的 x_1 與 x_2 發現兩個粒子的

機率幅 $\langle x_1, x_2 \mid \psi \rangle$ 來定義，因此這個推廣到兩個粒子的機率幅，是**兩**組座標 x_1 與 x_2 的函數。這樣子的函數並不是三維中的波，亦即不是在三維空間中前進的振盪；它也不僅僅是兩個波（每一個粒子一個波）的乘積。一般而言，它是六維空間（由 x_1 與 x_2 所定義）中的某種波。如果自然界中有兩個會相互作用的粒子，我們不可能只藉由其中一個粒子的波函數來描述這個粒子。我們在前幾章所考慮的著名弔詭（paradox），亦即在一個粒子上所做的測量可以告訴你另一個粒子的情形這種講法，之所以會引來各種麻煩，原因正在於人們試著要想像一個粒子的波函數，而不是以兩個粒子座標爲**變**數的正確波函數。只有用兩個粒子座標的函數才能得到正確而完整描述。

16-5　薛丁格方程式

到目前爲止，我們只是在擔心如何描述電子在空間（連續體）中的狀態；現在必須把在各種情況下，可能發生的物理放進我們的描述中。和以往一樣，我們必須擔心狀態如何能夠隨時間而變。如果一開始的狀態是 $\mid \psi \rangle$，一會後它變成另一個狀態 $\mid \psi' \rangle$，我們可以藉由讓波函數（即機率幅 $\langle r \mid \psi \rangle$）也成爲時間的函數（已知它是空間座標的函數）來描述所有時刻的狀況。這麼一來，處在某一狀況的粒子，就可以用一個隨時間而變的波函數 $\psi(r, t) = \psi(x, y, z, t)$ 來描述。這個隨時間而變的波函數描述了在時間推進的時候，狀態接續演進的情形。這種描述是所謂的「座標表現」（coordinate representation）——在這個表現中我們看到的是狀態 $\mid \psi \rangle$ 在基底狀態 $\mid r \rangle$ 上的投影；這個表現不一定永遠是最方便使用的表現，不過我們將最先討論它。

我們在第 8 章中用哈密頓矩陣 H_{ij} 來描述狀態如何隨時間而變。我們看到了各種機率幅的時間變化是由以下的矩陣方程式來表示：

$$i\hbar \frac{dC_i}{dt} = \sum_j H_{ij}C_j \qquad (16.49)$$

這個方程式說每個機率幅 C_i 的時間變化，與所有其他機率幅 C_j 成正比，比例係數是 H_{ij}。

如果我們用上了連續的基底狀態 $|x\rangle$，(16.49)式看起來會應是什麼樣子呢？我們先得記得(16.49)式可以寫成

$$i\hbar \frac{d}{dt}\langle i \mid \psi \rangle = \sum_j \langle i \mid \hat{H} \mid j\rangle\langle j \mid \psi \rangle$$

這樣一來，我們該怎麼做就很清楚了。就 x －表現而言，我們預期有下式：

$$i\hbar \frac{\partial}{\partial t}\langle x \mid \psi \rangle = \int \langle x \mid \hat{H} \mid x'\rangle\langle x' \mid \psi \rangle \, dx' \qquad (16.50)$$

對於基底狀態 $|j\rangle$ 的累加讓對於 x' 的積分取代。既然 $\langle x \mid \hat{H} \mid x'\rangle$ 應該是 x 與 x' 的函數，我們可以將它寫成 $H(x, x')$，這對應到(16.49)式中的 H_{ij}。所以(16.50)式也就是

$$i\hbar \frac{\partial}{\partial t}\psi(x) = \int H(x, x')\psi(x') \, dx'$$

其中 $\qquad\qquad\qquad\qquad\qquad\qquad\qquad\qquad\qquad\qquad$ (16.51)

$$H(x, x') \equiv \langle x \mid \hat{H} \mid x'\rangle$$

根據(16.51)式，ψ 在 x 的變化會取決於 ψ 在所有其他點 x' 的值；$H(x, x')$ 這個因子是每單位時間電子會從 x' 跳到 x 的機率幅。**不過真實的情況是除非 x' 非常靠近 x，否則這個機率幅是零**。這代表 (16.51)式的右邊可以完全用在 x 這一點的 ψ 值以及 ψ 在 x 這一點對於 x 的微分來表示；這和本章一開始所談一串原子的例子(16.12)式的情況是一樣的。

　　一個沒有受到力，沒有受到干擾，自由的在空間中運動的粒子所滿足的方程式是

$$\int H(x, x')\psi(x')\,dx' = -\frac{\hbar^2}{2m}\frac{\partial^2}{\partial x^2}\psi(x)$$

這個方程式到底是從哪裡來的？哪裡也不是！我們不可能從任何你所知道的東西，推導出這個式子。它來自薛丁格的腦子，薛丁格為了要理解實際觀察到的現象，發明了這個式子。你如果思考一下我們推導(16.12)式的方式，也就是從考慮電子在晶格中傳播著手，或許就可以獲得一點這個方程式為什麼必須是這樣子的線索。

　　當然，自由粒子並不太有趣，但如果我們將力施加在粒子上會怎麼樣呢？假如粒子所受的力可以用純量位勢 $V(x)$ 來描述，這意味我們所想的是電力而不是磁力，而且我們只考慮低能量的情形，以避免相對性運動所帶來的麻煩，那麼適合用來描述真實世界的哈密頓函數就是

$$\int H(x, x')\psi(x')\,dx' = -\frac{\hbar^2}{2m}\frac{\partial^2}{\partial x^2}\psi(x) + V(x)\psi(x) \qquad (16.52)$$

同樣的，只要你回頭考慮電子在晶格中的運動，並假設電子在不同原子位置上的能量會有些不一樣（如果晶格中存在著電場，電子的

能量就可能如此），然後想想看在這種情況下方程式該如何修正，你就會對於這個方程式的起源有些領悟。這時(16.7)式中的 E_0 項會隨著位置而緩慢的變化，它就對應到我們加進(16.52)式中的新項。

（你可能會好奇，為什麼我們直接從(16.51)式跳到(16.52)式，而不就給你機率幅 $H(x, x') = \langle x \mid \hat{H} \mid x' \rangle$ 的正確函數？這是因為 $H(x, x')$ 只能寫成奇怪的代數函數，儘管(16.51)式右邊整個積分所得到的結果可以用你熟悉的東西表示出來。如果你真的好奇，$H(x, x')$ 可以寫成以下的形式：

$$H(x, x') = -\frac{\hbar^2}{2m} \delta''(x - x') + V(x)\, \delta(x - x')$$

其中的 δ'' 的 $''$ 代表 δ 函數的二次微分。這個相當奇怪的函數可以用一個比較方便的微分算子取代，兩者是完全等價的：

$$H(x, x') = \left\{ -\frac{\hbar^2}{2m} \frac{\partial^2}{\partial x^2} + V(x) \right\} \delta(x - x')$$

我們將不會用這種形式，而會直接用(16.52)式的形式。）

如果我們用(16.52)式來表示(16.50)式中的積分，就會得到以下 $\psi(x) = \langle x \mid \psi \rangle$ 所應該滿足的方程式：

$$i\hbar \frac{\partial \psi}{\partial t} = -\frac{\hbar^2}{2m} \frac{\partial^2}{\partial x^2} \psi(x) + V(x)\psi(x) \tag{16.53}$$

假如我們感興趣的是粒子在三維空間中的運動，那麼究竟應該用什麼方程式來代替(16.53)式？答案很明顯：我們只要以

$$\nabla^2 = \frac{\partial^2}{\partial x^2} + \frac{\partial^2}{\partial y^2} + \frac{\partial^2}{\partial z^2}$$

來取代∂^2/x^2，以及用$V(x, y, z)$來取代$V(x)$就可以了。所以對於一個
在位勢$V(x, y, z)$中運動的電子來說，機率幅$\psi(x, y, z)$必須滿足微分
方程式

$$i\hbar \frac{\partial \psi}{\partial t} = -\frac{\hbar^2}{2m} \nabla^2 \psi + V\psi \tag{16.54}$$

　　這個方程式稱爲「薛丁格方程式」，它是人們所知的第一個量
子力學方程式，是由薛丁格首先寫下的。本書所描述的任何其他量
子方程式，都是在薛丁格方程式之後才發現的。

　　雖然我們完全沒有按照歷史進展的順序來討論量子力學，事實
上薛丁格於 1926 年寫下他的方程式之時，正是量子力學誕生的偉
大歷史時刻。多年來，物質內部的原子結構一直是個謎，沒有人瞭
解究竟是什麼把物質拉在一起，以及爲什麼會有化學鍵，尤其是沒
人知道爲什麼原子是穩定的。雖然波耳（Niels H. D. Bohr, 1885-1962）
已經找到一種描述氫原子中電子運動的方式，這個描述方式也似乎
可以解釋所觀察到的氫原子發射光譜，但爲什麼電子會這樣運動則
仍是個謎。薛丁格發現了電子在原子尺度上的正確運動方程式，因
此提供了一個可以定量的、精確的、詳細的計算原子現象理論。

　　原則上，薛丁格方程式可以解釋，所有不牽涉磁性與相對論的
原子現象。它可以解釋原子的能階以及化學鍵的一切。但我們只是
在原則上可以這麼做──數學很快就變得很複雜，以致於除了最簡
單的問題之外，我們其實找不出完整解；能精確的算出來的系統，
只有氫原子與氦原子而已。不過我們只要利用各種近似法（有些還

相當粗糙）就可以瞭解更複雜原子以及分子化學鍵聯的很多現象。
我們在前幾章已經討論過一些這類近似法。

先前寫下的薛丁格方程式並沒有包含任何磁效應，不過我們只
要用近似的方式把某些項加進方程式中，就可以將這種效應包括進
來。但是我們已經在第 II 卷學過，磁性基本上是一種相對論效應，
所以只有適當的相對論方程式，才能正確描述電子在任意電磁場中
的運動。正確的電子相對論性運動方程式，是由狄拉克在薛丁格提
出他的方程式一年後所發現的。這個相對論性方程式的形式和薛丁
格方程式頗爲不同，我們無法在這裡討論狄拉克的這個方程式。

在往下討論薛丁格方程式的一些結果之前，我們想告訴你適用
於多粒子系統的薛丁格方程式的樣子。我們完全不會用到這個方程
式，而只是要向你強調波函數 ψ 並不是空間中的一種普通波，而是
很多變數的函數。如果粒子數目很大，方程式就變成

$$i\hbar \frac{\partial \psi(r_1, r_2, r_3, \ldots)}{\partial t} = \sum_i - \frac{\hbar^2}{2m_i} \left\{ \frac{\partial^2 \psi}{\partial x_i^2} + \frac{\partial^2 \psi}{\partial y_i^2} + \frac{\partial^2 \psi}{\partial z_i^2} \right\}$$
$$+ V(r_1, r_2, \ldots)\psi \qquad (16.55)$$

位勢函數 V 正好對應到古典物理中所有粒子的總位能。如果粒
子沒有受到外力作用，那麼函數 V 就僅是所有粒子的交互作用靜電
能量。換句話說，如果第 i 個粒子所帶的電荷是 $Z_i q_e$，則函數 V 就
只是*

*原注：我們用的是前幾卷的定義：$e^2 \equiv q_e^2/4\pi\epsilon_0$。

$$V(r_1, r_2, r_3, \ldots) = \sum_{\substack{\text{所有} \\ ij \text{ 對}}} \frac{Z_i Z_j}{r_{ij}} e^2 \qquad (16.56)$$

16-6 量子化能階

我們在以後的章節中，會用一個特殊的例子來詳細看薛丁格方程式的解，不過現在我們想先告訴你，薛丁格方程式最有意思的結果之一是怎麼來的──這個令人驚訝的結果，就是儘管微分方程式只牽涉到連續函數（這些函數的變數也是連續的座標變數），它竟然能夠導致例如原子中的離散能階這種量子效應。我們必須瞭解的關鍵事實就是，為什麼一個被某種位勢「阱」（well）限制在某區域的電子，竟然必定有一組一個或多個的明確離散能階。

我們現在設想有一個電子在一維空間中運動，圖 16-3 顯示了電子的位能隨座標 x 變化的情形。我們假設這個位勢是靜態的，也就是它不會隨時間而變。和以前一樣，我們想要尋找對應到明確能量（即明確頻率）的解。我們試著求以下形式的解：

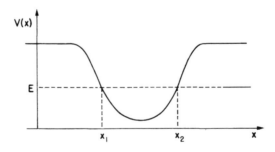

圖 16-3　沿 x 軸運動的粒子所見到的一種位勢阱

$$\psi = a(x)e^{-iEt/\hbar} \tag{16.57}$$

如果把這個函數代入薛丁格方程式裡，我們會發現函數 $a(x)$ 必須滿足以下的方程式：

$$\frac{d^2a(x)}{dx^2} = \frac{2m}{\hbar^2}[V(x) - E]a(x) \tag{16.58}$$

這個方程式的意思是在每個 x 點，$a(x)$ 對於 x 的二次微分與 $a(x)$ 成正比，比例常數取決於 $\frac{2m}{\hbar^2}(V-E)$ 這個量。$a(x)$ 的二次微分是其斜率的變化率，如果位勢 V 比粒子的能量 E 來得大，則 $a(x)$ 的斜率變化率就與 $a(x)$ 有一樣的正負號。這意味著 $a(x)$ 曲線會彎離 x 軸，也就是說它的行為大致上與正（或負）指數函數 $e^{\pm x}$ 類似。因為在圖 16-3 中 x_1 左邊區域的 V 比假設的能量 E 更大，因此這個區域中函數 $a(x)$ 必須看起來像圖 16-4(a) 所示的這類曲線。

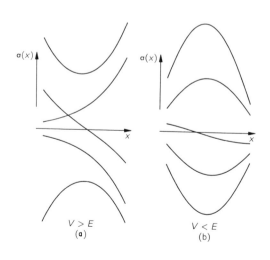

圖 16-4　在 $V > E$ 與 $V < E$ 情況下，波函數 $a(x)$ 的可能形狀。

　　反過來說，如果位勢函數 V 比能量 E 來得小，則 $a(x)$ 對於 x 的二次微分與 $a(x)$ 本身就會相差一個負號，所以 $a(x)$ 就永遠會彎向 x 軸，像圖 16-4(b) 所示的這類曲線。在這種區域中的解，一段一段的看，大致上有正弦曲線的樣子。

　　我們現在來看看，是否能夠利用圖像來建構函數 $a(x)$ 的一個解，這個解所描述的是位於圖 16-3 所示的位勢 V 之中，能量為 E_a 的粒子。既然我們想描述的是粒子受限在位勢阱**裡面**的狀況，那麼如果 x 離開位勢阱很遠，我們要找的波機率幅就有很小的值。我們可以很容易的想像一個這種曲線，如圖 16-5 所示；如果 x 是很大的

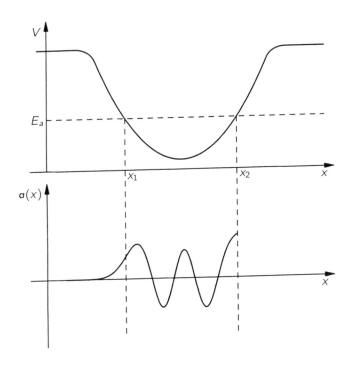

圖 16-5　能量 E_a 的波函數，當 x 是負值時會趨近於零。

負值，這個曲線就趨近於零，然後在接近 x_1 時平緩的上升。既然 V 在 x_1 這一點正等於 E_a，函數的曲率在這一點必須變成零。在 x_1 與 x_2 之間 $V - E_a$ 永遠是負數，所以函數 $a(x)$ 就永遠向 x 軸彎曲，而且當 V 和 E_a 的差距愈大，函數曲率也就愈大。如果我們把曲線延伸進 x_1 與 x_2 間的區域，它的樣子就應該約略如圖 16-5 所示的曲線。

我們現在想把曲線延伸到 x_2 右邊的區域。這時曲線會偏離 x 軸然後轉成很大的正值，如圖 16-6 所示。對於我們所選擇的 E_a 來說，$a(x)$ 的解會隨著 x 變大而愈增愈大。事實上，它的曲率也是一直在增大（如果位勢保持平坦）。機率幅會很快的變成非常大。這是什麼意思？它的意思是粒子並不會受到位勢阱的「束縛」。我們在阱外發現它的機率，遠大於在阱內發現它的機率。對於我們所建構的這個解而言，電子在 $x = +\infty$ 處被找到的機率，大過其他地方的機率。我們還沒有找到一個可以用來描述束縛電子的解。

我們來試試另一個能量，譬如說比 E_a 稍大一些的能量，例如

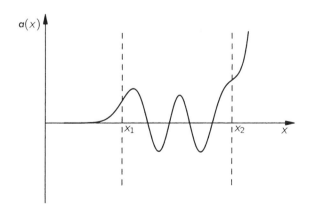

圖 16-6　圖 16-5 波函數 $a(x)$ 延續到 x_2 右側。

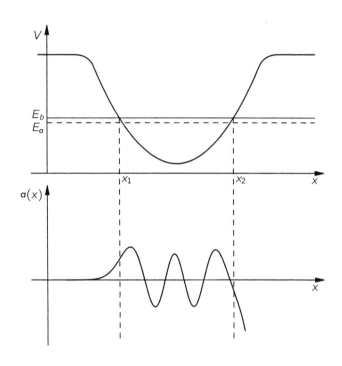

<u>圖 16-7</u>　能量為 E_b 的波函數 $a(x)$　$(E_b > E_a)$

像圖 16-7 中所示的 E_b。如果我們從左邊以相同的條件出發，所得到的解就會是如圖 16-7 下半部所畫的曲線。這個解最初看起來似乎是比較好一些，但是終究還是和以前對應到 E_a 的解一樣糟──除了現在的 $a(x)$ 在 x 值變大時，會比以前要更「**負**」一些。

也許這就是我們需要的線索。既然稍微改變能量讓 E_a 變成 E_b 會使得曲線從 x 軸的一邊翻到另一邊，那麼或許會有某個介於 E_a 和 E_b 之間的能量，可以讓曲線在 x 值變大的時候趨近於零。的確是有這麼一個能量！我們把這個解可能的模樣畫在圖 16-8。

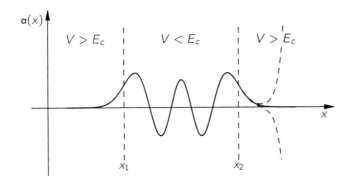

圖16-8　對應到能量 E_c 的波函數（E_c 介於 E_a 和 E_b 之間）

　　你應該體認到我們畫於圖中的解是非常特殊的解。只要我們稍稍提高或降低能量，解就會變成圖 16-8 中兩條由斷線組成的曲線之一，這麼一來我們就沒有適用於束縛粒子的解。我們所得到的結果是：一個粒子如果會被束縛在一位勢阱裡頭，它必須有非常特殊的能量才能如此。

　　那麼這是不是意味著，束縛在一位勢阱裡的粒子僅可能有一個能量？並不是如此，其他的能量也有可能，但太靠近 E_a 的能量就不行了。請注意，我們畫於圖 16-8 的波函數在 x_1 與 x_2 之間穿越 x 軸四趟。如果我們挑了一個比 E_c 還小不少的能量，我們就可能得到一個只穿越 x 軸三趟、兩趟、一趟、或完全不穿越的解。

　　次頁的圖 16-9 大致畫出了這些可能解。（當然還可能有其他對應到更高能量的解。）我們的結論是，如果粒子被束縛在一位勢阱裡頭，粒子的能量只能是一組離散能譜中的某個特殊值。這就是為什麼微分方程式可以描述量子物理的基本現象。

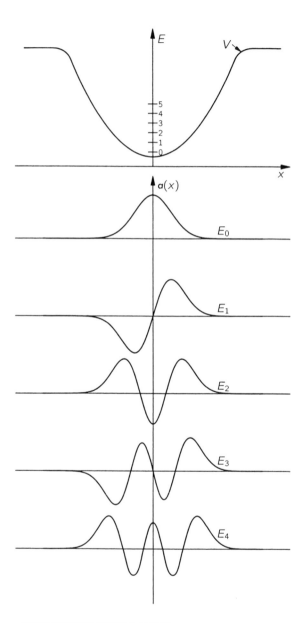

圖 16-9　五個最低能量束縛態的波函數

　　我們再提另一件事：如果能量 E 高過位勢阱的頂，那麼就不再有任何離散解，此時任何能量都是允許的。這種解對應到被位勢阱散射的自由粒子。我們先前在考慮晶格中雜質原子的效應時，已經看過一個這種解的例子。

第17章
對稱與守恆律

17-1 對　稱

在古典物理中，有許多量是**守恆**的，例如動量、能量、與角動量；而它們在量子力學中所對應的量也是守恆的。量子力學最漂亮的地方在於：就某個意義而言，守恆定理可以從別的東西推導出來，但是古典力學中的守恆定理實際上就是定律的出發點（古典力學中也有類似於我們將在量子力學裡所做的事，但是這只有在相當高的層次才做得到）。量子力學中的守恆律和機率幅疊加原理，以及物理系統在各種變換下的對稱，有很深奧的關係，這就是本章的主題。雖然我們將把這些想法主要應用到角動量守恆上，但其實關鍵點正是在量子力學中，各種守恆定理都和系統的對稱性有關。

所以，我們一開始要先討論系統的對稱性。一個簡單的例子是有兩個狀態的氫分子離子（或者我們也可以討論氨分子）。對於氫分子離子來說，我們所選的基底狀態之一是電子位在質子 1 附近，而另一個基底狀態則是電子位在質子 2 附近。我們稱這兩個狀態為 $|1\rangle$ 和 $|2\rangle$，見圖 17-1(a)。現在只要這兩個核子是完全一樣的，則這個系統就有某種**對稱性**。也就是說，如果我們以距離兩質子一樣遠的平面為準，把這個系統做**鏡像變換**，也就是把位於平面這一邊的東西搬到平面另外一邊對應的位置，則我們就有圖 17-1(b) 所示的情況。既然質子是相同的，這個**鏡像變換的操作**等於把 $|1\rangle$ 變成 $|2\rangle$，並且把 $|2\rangle$ 變成 $|1\rangle$。我們稱這個鏡像變換的操作為 $\hat{P}$，

請複習：第 I 卷第 52 章〈物理定律中的對稱〉。

請參考：*Angular Momentum in Quantum Mechanics*: A. R. Edmonds, Princeton University Press, 1957。

並且寫成

$$\hat{P} \mid 1\rangle = \mid 2\rangle, \qquad \hat{P} \mid 2\rangle = \mid 1\rangle \qquad (17.1)$$

所以我們的 $\hat{P}$ 是一個算符，因為它對於系統的一個狀態「做了某些

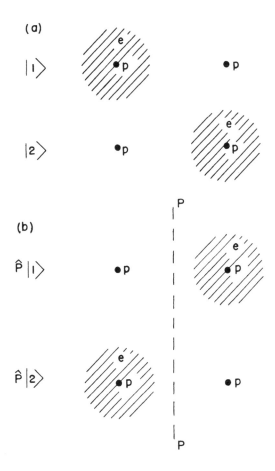

圖 17-1　如果我們把狀態 $\mid 1\rangle$ 和 $\mid 2\rangle$ 相對於 $P\text{-}P$ 平面做鏡像變換，則
　　　　它們就各自變成 $\mid 2\rangle$ 和 $\mid 1\rangle$。

事」而得到系統的另一個狀態。

算符 $\hat{P}$ 和我們以前描述過的其他算符一樣,有用平常記號所定義的矩陣元素;例如:

$$P_{11} = \langle 1 \mid \hat{P} \mid 1 \rangle \quad \text{與} \quad P_{12} = \langle 1 \mid \hat{P} \mid 2 \rangle$$

就是我們將 $\langle 1 \mid$ 從左邊乘上 $\hat{P} \mid 1 \rangle$ 與 $\hat{P} \mid 2 \rangle$ 之後所得到的矩陣元素。依據 (17.1) 式,它們分別是:

$$
\begin{aligned}
\langle 1 \mid \hat{P} \mid 1 \rangle = P_{11} = \langle 1 \mid 2 \rangle = 0 \\
\langle 1 \mid \hat{P} \mid 2 \rangle = P_{12} = \langle 1 \mid 1 \rangle = 1
\end{aligned}
\tag{17.2}
$$

我們也可以用相同的方式得到 P_{21} 與 P_{22}。總之,$\hat{P}$ 的矩陣,**相對於基底狀態** $|1\rangle$ 和 $|2\rangle$ 是

$$P = \begin{pmatrix} 0 & 1 \\ 1 & 0 \end{pmatrix} \tag{17.3}$$

由以上的敘述,我們再次看到**算符**和**矩陣**這兩個詞在量子力學中基本上是可以互換的。儘管嚴格說來它們還是有一點區別,就好像「數字」和「數目」這兩個詞的區別一樣,不過我們不會去擔心這些事,因爲強調這種區別有點在賣弄學問。所以無論 $\hat{P}$ 是定義了一個算符或者實際上是定義了一個數字的矩陣,我們都不加區別的稱它爲一個算符或是矩陣。

現在,我們必須要指出一件事。我們將**假設**整個氫分子離子系統的**物理**是**對稱**的。其實這個系統不一定是對稱的——例如,它會取決於附近有什麼東西。但是如果系統是對稱的,以下的想法就必然是正確的。假設一開始在 $t = 0$ 時,系統處於狀態 $|1\rangle$,過了 t 時間之後,我們發現系統變成較複雜的狀況,例如處於兩個基底狀態

的某種線性組合。記得我們在第 8 章中，用乘上一個算符 $\hat{U}$ 來代表「過了一段時間之後」，亦即系統在隔了一會兒（例如 15 秒）之後，會變成另外的狀態。譬如說，它可能是狀態 $|1\rangle$ 乘上 $\sqrt{2/3}$ 和狀態 $|2\rangle$ 乘上 $i\sqrt{1/3}$ 的組合，也就是

$$|\psi \text{ 在 } 15 \text{ 秒}\rangle = \hat{U}(15, 0)\,|1\rangle = \sqrt{2/3}\,|1\rangle + i\sqrt{1/3}\,|2\rangle \quad (17.4)$$

我們現在要問的是：如果一開始系統是位於**對稱的**狀態 $|2\rangle$，然後在**同樣狀況**下等 15 秒，則系統會變成什麼模樣？很清楚的，如果世界是對稱的（這是假設）我們就應該得到和 (17.4) 對稱的狀態：

$$|\psi \text{ 在 } 15 \text{ 秒}\rangle = \hat{U}(15, 0)\,|2\rangle = \sqrt{2/3}\,|2\rangle + i\sqrt{1/3}\,|1\rangle \quad (17.5)$$

我們可以用圖 17-2 來表示這個想法。如果一個系統的**物理**對於某個平面而言是對稱的，而且我們算出了某個特定狀態的行為；那麼我們也就知道了把原來狀態相對於對稱平面，做鏡像變換過後的狀態的行為。

我們想把同樣的事情說得更爲一般化，也就是較抽象一些。假設 $\hat{Q}$ 是一個算符，可以作用於系統之上卻**不改變其物理**。例如 $\hat{Q}$ 可

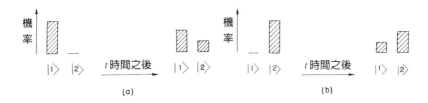

圖 17-2　在一個對稱系統中，如果狀態 $|1\rangle$ 的進展是如圖 (a) 所示，則狀態 $|2\rangle$ 的進展會如圖 (b) 所示。

以是 $\hat{P}$ 這個以氫分子兩個原子之間的平面爲準、將系統**做鏡像變換**的操作；或者 $\hat{Q}$ 是將一個有兩個電子的系統中的兩個電子**對調**的操作。如果系統有球形對稱，$\hat{Q}$ 可以是將整個系統繞著某個軸**旋轉**某個角度的操作，這樣並不會改變物理。當然，我們通常會給每個特殊情況的 $\hat{Q}$ 一個特殊的記號。明確一點的說，我們通常定義 $\hat{R}_y(\theta)$ 爲「將系統繞著 y 軸旋轉 θ 角」的操作。我們所謂的 $\hat{Q}$ 就是沒有改變基本物理狀況的操作之一，無論是先前已經描述過的或任何其他操作。

我們可以多看一些例子。假設我們有個原子，而且**沒有外磁場**也**沒有外電場**；如果我們繞著任意一個軸旋轉座標，則原子還是同樣的系統。同樣的，以氨分子爲例：考慮和三個氫原子平行的平面，如果以這樣的平面爲準做鏡像變換，只要沒有外電場，則氨分子是對稱的。可是如果有外電場，當我們**翻轉**氨分子的時候，也必須**翻轉**電場，這麼一來就改變了物理問題。但是如果沒有任何外場，則分子是對稱的。

我們現在考慮一般的情況。假設一開始的狀態是 $|\psi_1\rangle$，在某個物理條件之下，隔了一段時間之後，狀態變爲 $|\psi_2\rangle$；我們把這情況寫成

$$|\psi_2\rangle = \hat{U}|\psi_1\rangle \tag{17.6}$$

（你可以把它想成 (17.4) 式）現在想像將 $\hat{Q}$ 作用於整個系統之上，則狀態 $|\psi_1\rangle$ 將會轉換成狀態 $|\psi_1'\rangle$，我們將其寫爲 $\hat{Q}|\psi_1\rangle$；同時狀態 $|\psi_2\rangle$ 會轉換成狀態 $|\psi_2'\rangle = \hat{Q}|\psi_2\rangle$。**如果物理**在 $\hat{Q}$ 之下是對稱的（不要忘了「**如果**」這個前提，因爲這不是系統的普遍性質），則在同樣條件之下，等待了相同時間之後，我們應該有

$$|\psi_2'\rangle = \hat{U}|\psi_1'\rangle \tag{17.7}$$

（就像 (17.5) 式）但是我們可以把 $|\psi_1'\rangle$ 寫成 $\hat{Q}|\psi_1\rangle$，把 $|\psi_2'\rangle$ 寫成 $\hat{Q}|\psi_2\rangle$，所以 (17.7) 式也可以寫成

$$\hat{Q}|\psi_2\rangle = \hat{U}\hat{Q}|\psi_1\rangle \tag{17.8}$$

如果我們現在用 $\hat{U}|\psi_1\rangle$ 取代 $|\psi_2\rangle$（這是 (17.6) 式），則我們就得到

$$\hat{Q}\hat{U}|\psi_1\rangle = \hat{U}\hat{Q}|\psi_1\rangle \tag{17.9}$$

上式的意義並不難理解。對於氫分子離子來說，它只是在說：「做個鏡像變換，然後等一下子」，這就是 (17.9) 式右手邊所表達的意思：「等一下子，然後再做鏡像變換」，這就是 (17.9) 式左手邊的意思。只要 U 在鏡像變換之下不變，這兩種操作應該相等。

　　既然 (17.9) 式對於**任何**起始狀態 $|\psi_1\rangle$ 來說都是正確的，它其實就是一個算符方程式：

$$\hat{Q}\hat{U} = \hat{U}\hat{Q} \tag{17.10}$$

這正是我們要的：**一個表達對稱意義的數學式**。如果 (17.10) 式成立，我們就說 $\hat{U}$ 和 $\hat{Q}$ 兩個算符**可交換**。所以我們就用以下的方式來**定義**「對稱」：如果 $\hat{Q}$ 和 $\hat{U}$（$\hat{U}$ 是時間通過的算符）可交換，則對於 $\hat{Q}$ 的操作而言，物理系統是**對稱**的。（以矩陣而言，兩個算符的乘積就是矩陣乘積，所以對於一個在 Q 的變換之下對稱的系統來說，矩陣 Q 和 U 滿足 (17.10) 式。）

　　順帶一提：既然對於無限小的時間 ϵ 而言，$\hat{U} = 1 - i\hat{H}\epsilon/\hbar$〔$\hat{H}$ 是一般的哈密頓算符（見第 8 章）〕，所以如果 (17.10) 成立，則下式也成立：

$$\hat{Q}\hat{H} = \hat{H}\hat{Q} \qquad (17.11)$$

所以 (17.11) 式這個數學敘述就是物理情況在算符 $\hat{Q}$ 的運作之下仍具有對稱性的條件。它**定義**了對稱性。

17-2 對稱與守恆

在開始應用我們所發現的結果之前,我們要更進一步討論一下對稱這概念。假設我們有個很特殊的狀況:在把 $\hat{Q}$ 作用到某個狀態之後,我們又得回原來的狀態。這是很特殊的情形,但是假設對於某個狀態 $|\psi_0\rangle$ 來說,它是成立的,也就是說 $|\psi'\rangle = \hat{Q}|\psi_0\rangle$ 和 $|\psi_0\rangle$ 是同一個物理狀態。這表示 $|\psi'\rangle$ 和 $|\psi_0\rangle$ 最多只相差了某個相位因子★。這怎麼可能發生呢?譬如說,假設有個 H_2^+ 離子處於我們先前稱為 $|I\rangle$ 的狀態。在這個狀態中,處於兩個基底狀態 $|1\rangle$ 和 $|2\rangle$ 的機率幅是相同的。圖 17-3(a)顯示了處於兩者的機率。如果把鏡像變換算符 $\hat{P}$ 作用在狀態 $|I\rangle$ 上,因為 $\hat{P}$ 把 $|1\rangle$ 轉變成 $|2\rangle$,把 $|2\rangle$ 轉變為 $|1\rangle$,兩者的機率就變成如圖 17-3(b) 所示,但這個新的狀態只是回到原來的狀態 $|I\rangle$!如果一開始的狀態是 $|II\rangle$,則鏡像變換前後的機率也還是一樣,不過假如我們談論的是

★原注:附帶的,你可以證明 $\hat{Q}$ 必須是**么正算符**(unitary operator),也就是說如果 $\hat{Q}$ 作用在 $|\psi\rangle$ 上而得到某個數字乘上 $|\psi\rangle$,這個數字一定是 $e^{i\delta}$ 的形式,其中的 δ 是實數。我們可以依據以下的觀察來證明這一件小事:任何類似鏡像變換或旋轉的運作並不會損失任何粒子,所以 $|\psi'\rangle$ 和 $|\psi\rangle$ 的歸一化(normalization)因子是相同的,它們頂多差了一項相位是純虛數的因子。

機率幅而不僅是機率，則差異就出現了。對於狀態 $|I\rangle$ 來說，鏡像變換後的機率幅還是一樣，但是對於狀態 $|II\rangle$ 來說，鏡像變換後的機率幅會多一個負號。換句話說，

$$\hat{P}\,|\,I\rangle = \hat{P}\left\{\frac{|\,1\rangle + |\,2\rangle}{\sqrt{2}}\right\} = \frac{|\,2\rangle + |\,1\rangle}{\sqrt{2}} = |\,I\rangle,$$

$$\hat{P}\,|\,II\rangle = \hat{P}\left\{\frac{|\,1\rangle - |\,2\rangle}{\sqrt{2}}\right\} = \frac{|\,2\rangle - |\,1\rangle}{\sqrt{2}} = -\,|\,II\rangle$$

(17.12)

如果我們寫 $\hat{P}\,|\,\psi_0\rangle = e^{i\delta}\,|\,\psi_0\rangle$，那麼對於狀態 $|I\rangle$ 來說，$e^{i\delta} = 1$，而對於狀態 $|II\rangle$ 來說，$e^{i\delta} = -1$。

我們來看另一個例子：假設有一個 RHC 偏極化光子沿著 z 方向前進，如果我們繞著 z 軸旋轉 ϕ，則機率幅會多乘上一因子 $e^{i\phi}$。所

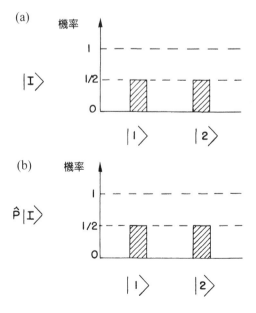

圖 17-3　圖示狀態 $|I\rangle$ 以及狀態 $\hat{P}\,|\,I\rangle$（對 $|I\rangle$ 做連心平面鏡像轉換所得狀態）之機率。

以對於旋轉算符而言，δ 正好是旋轉角度 ϕ。

　　很明顯的，假設算符 $\hat{Q}$ 在某個時刻，例如 $t = 0$，只是改變了一個狀態的相位，那麼 $\hat{Q}$ 就永遠會如此。換句話說，如果狀態 $|\psi_1\rangle$ 在 t 時間以後變成了狀態 $|\psi_2\rangle$，或者說

$$\hat{U}(t, 0)\,|\psi_1\rangle = |\psi_2\rangle \tag{17.13}$$

如果對稱性使得

$$\hat{Q}\,|\psi_1\rangle = e^{i\delta}\,|\psi_1\rangle \tag{17.14}$$

那麼以下的式子也成立：

$$\hat{Q}\,|\psi_2\rangle = e^{i\delta}\,|\psi_2\rangle \tag{17.15}$$

這個式子是很明顯的，因為

$$\hat{Q}\,|\psi_2\rangle = \hat{Q}\hat{U}\,|\psi_1\rangle = \hat{U}\hat{Q}\,|\psi_1\rangle$$

而且既然 $\hat{Q}\,|\psi_1\rangle = e^{i\delta}\,|\psi_1\rangle$，則

$$\hat{Q}\,|\psi_2\rangle = \hat{U}e^{i\delta}\,|\psi_1\rangle = e^{i\delta}\hat{U}\,|\psi_1\rangle = e^{i\delta}\,|\psi_2\rangle$$

（這一系列的等式來自 (17.13) 式、適用於對稱系統的 (17.10) 式、(17.14) 式、以及 $e^{i\delta}$ 這樣的數字可以和算符對調這一性質。）

　　所以只要系統有對稱性，假如某些東西一開始就成立，則以後也都會成立。這不就是**守恆律**嗎？是的！它的意思是，如果你瞧了一瞧原來的狀態，然後私下做了點計算，因而發現了一種**系統的對稱運作**，它的作用只是把狀態乘上某個相位，那麼你就知道，同樣的性質對於最後的狀態來說也成立，且同樣的運作也會讓最終狀態乘上同樣的相位。即使我們對於讓系統從起始狀態，變成最終狀態

的宇宙內在機制一無所知（除了對稱性），這個性質也還是成立。即使我們不在乎讓系統從一個狀態，改變成另一個狀態的機制細節是什麼，我們仍然可以說，如果系統的狀態一開始有某些對稱特性，而且系統的哈密頓函數在對稱運作下是不變的，則系統的這個狀態就永遠具有相同的對稱特性。這就是量子力學中所有守恆律的基礎。

　　我們來看個特例。回到算符 $\hat{P}$，我們想稍微修改一下對於 $\hat{P}$ 的定義。我們想讓 $\hat{P}$ 不僅是鏡像變換而已，因為這需要定義出鏡子的平面。有一種特殊的鏡像變換不需要指明相對於那個平面。假設我們這樣定義 $\hat{P}$ 的運作：首先，以位於 z 平面上的鏡子為準，把系統翻轉過來，所以 z 變成 $-z$，但 x 還是 x，y 還是 y；然後再以 z 軸為轉軸，旋轉 $180°$，使得 x 變成 $-x$，y 變成 $-y$。這整個運作稱為**反轉**。所以每個點都以**原點為準**，投射到徑向的另一邊相對的位置去了。一切東西的座標都反轉過來。我們仍然利用 $\hat{P}$ 這個符號來指明這個運作。見次頁的圖 17-4 所示。這個運作比簡單的翻轉更方便一些，因為你不需要講明是針對哪個座標平面來翻轉的，你只需要指出哪一個點是對稱中心就夠了。

　　假設有一個狀態 $|\psi_0\rangle$，它在反轉變換之下變成狀態 $e^{i\delta}|\psi_0\rangle$，亦即

$$|\psi_0'\rangle = \hat{P}|\psi_0\rangle = e^{i\delta}|\psi_0\rangle \qquad (17.16)$$

假如我們再反轉一次，當**兩次**反轉之後我們就回到原來的狀態，什麼也沒改變。所以我們必須有

$$\hat{P}|\psi_0'\rangle = \hat{P}\cdot\hat{P}|\psi_0\rangle = |\psi_0\rangle$$

但是因為

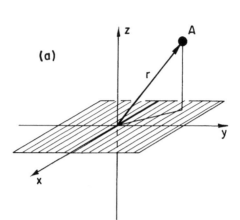

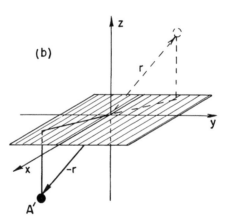

<u>圖 17-4</u>　反轉的運作 $\hat{P}$。位於(x, y, z)的 A 點上的任何東西都移到位於 $(-x, -y, -z)$的 A'點。

$$\hat{P} \cdot \hat{P} \,|\, \psi_0 \rangle = \hat{P} e^{i\delta} \,|\, \psi_0 \rangle = e^{i\delta} \,\hat{P} \,|\, \psi_0 \rangle = (e^{i\delta})^2 \,|\, \psi_0 \rangle$$

所以

$$(e^{i\delta})^2 = 1$$

因此，**如果反轉算符對於某個狀態來說是個對稱的運作**，那麼 $e^{i\delta}$ 只有兩種可能：

$$e^{i\delta} = \pm 1$$

也就是說

$$\hat{P}\,|\,\psi_0\rangle = |\,\psi_0\rangle \quad 或 \quad \hat{P}\,|\,\psi_0\rangle = -\,|\,\psi_0\rangle \qquad (17.17)$$

在古典物理中，一個狀態如果在反轉變換下仍然是對稱的，則變換後依然是**原來的狀態**。但是在量子力學中，就有兩種可能：我們會得回原來的狀態，或者是原來的狀態**再多乘上一個負號**。當我們得到原來的狀態時（$\hat{P}\,|\,\psi_0\rangle = |\,\psi_0\rangle$），我們說狀態 $|\,\psi_0\rangle$ 有**偶宇稱**（even parity）。當狀態多了一個負號時（$\hat{P}\,|\,\psi_0\rangle = -\,|\,\psi_0\rangle$），我們就說狀態 $|\,\psi_0\rangle$ 有**奇宇稱**（odd parity）。（另外，反轉算符 $\hat{P}$ 也稱為宇稱算符。）例如 H_2^+ 離子的狀態 $|I\rangle$ 有偶宇稱，而狀態 $|II\rangle$ 有奇宇稱，見 (17.12) 式。當然也有在 $\hat{P}$ 的作用之下並不對稱的狀態，這些狀態就沒有明確的宇稱。例如 H_2^+ 系統的狀態 $|I\rangle$ 有偶宇稱，狀態 $|II\rangle$ 有奇宇稱，但是狀態 $|1\rangle$ 就沒有明確的宇稱可言。

當我們把一個類似反轉這樣的操作施加於「**一個物理系統**」上的時候，我們可以用兩種方式來看待它：我們可以想像把位於 r 的無論什麼東西都**實際的搬到** $-r$ 的位置，或者我們可以想像從一個新的參考座標系 x'、y'、z'（它和原來座標系的關係是 $x' = -x$，$y' = -y$，$z' = -z$）來**看**原來的系統。同樣的，當談到旋轉的時候，我們可以想像實際的旋轉物理系統，也可以想像讓「系統」保持不動，但是旋轉用以測量系統的座標系。一般而言，這兩種觀點基本

上是相等的。對於旋轉而言，這兩種做法是等價的，**除了**把**系統**旋轉 θ 角度就等於將參考座標系旋轉**負** θ 角度。在這門課裡，我們通常考慮投射到一組新的座標軸，這麼做的結果就好像將座標軸固定，但是將系統**倒著**旋轉同樣的角度。當你這麼做，角度的正負號會倒過來。★

很多（但不是所有的）物理**定律**在座標的鏡像變換或反轉之下是不變的，它們對於反轉來說是**對稱**的。舉個例子，如果將所有電動力學方程式中的 x 改成 $-x$，y 改成 $-y$，z 改成 $-z$，則電動力學定律仍還是一樣。這種不變性對於重力定律以及核物理中的強交互作用而言，也是成立的。只有弱交互作用（這是引發 β 衰變的作用）沒有這種對稱性（我們已經在第 I 卷第 52 章詳細的討論過這一點）。但是，目前我們暫時不去擔心 β 衰變。所以如果 β 衰變在某個系統（物理過程）中並不會產生什麼效應，例如一個原子發射出光，則對於任何這種系統來說，哈密頓算符 $\hat{H}$ 和算符 $\hat{P}$ 是可交換的。

在這樣的前提下，我們有以下的情況：如果一個狀態最初有偶宇稱，過了一陣子以後，你再去看它的狀況，它仍然有偶宇稱。比方說，有個即將發射光子的原子，它所處的狀態有偶宇稱；在原子發射了光子之後，你去看包括光子在內的整個系統，你會看到整個系統還是有偶宇稱（同樣的，如果一開始是奇對稱，則後來也是奇對稱）。這個原理稱為**宇稱守恆**（conservation of parity）。你現在看到了為什麼「宇稱守恆」和「鏡像對稱」在量子力學中是糾纏在一起的概念。一直到幾年前，人們還以為宇稱在大自然中永遠是守恆

★原注：你可能會在其他書中發現符號不一樣的公式，它們所用的角度可能有不同的定義。

的，我們現在知道其實**不是**這樣子。人們發現這是錯的，因為 β 衰變反應並沒有其他物理定律所具有的反轉對稱。

我們現在可以證明一個定理（只要弱交互作用可以忽略，它都成立）：任何狀態，只要它有明確能量同時又不是簡併態，則一定有明確的宇稱；這樣的狀態一定有偶宇稱或奇宇稱（先前提過，在某些系統之中，不同的狀態可以有相同的能量，我們稱這些狀態為**簡併**態。我們的定理不適用於這種狀態）。

如果一個狀態 $|\psi_0\rangle$ 有明確的能量，我們知道

$$\hat{H}\,|\psi_0\rangle \;=\; E\,|\psi_0\rangle \qquad\qquad (17.18)$$

其中的 E 只是一個數字，代表狀態的能量。假設 $\hat{Q}$ 是系統**任意的**對稱算符之一，而且 $|\psi_0\rangle$ 是具有某能量的唯一狀態，那麼我們可以證明

$$\hat{Q}\,|\psi_0\rangle \;=\; e^{i\delta}\,|\psi_0\rangle \qquad\qquad (17.19)$$

證明的過程大致如下：假如將 $\hat{Q}$ 作用於 $|\psi_0\rangle$ 之後所得到的新狀態是 $|\psi_0'\rangle$。如果物理是對稱的，則 $|\psi_0'\rangle$ 和 $|\psi_0\rangle$ 一定有相同的能量。但是我們已經假設**唯一**具有那個能量的狀態是 $|\psi_0\rangle$，所以 $|\psi_0'\rangle$ 一定是和 $|\psi_0\rangle$ 相同的狀態，兩者最多只能相差一個相位因子。這就是物理的論證。

我們也可以從數學推導出同樣的結果。我們對於對稱的定義是 (17.10) 式或 (17.11) 式（對於任何狀態 ψ 都成立）：

$$\hat{H}\hat{Q}\,|\psi\rangle \;=\; \hat{Q}\hat{H}\,|\psi\rangle \qquad\qquad (17.20)$$

因為我們只考慮具有某能量的唯一狀態 $|\psi_0\rangle$，所以 $\hat{H}\,|\psi_0\rangle = E\,|\psi_0\rangle$。既然 E 只是一個數字，只要我們願意，我們就可以讓它穿越過 $\hat{Q}$；

因此我們有

$$\hat{Q}\hat{H}\,|\,\psi_0\rangle = \hat{Q}E\,|\,\psi_0\rangle = E\hat{Q}\,|\,\psi_0\rangle$$

所以

$$\hat{H}\{\hat{Q}\,|\,\psi_0\rangle\} = E\{\hat{Q}\,|\,\psi_0\rangle\} \qquad (17.21)$$

所以 $|\,\psi_0'\rangle = \hat{Q}\,|\,\psi_0\rangle$ 也是 $\hat{H}$ 的固定能態,能量同樣是 E。但是我們假設了這樣子的狀態只有一個,所以 $|\,\psi_0'\rangle = e^{i\delta}\,|\,\psi_0\rangle$。

以上的證明對於任何算符 $\hat{Q}$ 而言都成立,只要它是物理系統的對稱算符。所以,如果我們只考慮電磁力與強交互作用(不包括 β 衰變)使得反轉對稱是允許的近似,則我們就有 $\hat{P}\,|\,\psi\rangle = e^{i\delta}\,|\,\psi\rangle$。既然我們知道 $e^{i\delta}$ 必然是 +1 或 −1,所以任何有明確能量的狀態(但不是簡併態)一定有偶宇稱或奇宇稱。

17-3 守恆律

我們現在來看另一個有趣的例子:旋轉運作。我們考慮一特殊算符,它讓原子繞 z 軸旋轉 ϕ 角度。我們稱這個算符* 為 $\hat{R}_z(\phi)$。在我們假設的物理狀況中,沒有沿著 x 軸或 y 軸的外在影響,任何電場或磁場都平行於 z 軸◆。所以如果將整個系統繞 z 軸轉,**外在的**情況並不會改變。比如說,有一個原子在真空中,如果將原子繞著 z 軸旋轉 ϕ 角度,我們還是有相同的物理系統。

不過有些**特殊狀態**在旋轉後會變成新的狀態,這個新狀態是原來狀態乘上某個相位因子。我們很快提一下,如果這是真的,那麼改變的相位一定永遠和角度 ϕ 成正比,假如你以 ϕ 角度轉了兩次,等於一次旋轉 2ϕ 角度。如果旋轉 ϕ 角度的效應是對於狀態 $|\,\psi_0\rangle$

乘上因子 $e^{i\delta}$，也就是說，

$$\hat{R}_z(\phi)\,|\,\psi_0\rangle \;=\; e^{i\delta}\,|\,\psi_0\rangle$$

那麼這樣子連續旋轉兩次，就會讓狀態乘上因子$(e^{i\delta})^2 = e^{i2\delta}$，因爲

$$\hat{R}_z(\phi)\hat{R}_z(\phi)\,|\,\psi_0\rangle \;=\; \hat{R}_z(\phi)e^{i\delta}\,|\,\psi_0\rangle \;=\; e^{i\delta}\hat{R}_z(\phi)\,|\,\psi_0\rangle \;=\; e^{i\delta}e^{i\delta}\,|\,\psi_0\rangle$$

所以相位的變化必須和角度 ϕ 成正比●。那麼我們現在考慮的是那些滿足下式的特殊狀態 $|\,\psi_0\rangle$：

$$\hat{R}_z(\phi)\,|\,\psi_0\rangle \;=\; e^{im\phi}\,|\,\psi_0\rangle \tag{17.22}$$

其中的 m 是實數。

我們也知道**如果**系統在繞著 z 軸旋轉下是對稱的，**同時如果**原來的狀態剛巧有 (17.22) 的性質，那麼在一陣子之後，這項性質也仍然成立。所以 m 這個數字非常重要。如果我們一旦知道它最初的值，我們也就知道了它在遊戲終結時的值。它是一個**守恆**的值，m 是一個**運動常數**。我們把 m 從相位中拉出來的理由是它和任何特殊

＊原注：非常精確的講，我們把 $\hat{R}_z(\phi)$ 定義成將物理系統繞 z 軸旋轉 $-\phi$ 角度，也就是將座標軸旋轉 $+\phi$ 角度。

◆原注：我們永遠可以把 z 軸選成是沿著場的方向，只要一次只有一個場，而且它的方向不會改變。

●原注：如果想要更巧妙的證明，我們可以用小角度 ε 的旋轉來論證。既然任何角度 ϕ 都是某 n 個這種小角度的和，$\phi = n\varepsilon$，所以 $\hat{R}_z(\phi) = [\hat{R}_z(\varepsilon)]^n$，以及總相位變化是 n 乘上小角度 ε 的相位變化，因此總相位變化和 ϕ 成正比。

角度 ϕ 沒有任何關係，同時也因為它可以對應到和古典力學中的某個東西。在**量子**力學中，我們**選擇**把 $m\hbar$ 稱為（對於像 $|\psi_0\rangle$ 的狀態來說）**關於 z 軸的角動量**。其實這一個量在大系統的極限下，會等於古典力學角動量的 z 分量。所以如果有一個狀態，它在繞著 z 軸旋轉之後，只是多了一項相位因子 $e^{im\phi}$，則我們就有了一個對於 z 軸而言，有明確角動量的狀態，而且這個角動量是守恆的。現在的角動量是 $m\hbar$，以後也永遠都是 $m\hbar$。當然，你也可以繞著其他任意軸旋轉，這麼一來，你就得到對於各個軸而言的角動量守恆。總之，你看到了角動量守恆和另一件事是連在一起的，那就是如果你旋轉一個系統，但只會得回相同的狀態，除了多乘上一個新相位因子。

我們現在要證明這個想法適用的範圍很廣。我們會將它應用到其他兩種守恆律，它們可以和角動量守恆的物理想法精確的對應起來。在古典物理中，我們也有動量守恆與能量守恆，如果可以看到這兩種守恆律也和某些物理對稱有關是很有趣的。假設有一個物理系統（一個原子、某個複雜的原子核、一個分子、或其他東西），如果我們把它整個移到另一個地方，而仍沒有什麼不同；也就是說，在某個意義下，哈密頓函數只取決於**內在座標**，而與空間中的**絕對位置**無關。在這種情況下，我們有一種特殊的對稱操作，那就是空間中的平移。讓我們這樣定義算符 $\hat{D}_x(a)$：它是沿著 x 軸位移 a 距離的操作。我們可以將這種操作施加於每個狀態，而得到新的狀態。和以前一樣的，對於這個操作來說，也存在著一些非常特殊的狀態，如果把它們沿著 x 軸位移 a 距離，我們還是得到一樣的狀態，除了多了一個相位因子。所以對於這些特殊狀態 $|\psi_0\rangle$，我們可以這麼寫：

$$\hat{D}_x(a)\,|\,\psi_0\rangle \,=\, e^{ika}\,|\,\psi_0\rangle \tag{17.23}$$

相位因子中的係數 k，如果乘上 $\hbar$，就稱爲**動量的 x 分量**。我們這麼稱呼它的原因是，如果系統夠大，這個數字的數值正等於古典動量 p_x。一個一般性的結論是這樣的：如果位移後，系統的哈密頓函數並沒有改變，而且起始狀態在 x 方向上有明確的動量，則爾後 x 方向的動量仍然會維持不變。一個系統的總動量在碰撞前後（或爆炸後、或其他）會維持一樣。

　　另外有一個和空間平移很類似的操作：時間上的延遲。假設對於某個東西來說有一種物理狀況，其中**沒有任何**和時間有關的**外在**因素，然後我們在某個時刻讓這個東西處於某一狀態，接著就讓這東西自行運作。假如我們在兩秒鐘之後（或者比方說在 τ 時刻之後）再次讓這個東西和先前一樣的從頭開始（這是另一項實驗），如果外在條件都和絕對時間無關，這個東西的進展會和以前一模一樣，最終狀態也會和先前一樣，只是這東西會比先前延遲 τ 時刻才進入同樣的最終狀態。在這種情況下，我們也可以找出特殊狀態，它們的性質是時間上的進展有個特色：延遲的狀態只是舊的狀態乘上一個相位因子。再次的，對於這些狀態來說，所改變的相位很明顯的必須正比於 τ。我們可以這麼寫

$$\hat{D}_t(\tau)\,|\,\psi_0\rangle \,=\, e^{-i\omega\tau}\,|\,\psi_0\rangle \tag{17.24}$$

習慣上在定義 ω 的時候，我們用了負號。在此記號下，$\omega\hbar$ 是系統的**能量**，它同時也是**守恆的**。所以如果讓一個有明確能量的系統自行的過了時間 τ，我們只是讓原來的狀態多乘上 $e^{-i\omega\tau}$。（我們以前在定義有明確能量的量子狀態時，已經說過這一點，所以我們這裡所說的和以前所講的是一致的。）這意味著如果系統處於有明確

能量的狀態，同時哈密頓函數與時間 t 無關，那麼無論發生什麼事，這系統以後永遠有相同的能量。

所以你知道了守恆律與世界的對稱性的關係。對於時間的對稱性（即在時間上位移的對稱性）意味著能量守恆；對於 x、y 或 z 位置的對稱性（即在空間上位移的對稱性）意味著動量的 x、y 或 z 分量的守恆；對於繞著 x，y 或 z 軸旋轉的對稱性意味著角動量的 x、y 或 z 分量的守恆。對於鏡像的對稱性意味著宇稱的守恆。對於交換兩個電子的對稱性意味著某種還沒有名字的東西的守恆，諸如此類。上述原理有些在古典物理中有類似的東西，有些則沒有。

為了讓你能夠閱讀其他的量子力學書本，我們必須補充一點小技術細節，也就是別人所用的記號。時間上的位移當然就是以前談過的算符 $\hat{U}$：

$$\hat{D}_t(\tau) = \hat{U}(t + \tau, t) \tag{17.25}$$

多數人喜歡用**無限小**的時間位移，或無限小的空間位移，或無限小的旋轉角度來討論事情。既然任何有限的位移或角度，都是由無限小的位移或角度連續累積起來的，我們就可以先分析無限小的情形，這種情形通常也比較簡單。無限小的時間位移 Δt 算符是（我們在第 8 章已定義過）

$$\hat{D}_t(\Delta t) = 1 - \frac{i}{\hbar} \Delta t \hat{H} \tag{17.26}$$

上式中的 $\hat{H}$ 與稱為能量的古典量類似，因為如果 $\hat{H} \mid \psi \rangle$ 剛好就是某個常數乘以 $\mid \psi \rangle$，也就是 $\hat{H} \mid \psi \rangle = E \mid \psi \rangle$，那麼這個常數就是系統的能量。

對於其他操作而言，我們也可以做同樣的事。如果我們在 x 軸上做了一點小位移，例如說移動了 Δx 距離，那麼狀態 $\mid \psi \rangle$ 就**通常**

會變成另一個狀態 $|\psi'\rangle$。我們可以這麼寫

$$|\psi'\rangle = \hat{D}_x(\Delta x)\,|\psi\rangle = \left(1 + \frac{i}{\hbar}\hat{p}_x\,\Delta x\right)|\psi\rangle \qquad (17.27)$$

原因是當 Δx 趨近於零時，$|\psi'\rangle$ 就應該成爲 $|\psi\rangle$（或者說 $\hat{D}_x(0) = 1$），同時對於很小的 Δx 而言，$\hat{D}_x(\Delta x)$ 和 1 的差距應該和 Δx 成正比。在這種定義下，算符 $\hat{p}_x$ 就稱爲動量算符（所指的當然是 x 分量）。

依同樣的理由，對於小角度的旋轉來說，人們通常就這麼寫

$$\hat{R}_z(\Delta\phi)\,|\psi\rangle = \left(1 + \frac{i}{\hbar}\hat{J}_z\,\Delta\phi\right)|\psi\rangle \qquad (17.28)$$

然後稱 $\hat{J}_z$ 爲角動量的 z 分量算符。對於滿足 $\hat{R}_z(\phi)|\psi_0\rangle = e^{im\phi}|\psi_0\rangle$ 的那些特殊狀態來說，如果旋轉角度很小（好比說是 $\Delta\phi$），我們可以展開右式至 $\Delta\phi$ 的一階項，而得到

$$\hat{R}_z(\Delta\phi)\,|\psi_0\rangle = e^{im\Delta\phi}\,|\psi_0\rangle = (1 + im\Delta\phi)\,|\psi_0\rangle$$

比較上式與 (17.28) 式中 $\hat{J}_z$ 的定義，我們就有

$$\hat{J}_z\,|\psi_0\rangle = m\hbar\,|\psi_0\rangle \qquad (17.29)$$

換句話說，如果把 $\hat{J}_z$ 作用在一個對於 z 軸**有明確角動量**的狀態上，則會得到 $m\hbar$ 乘上原來的狀態，這裡的 $m\hbar$ 是角動量的 z 分量大小。這很類似於把 $\hat{H}$ 作用在有明確能量的狀態上，就得到 $E\,|\psi\rangle$。

我們現在想要看一下角動量守恆想法的一些應用，好讓你理解它們如何派上用場。重點是，這實在非常簡單。你已經知道角動量是守恆的；關於這一章，你唯一需要記得的是，如果狀態 $|\psi_0\rangle$ 在

繞 z 軸旋轉 ϕ 角度之後變成了 $e^{im\phi}|\psi_0\rangle$，這個狀態的角動量的 z 分量就等於 $m\hbar$。我們只需知道這件事就可以得到一些有趣的結果。

17-4 偏振光

首先，我們想檢驗一個想法。在 11-4 節中，我們證明了，當我們從一個新的座標系（這新座標系是把舊座標系繞著 z 軸旋轉 ϕ 角度★）來看右旋圓（RHC）偏振光時，偏振光狀態會乘上 $e^{i\phi}$ 這因子。這是不是表示右旋圓偏振光的光子，帶有一單位◆ 沿著 z 軸的角動量？**是的，的確如此**。這也表示如果有一束光包含了一大堆全部是右旋圓偏振光的光子（和古典的情形一樣），這束光就帶有角動量。如果在某一段時間內，光束所帶的總能量是 W，那麼光子的數目就是 $N = W/\hbar\omega$。每個光子的角動量是 $\hbar$，所以總角動量就是

$$J_z = N\hbar = \frac{W}{\omega} \tag{17.30}$$

我們能不能證明在古典的情形下，右旋圓偏振光帶有能量以及正比於 W/ω 的角動量？如果前面所談的一切是正確的，這個問題也應該有肯定的答案。在這個例子中，我們可以從量子的情形走到古典的情形。我們會看到古典物理是否成立。我們會知道是否有權

★原注：抱歉！這裡的角度和我們在第 11-4 節所用的角度差了一個負號。

◆原注：通常我們以 $\hbar$ 為單位來測量原子系統的角動量，那麼你就可以說自旋 1/2 粒子對於任意軸來說，有 ±1/2 的角動量。或者說，一般而言，角動量的 z 軸分量是 m。你不必每次都重複的寫出 $\hbar$。

稱呼 m 為角動量。請記得右旋圓偏振光的古典意義。這種光的電場有來回振盪的 x 分量，以及來回振盪的 y 分量，但是 y 分量與 x 分量的相位差了 90°，所以合起來的電場 $\mathcal{E}$ 會繞著轉，如次頁的圖 17-5(a) 所示。

現在假設這種光照射到一堵牆上，光會被牆所吸收（或起碼部分被吸收），而且我們要依據古典物理去考慮牆上的一個原子。我們常常用諧振子（harmonic oscillator）去描述原子中電子的運動，這個諧振子可以受外在電場驅動而振盪。我們假設原子是各向同性的（isotropic），所以電子可以在 x 方向或 y 方向上一樣順利的振盪。那麼在右旋圓偏振光裡，x 位移與 y 位移是一樣的，除了兩者的相位差了 90°。總之，淨結果是電子繞著一個圓在運動，如圖 17-5(b) 所示。

電子本來（沒受到光影響前）的平衡位置是原點，但是現在電子受到光的驅使而行圓周運動；電子和原點的距離為 r，其圓周運動的相位稍落後於向量 $\mathcal{E}$ 的相位。圖 17-5(b)顯示了 $\mathcal{E}$ 和位移向量 r 的可能關係。隨著時間進展，電場在旋轉，電子的位移向量也以相同的頻率在旋轉，所以兩者的相對關係仍維持不變。我們來算一下電場對於電子所做的功；注入於電子的功率是電子速度 v 乘上 $q\mathcal{E}$（電子所受的力）在速度方向的分量：

$$\frac{dW}{dt} = q\mathcal{E}_t v \qquad (17.31)$$

請注意，角動量也被注入於電子上，因為對於原點而言，總存在著力矩。力矩是 $q\mathcal{E}_t r$，它必須等於角動量的變化率 dJ_z/dt：

$$\frac{dJ_z}{dt} = q\mathcal{E}_t r \qquad (17.32)$$

因為 $v = \omega r$，所以

$$\frac{dJ_z}{dW} = \frac{1}{\omega}$$

因此，如果我們積分被吸收的總角動量，它會與能量成正比（比例常數就是 $1/\omega$），這正好跟 (17.30) 式相吻合。光的確帶有角動量，如果它是沿著 z 軸的右旋圓偏振光，它就帶有 1 單位（乘上 $\hbar$）的角動量；如果它是沿著 z 軸的左旋圓偏振光，它就帶有 -1 單位的角動量。

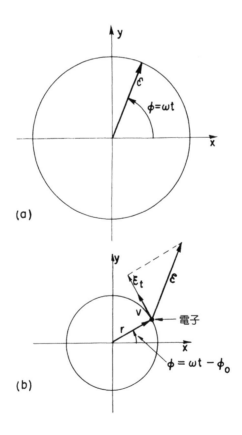

圖 17-5　(a)圓偏振光波中的電場 ε。(b)被圓偏振光驅動的電子運動。

　　我們接著問以下的問題：如果光是線偏振光（linearly polarized light），偏振的方向是 x 方向，它的角動量為何？偏振方向是在 x 方向的偏振光可以表示成右旋圓（RHC）與左旋圓（LHC）偏振光的疊加。所以，它帶有角動量 $+\hbar$ 的機率幅不是零，它帶有角動量 $-\hbar$ 的機率幅也不是零，因此它沒有**明確的**角動量。它的角動量是 $+\hbar$ 的機率幅，等於角動量是 $-\hbar$ 代的機率幅。這兩個機率幅的干涉產生了線偏振，但是光子有**同樣**的機率可以帶有 +1 單位角動量或是 −1 單位角動量。如果對一束線偏振光做巨觀測量，我們會發現這束光不帶角動量，原因是在大量的光子之中，RHC 光子的數目幾乎等於 LHC 光子的數目，而這兩種光子所帶的角動量是相反的，所以平均角動量是零。在古典理論中，除非有一些圓偏振，不然你不會發現角動量。

　　我們說過任何自旋 1 粒子可以有三種可能的 J_z 值，即 +1、0、−1（我們在斯特恩—革拉赫實驗看過這三種狀態）。但是光子很怪異，它只有兩種狀態，沒有 $J_z = 0$ 這個狀態。這種奇怪的狀況和光子不能靜止下來有關。一個自旋為 j 的粒子如果靜止不動，它就有 $2j + 1$ 種可能的狀態，這些不同的狀態有不同的 J_z；J_z 只能是整數，它的可能值是從 $-j$ 到 $+j$ 的所有整數（兩整數之間隔為 1，所以共有 $2j + 1$ 個可能的整數）。但是事實上，自旋為 j 的粒子如果質量為零，則只會有兩個狀態；這兩個狀態的角動量在前進方向上的分量分別是 $+j$ 與 $-j$。比方說，光子沒有三個狀態，而只有兩個，雖然光子仍然是自旋 1 粒子。

　　這個情況會不會和我們之前的證明（我們曾經從空間中旋轉的性質，證明了自旋 1 粒子必須有三個狀態）有矛盾呢？如果粒子是靜止的，在不改變動量狀態的情況下，我們可以讓它繞著任意的軸旋轉。靜質量為零的粒子（像光子與微中子）是不能靜止下來的，

所以只有以運動方向為（旋轉）軸的旋轉才不會改變動量狀態。如果旋轉只能繞著某個特定軸，則我們無法推論出必須有三個狀態，我們知道的是，其中一個狀態在旋轉了角度 ϕ 之後會多出 $e^{i\phi}$ 的相位。★

再多提一件事。對於靜止質量為零的粒子來說，一般而言，兩個相對於運動方向的（$+j$，$-j$）自旋態中，**只有一個**是真正必要的。以自旋為 1/2 的微中子為例，兩種狀態之中，只有一種真正存在於自然中，這個狀態是只有與運動方向**相反**的角動量分量（$-\hbar/2$）〔反微中子的角動量則只有**沿著**運動方向的分量 （$+\hbar/2$）〕。如果一個系統有反轉對稱（所以宇稱是守恆的，就好像光子的情形），則兩個分量（$+j$ 與 $-j$）都必須存在。

17-5 Λ^0 的衰變

我們現在要用一個例子來示範如何在一個明確的物理問題中使用角動量守恆。這個例子是 Λ^0 粒子的分裂，它會藉由「弱」交互作用而衰變成一個質子和一個 π^- 介子：

$$\Lambda^0 \rightarrow p + \pi^-$$

★原注：我們曾試著證明零質量粒子沿著運動軸的角動量分量是 $\hbar/2$ 的整數倍，而不會有像 $\hbar/3$ 這樣的分量。即使用盡勞侖茲轉換的各種性質以及其他任何性質，我們還是失敗。或許這個講法是錯誤的。我們必須和維格納（Eugene Paul Wigner, 1902-1995）教授談一談，他最瞭解這種事。

假設我們知道 π^- 介子的自旋為零，質子的自旋為 1/2，而且 Λ^0 的自旋為 1/2。我們想解決以下的問題：如果有一個 Λ^0 產生出來，它產生的方式讓它是完全極化的（completely polarized），也就是說它的自旋（相對於某個適當選擇的 z 軸）是，（比如說）指向「上」的，見圖 17-6(a)。我們要問的是：Λ^0 衰變後，質子以相對於 z 軸 θ 角度（見圖 17-6(b)）跑出來的機率是多大？換句話說，蛻變的角分布是什麼？我們會從 Λ^0 靜止的座標來看衰變過程，我們會測量這個靜止座標中的角度；如果需要，我們永遠可以變換到其他座標。

我們先來看一個特殊的情況：質子發射到 z 軸上一個小立體角 $\Delta\Omega$ 內（圖 17-7）。在衰變前，Λ^0 的自旋向「上」，如圖 17-7(a) 所示。過了一會兒之後（我們目前還不知道為什麼會這樣，只知道這個過程和弱衰變有關），Λ^0 衰變成一個質子與一個 π^- 介子。假設質子沿著 z 軸往上跑，那麼依據動量守恆，π^- 介子就往下跑。既

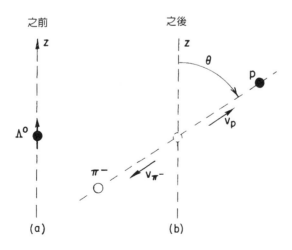

圖 17-6　一個自旋向「上」的 Λ^0 衰變成一個質子與一個 π 介子（在質心座標）。質子會從 θ 角度跑出來的機率是多大？

然質子是自旋 1/2 粒子，它的自旋必然是向「上」或向「下」；原則上，只有這兩個如圖 17-7(b) 與 (c) 所示的可能性。但是角動量守恆要求質子有向「上」的自旋。這很容易從以下的論證看出來。一個沿著 z 軸運動的粒子不可能只憑其運動而貢獻任何（關於 z 軸的）角動量，所以，只有自旋可以對 J_z 有貢獻。在衰變前，關於 z 軸的角動量是 $+\hbar/2$，所以衰變後的角動量也必須是 $+\hbar/2$。既然 π^- 介子沒有自旋，則質子一定有向「上」的自旋。

如果你擔心這一類的論證可能在量子力學中不適用，我們可以花一點時間來證明它們的確是成立的。我們稱爲 $|\Lambda^0$，自旋 $+z\rangle$ 的起始狀態（衰變前）有一個性質：如果將它繞著 z 軸旋轉 ϕ 角度，這個態向量會乘上一相位因子 $e^{i\phi/2}$（在旋轉後的座標中，態向量是

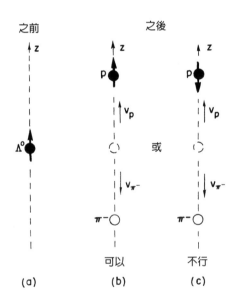

圖 17-7　自旋向「上」的 Λ^0 衰變後，質子沿著 $+z$ 軸前進的兩種可能性。只有 (b) 的情形有角動量守恆。

$e^{i\phi/2} \mid \Lambda^0,$ 自旋 $+z\rangle$）。當我們說一個自旋 1/2 粒子的自旋指向「上」的時候，我們所指的就是上面的意思。既然自然的行為不會取決於我們所選擇的軸，最終狀態（質子加上 π^- 介子）也必須有相同的性質。我們可以把最後的狀態寫成，譬如說，

$$\mid 質子往 +z, 自旋 +z; \pi^- 介子往 -z\rangle$$

但是我們其實不需要指出 π^- 介子的運動方向，因為在我們所選的座標中，π^- 介子的運動方向永遠和質子相反。所以我們可以把對於最終狀態的描述簡化成

$$\mid 質子往 +z, 自旋 +z\rangle$$

現在的問題是：如果我們將座標繞著 z 軸旋轉 ϕ 角度，這個最終狀態會變成什麼樣子？

因為質子和 π^- 介子是沿著 z 軸運動，所以它們的運動不會受到旋轉的影響（這就是我們挑選這個特殊情況的理由，要不是這樣，我們就無法繼續論證下去）。而且 π^- 介子也不會受到影響，因為它是自旋為零的粒子。但是質子卻是自旋 1/2 粒子，如果它有向「上」的自旋，在旋轉的結果是它貢獻一個相位因子 $e^{i\phi/2}$。（如果質子有向「下」的自旋，則來自質子的相位因子是 $e^{-i\phi/2}$。）可是如果角動量是守恆的，旋轉所導致的相位因子變化在衰變前後應該是相同的（這必須如此，因為哈密頓函數中沒有任何外來的影響）。所以，唯一的可能性是質子有向「上」的自旋；如果質子往上跑，它的自旋也應向「上」。

所以我們的結論是：角動量守恆允許圖 17-7(b) 的過程，但是不允許圖 17-7(c) 的過程。既然我們知道衰變會發生，過程 (b)：質子往上跑同時自旋「向上」，就有某個機率幅。我們用 a 代表這種

衰變在任何無限小的時間間隔內發生的機率幅。★

可是如果 Λ^0 的自旋最初是向「下」的話，那會如何呢？同樣的，我們考慮質子沿著 z 軸往上跑的衰變，如圖 17-8 所示。你應該看得出來，在這個情況，如果角動量是守恆的，則質子的自旋必須向「下」。我們用 b 代表這種衰變的機率幅。

我們對於機率幅 a 與 b 並沒有什麼瞭解，它們取決於 Λ^0 的內在機制，以及弱交互作用。直到今天，沒有人能把它們算出來；我們必須從實驗來得到 a 與 b。可是一旦我們知道了這兩個機率幅，我們就**可以**知道關於衰變角分布的一切──我們只需要小心的完整定義出我們所談的狀態。

我們想要知道質子會從（相對於 z 軸的）θ 角度跑出來，而進入一個小立體角 $\Delta\Omega$ 內（如圖 17-6 所示）的機率有多大？我們現在

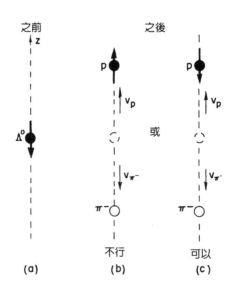

圖 17-8　自旋向「下」的 Λ^0 沿著 z 軸衰變的情形

把那個方向定為新的 z 軸，稱它為 z' 軸。我們知道如何分析沿著這個 z' 軸所發生的事。相對於這個新軸，Λ^0 就不必然有向「上」的自旋，而是會有某個自旋向「上」的機率幅以及某個自旋向「下」的機率幅。我們已經在第 6 章算出這些機率幅，後來在第 10 章 (10.30)式又算了一次：自旋向「上」的機率幅是 $\cos\theta/2$，自旋向「下」的機率幅是 $-\sin\theta/2$◆。如果 Λ^0 的自旋是沿著 z' 軸朝「上」，它往 $+z'$ 方向發射質子的機率幅就是 a；所以找到向「上」自旋的質子沿著 z' 軸跑出來的機率幅是

$$a\cos\frac{\theta}{2} \tag{17.33}$$

類似的，發現向「下」自旋的質子沿著 $+z'$ 軸跑出來的機率幅是

$$-b\sin\frac{\theta}{2} \tag{17.34}$$

次頁的圖 17-9 顯示了這兩種機率幅所指的過程。

　　我們現在問以下的簡單問題：如果 Λ^0 帶有沿著 $+z$ 軸向「上」的自旋，那麼衰變質子會從 θ 角度跑出來的機率有多大？即使我們並沒有做觀察，這兩種自旋狀態（沿著 z' 軸向「上」或向「下」）還是可以分辨的。所以，我們只要取機率幅的平方然後相加就可得

＊原注：我們假設你已經相當熟悉量子力學機制，所以我們可以用物理的方式來談論事情，而不必花時間寫下所有的數學細節。假如這裡所討論的事情對你來說還不夠清楚，我們會把一些省略掉的細節放在這一節的最後。

◆原注：我們選擇讓 z' 軸位於 xz 平面上，並且使用 $R_y(\theta)$ 的矩陣元素。其他種選擇也會得到相同的結果。

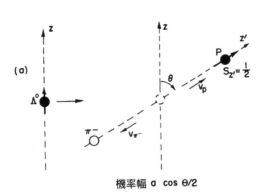

機率幅 a cos θ/2

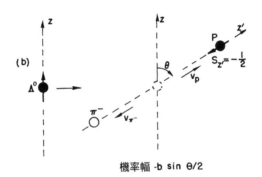

機率幅 -b sin θ/2

圖 17-9　Λ^0 的兩種可能衰變態

到機率。如此一來，在 θ 角度的一個小立體角 ΔΩ 內找到質子的機率 $f(\theta)$ 是

$$f(\theta) = |a|^2 \cos^2 \frac{\theta}{2} + |b|^2 \sin^2 \frac{\theta}{2} \qquad (17.35)$$

因為 $\sin^2 \theta/2 = \frac{1}{2}(1 - \cos \theta)$，同時 $\cos^2 \theta/2 = \frac{1}{2}(1 + \cos \theta)$，我們可以把 $f(\theta)$ 寫成

$$f(\theta) = \left(\frac{|a|^2 + |b|^2}{2} \right) + \left(\frac{|a|^2 - |b|^2}{2} \right) \cos \theta \qquad (17.36)$$

也就是說角分布的形式是

$$f(\theta) = \beta(1 + \alpha \cos \theta) \tag{17.37}$$

機率 $f(\theta)$ 其中一部分和 θ 無關，另一部分則和 $\cos \theta$ 成正比。我們只要測量角分布，就可以得到 α 跟 β，因此也就得到 $|a|$ 和 $|b|$。

我們現在可以回答很多其他的問題。我們感興趣的情況僅在於質子的自旋是沿著舊 z 軸向「上」嗎？(17.33)式與(17.34)式告訴了我們，對於 z' 軸而言，質子的自旋是向「上」或是向「下」（$+z'$ 與 $-z'$）的機率幅爲何。自旋相對於舊 z 軸朝「上」的狀態 $|+z\rangle$ 可以表示成基底狀態 $|+z'\rangle$ 和 $|-z'\rangle$ 的組合。所以我們可以結合(17.33)與(17.34)這兩個機率幅以及適當的係數（$\cos \theta/2$ 與 $-\sin \theta/2$）以得到總機率幅

$$\left(a \cos^2 \frac{\theta}{2} + b \sin^2 \frac{\theta}{2} \right)$$

這個式子的平方就是質子從 θ 角度跑出來，而所帶的自旋正好跟 Λ^0 的一樣（即沿著 z 軸向「上」）的機率。

如果宇稱是守恆的，我們還可以再多說一件事。圖 17-8 中的衰變只是圖 17-7 中衰變的鏡像變換，例如，對於 yz 平面的鏡像變換。★ 如果宇稱是守恆的，b 就必須等於 a 或 $-a$。如此一來，(17.37)式中的係數 α 會是零，因此衰變後質子往任何方向跑的機會都一樣。

★原注：請記得自旋是軸向量（axial vector），在鏡像變換中會翻轉過來。

關於機率幅 a、b 的詳細說明

這一節中的機率幅 a 指的是狀態 | 質子往 +z, 自旋 +z 〉，在無限小時間 dt 內，從狀態 | Λ, 自旋 +z 〉產生的機率幅。換句話說，

$$\langle \text{質子往}+z, \text{自旋}+z \,|\, H \,|\, \Lambda, \text{自旋}+z \rangle = i\hbar a \qquad (17.38)$$

上式中的 H 是世界的哈密頓算符，或者起碼是引起 Λ 衰變的無論什麼東西。角動量守恆意味著這個哈密頓算符一定要有以下的性質

$$\langle \text{質子往}+z, \text{自旋}-z \,|\, H \,|\, \Lambda, \text{自旋}+z \rangle = 0 \qquad (17.39)$$

至於機率幅 b 所指的是

$$\langle \text{質子往}+z, \text{自旋}-z \,|\, H \,|\, \Lambda, \text{自旋}-z \rangle = i\hbar b \qquad (17.40)$$

而角動量守恆意味著

$$\langle \text{質子往}+z, \text{自旋}+z \,|\, H \,|\, \Lambda, \text{自旋}-z \rangle = 0 \qquad (17.41)$$

如果(17.33)式與(17.34)式的機率幅意義還不夠明白，我們可以用以下的數學來表達得更清楚。(17.33)式所指的是以下情況的機率幅：如果 Λ 有沿著 +z 方向的自旋，它會衰變成一個沿著 +z′ 方向前進的質子，同時質子也有沿著 +z′ 方向的自旋；亦即機率幅等於

$$\langle \text{質子往}+z', \text{自旋}+z' \,|\, H \,|\, \Lambda, \text{自旋}+z \rangle \qquad (17.42)$$

利用量子力學中的一般性定理，我們可以把上面這個機率幅寫成

$$\sum_i \langle 質子往 +z', 自旋 +z' \mid H \mid \Lambda, i \rangle \langle \Lambda, i \mid \Lambda, 自旋 +z \rangle$$

(17.43)

其中的累加得把所有靜止 Λ 粒子的基底狀態 $\mid \Lambda, i \rangle$ 都考慮進來。既然 Λ 粒子的自旋為 1/2，它就有兩個基底狀態，它們可以是我們所希望的任何參考基底。如果我們使用的基底狀態是**相對於** z' **軸**的的自旋「上」與自旋「下」（ $+z'$ 與 $-z'$ ）狀態，則 (17.43) 的機率幅就等於以下的和

$$\langle 質子往 +z', 自旋 +z' \mid H \mid \Lambda, +z' \rangle \langle \Lambda, +z' \mid \Lambda, +z \rangle$$
$$+ \langle 質子往 +z', 自旋 +z' \mid H \mid \Lambda, -z' \rangle \langle \Lambda, -z' \mid \Lambda, +z \rangle$$

(17.44)

從來自於角動量守恆的(17.38)式與(17.41)式可知，上式第一項中的第一個因子就是 a ，而第二項的第一個因子是零。第一項中另一個因子 $\langle \Lambda, +z' \mid \Lambda, +z \rangle$ 所代表的機率幅，是假設一個自旋 1/2 粒子帶有沿著某一個軸向「上」的自旋，而這樣的粒子也會帶有沿著另一個（傾斜了 θ 角的）軸向「上」的自旋的機率幅；從表 6-2 可知這個機率幅等於 $\cos \theta/2$ 。所以 (17.44) 式正好是 $a \cos \theta/2$ ，正如我們先前所寫下的(17.33)式。把類似的推論用於自旋向「下」的 Λ 粒子，就可以得到(17.34)式的機率幅。

可是實驗結果顯示，衰變並是不對稱的。人們測量到的角分布的確含有預期的 $\cos\theta$ 項，而不是如 $\cos^2\theta$ 或其他冪次方。事實上，既然角分布有這種形式，我們可以由此推論 Λ^0 的自旋是 1/2。同時，我們也看到宇稱是不守恆的。其實，係數 α 的實驗值是 -0.62 ± 0.05，b 大約是 a 的兩倍。所以在鏡像變換下沒有對稱性是很清楚的。

你已經看到了，我們從角動量守恆可以得到很多東西。在下一章，我們會討論更多的例子。

17-6 旋轉矩陣概要

我們想把以前所學到的，和自旋 1/2 與自旋 1 粒子的旋轉有關的各種事項都整理在一起，以便將來引用。你在下兩頁所看到的表是自旋 1/2 粒子、自旋 1 粒子、以及光子（零質量的自旋 1 粒子）的兩種旋轉矩陣 $R_z(\phi)$ 跟 $R_y(\theta)$。對於每一種自旋，我們列出繞著 z 軸與 y 軸旋轉的旋轉矩陣 $\langle j\,|\,R\,|\,i\rangle$。它們當然正好等於以前使用過的機率幅 $\langle +T\,|\,0\,S\rangle$。

所謂的 $R_z(\phi)$ 所指的是將狀態投影到新的座標系〔新的座標系是舊的座標系繞著 z 軸旋轉（永遠使用右手規則來定義旋轉的正方向）ϕ 角度〕。所謂的 $R_y(\theta)$ 所指的是參考軸繞著 y 軸旋轉了 θ 角度。你只要知道了這兩種旋轉，就可以算出其他任何旋轉。和以前一樣，在我們所寫的矩陣元素中，**左邊**的狀態是**新**（旋轉後）座標系的基底狀態，而右邊的狀態是舊（旋轉前）座標系的基底狀態。你可以用很多種方式來詮釋表中的記載，例如，表 17-1 中的 $e^{-i\phi/2}$ 代表矩陣元素 $\langle-\,|\,R\,|\,-\rangle=e^{-i\phi/2}$，它也代表 $\hat{R}\,|\,-\rangle=e^{-i\phi/2}\,|\,-\rangle$，或者是 $\langle-\,|\,\hat{R}=\langle-\,|\,e^{-i\phi/2}$。它們的意思都相同。

表17-1 自旋1/2粒子的旋轉矩陣

兩種狀態：$|+\rangle$，沿著 z 軸向「上」，$m = +1/2$

$|-\rangle$，沿著 z 軸向「下」，$m = -1/2$

$R_z(\phi)$	$\mid+\rangle$	$\mid-\rangle$
$\langle+\mid$	$e^{+i\phi/2}$	0
$\langle-\mid$	0	$e^{-i\phi/2}$

$R_y(\theta)$	$\mid+\rangle$	$\mid-\rangle$
$\langle+\mid$	$\cos\theta/2$	$\sin\theta/2$
$\langle-\mid$	$-\sin\theta/2$	$\cos\theta/2$

表17-2　自旋1粒子的旋轉矩陣

三種狀態：$|+\rangle$，$m = +1$

$|0\rangle$，$m = 0$

$|-\rangle$，$m = -1$

$R_z(\phi)$	$\mid+\rangle$	$\mid 0\rangle$	$\mid-\rangle$
$\langle+\mid$	$e^{+i\phi}$	0	0
$\langle 0\mid$	0	1	0
$\langle-\mid$	0	0	$e^{-i\phi}$

$R_y(\theta)$	$\mid+\rangle$	$\mid 0\rangle$	$\mid-\rangle$
$\langle+\mid$	$\frac{1}{2}(1+\cos\theta)$	$+\dfrac{1}{\sqrt{2}}\sin\theta$	$\frac{1}{2}(1-\cos\theta)$
$\langle 0\mid$	$-\dfrac{1}{\sqrt{2}}\sin\theta$	$\cos\theta$	$+\dfrac{1}{\sqrt{2}}\sin\theta$
$\langle-\mid$	$\frac{1}{2}(1-\cos\theta)$	$-\dfrac{1}{\sqrt{2}}\sin\theta$	$\frac{1}{2}(1+\cos\theta)$

表 17-3　　光子的旋轉矩陣

兩種狀態：$|R\rangle = \frac{1}{\sqrt{2}}(|x\rangle + i|y\rangle)$，$m = +1$（RHC 偏振）

$\qquad\quad|L\rangle = \frac{1}{\sqrt{2}}(|x\rangle - i|y\rangle)$，$m = -1$（LHC 偏振）

$R_z(\phi)$	$|R\rangle$	$|L\rangle$
$\langle R|$	$e^{+i\phi}$	0
$\langle L|$	0	$e^{-i\phi}$

第 18 章

角動量

18-1 電偶極輻射

我們在上一章探討了量子力學中角動量守恆的想法，並且說明如何利用這個想法來預測在 Λ 粒子衰變成質子與 π 介子後，質子的角分布（angular distribution）為何。我們現在要告訴你一些原子系統中的例子，它們也可以用來示範角動量守恆的後果。第一個例子是原子輻射出光。角動量守恆（以及其他因素）將決定輻射光子的偏振與角分布。

假設我們有一個處於受激態的原子。這個受激態有明確的角動量，比方說是自旋 1；然後這個原子躍遷到另一個角動量為零、能量較低的狀態，並發射出一個光子。問題是要算出光子的角分布與偏振。（這個問題和 Λ^o 衰變的情形完全一樣，除了我們所談的是自旋 1 粒子，而不是自旋 1/2 粒子。）既然原子原先較高能量的狀態是自旋 1 的狀態，它的角動量就有三種可能的 z 分量：m 的值可能是 +1、0 或 -1。我們用 $m = +1$ 來做為例子。一旦你知道如何處理這個問題，你就可以算出其他的情形。我們假設靜止原子的角動量是沿 $+z$ 軸，如圖 18-1(a) 所示。我們要問它會沿 z 軸往上發射右旋圓偏振光的機率幅是什麼？（發射後的原子就成為零角動量的狀態，如圖 18-1(b) 所示。）只是我們不知道這個問題的答案！

不過我們的確知道，右旋圓（RHC）偏振光在前進的方向上會有一單位的角動量。所以在射出光子之後，情況必須如圖 18-1(b) 所示，也就是原子相對於 z 軸只剩下零角動量──因為我們假設了原子較低能量態的自旋為零。令 a 代表這一個事件的機率幅；更精確一點說，a 是原子在 dt 時刻之間，將光子射入 z 軸上某個小立體角 $\Delta\Omega$ 之內的機率幅。請注意，朝同一方向發射一個左旋圓（LHC）

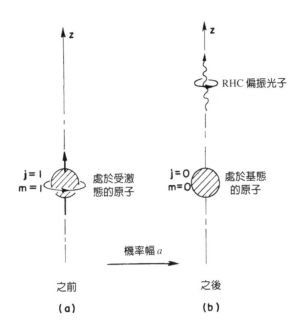

圖 18-1 一個 $m = +1$ 的原子沿 $+z$ 軸發射一個 RHC 偏振光子

偏振光子的機率幅為零,因為對於這樣的光子來說,在 z 軸上的淨角動量是 -1,而原子的角動量是零,所以總角動量是 -1,因此違背了角動量守恆。

類似的,如果原子起先的自旋是向「下」的(沿 z 軸的自旋是 -1),它在 $+z$ 方向上所發射的光子,就只能是 LHC 偏振光子,如圖 18-2 所示。我們令 b 代表這一個事件的機率幅,也就是將光子射入某立體角 $\Delta\Omega$ 之內的機率幅。如果原子一開始是處於 $m = 0$ 的狀態,則它就完全不能往 $+z$ 方向發射光子,因為一個光子沿運動方向只能有 $+1$ 或 -1 的角動量。

接下來,我們想證明 a 與 b 是有關係的。假設我們將圖 18-1 的情況反轉過來,也就是說想像將系統的每一部分,都搬到原點另一

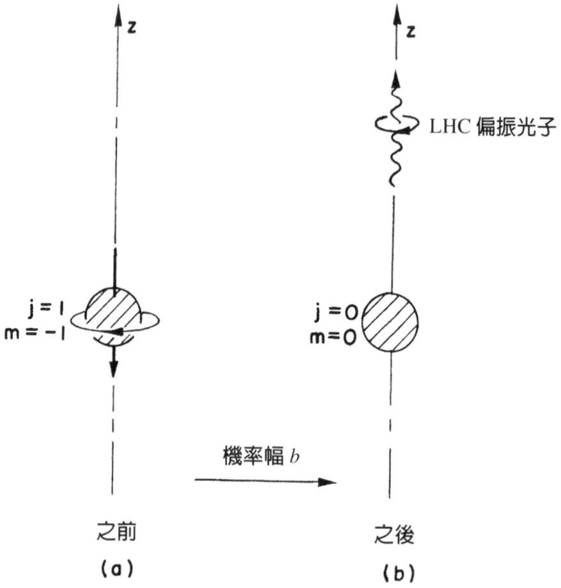

<u>圖 18-2</u>　一個 $m = -1$ 的原子沿 $+z$ 軸發射一個 LHC 偏振光子

邊對等的位置上。這並不表示我們應該把角動量反轉過來，因為角
動量只是定義出來的。我們應該做的是把對應到角動量的實際運
動，反轉過來。我們用圖 18-3(a) 與 (b) 來顯示圖 18-1 的過程在反轉
（相對於原子中心）前後的情形。請注意，原子旋轉的方向並沒有
改變。★　在圖 18-3(b) 所顯示的反轉系統中，原子的 $m = +1$，並且

★原注：當我們把 x、y、z 改成 $-x$、$-y$、$-z$，你或許會
認為所有的向量都得顛倒過來。這對於極（polar）向量（如
位移或速度）來說是正確的。但是對於軸（axial）向量（如
角動量或任何從兩個極向量的外積所形成的向量）來說就不
對了。軸向量在反轉後還是保有相同的分量。

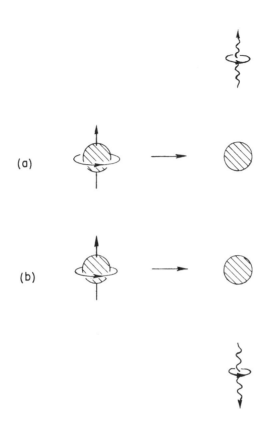

<u>圖 18-3</u>　如果以原子中心為準，將過程 (a) 反轉過來，它就變為(b)的情況。

往下發射一個 LHC 光子。

　　如果把圖 18-3(b) 的系統繞 x 軸或 y 軸旋轉 $180°$，它就會和圖 18-2 一模一樣。把反轉與鏡像變換結合起來，就會把第二種過程轉成第一種過程。從表 17-2 可以看出，繞著 y 軸旋轉 $180°$ 的操作會把 $m = -1$ 的狀態變爲 $m = 1$ 的狀態。所以機率幅 b 一定會等於機率幅 a ——**除了可能相差一個由於反轉而產生的負號**。這個反轉產生的正負號變化，由原子的初態（initial state）與終態（final state）

來決定。

在原子過程中，宇稱是守恆的。所以整個系統的宇稱在光子發射之前與之後必須是相等的。接下來的情形取決於原子初態與終態宇稱的奇偶性──不同的情況會導致不同的輻射角分布。我們先考慮平常的狀況──初態有**奇**宇稱，終態有**偶**宇稱。一般稱這種情形為「電偶極輻射」（electric dipole radiation）。〔如果初態與終態有相同的宇稱性，就稱為「磁偶極輻射」（magnetic dipole radiation）。〕如果初態有奇宇稱，反轉之後（系統從圖 18-3 的 (a) 變成 (b)），它的機率幅的正負號會改變。原子的終態有偶宇稱，所以機率幅不會變號。如果宇稱在反應中是守恆的，機率幅 b 的絕對值一定等於 a 的絕對值，但是 a 和 b 的正負號會相反。

我們的結論是，如果 $m = 1$ 的狀態會向上發射光子的機率幅為 a，而且初態與終態的宇稱正如所假設的那樣，那麼 $m = -1$ 的狀態會向上發射 LHC 光子的機率幅就是 $-a$。★

我們現在已經知道了一切需要知道的事，可以開始計算光子從 θ 角方向（相對於 z 軸）射出來的機率幅。假設原子最初的 $m = 1$，我們可以將這個狀態分解成相對於新 z' 軸（光子發射出來的方向）的 +1、0 以及 −1 狀態。這三個狀態的機率幅就是列於表 17-2 的下半部。一個 RHC 光子會從 θ 角方向射出來的機率幅，正好等於 a 乘上沿 θ 方向有 $m = 1$ 的機率幅，也就是

$$a \langle + \mid R_y(\theta) \mid + \rangle = \frac{a}{2}(1 + \cos \theta) \tag{18.1}$$

★原注：有些人或許不贊同我們的論證，理由是我們所考慮的終態沒有明確的宇稱。你會在本章最後的注解 2 找到另一種論證，你也許會比較喜歡那個說法。

一個 LHC 光子從相同方向射出來的機率幅，等於 $-a$ 乘上沿新方向有 $m = -1$ 的機率幅。根據表 17-2，這項機率幅等於

$$-a\langle - \mid R_y(\theta) \mid + \rangle = -\frac{a}{2} (1 - \cos \theta) \qquad (18.2)$$

如果你對其他的偏振態感興趣，可以從這兩個機率幅的疊加，算出反應過程的機率幅。如果要算出任何分量的強度隨角度 θ 而變的情形，你當然一定要求取機率幅的平方。

18-2 光散射

我們將利用這些結果來解決一個稍加複雜，但也更真實一點的問題。我們假設一開始，和前面同樣的原子處在它們的基態（$j = 0$），然後會將入射光子束**散射**出來。假設光子最初是朝 $+z$ 方向前進，也就是說光子從 $-z$ 方向上來，然後碰上原子，如次頁的圖 18-4(a) 所示。我們把光的散射看成是兩階段的過程：光子被吸收，然後再被發射出來。假如最初的光子是 RHC 光子，像圖 18-4(a) 那樣，而且角動量是守恆的，那麼原子在吸收光子之後，會處在 $m = 1$ 的狀態，如圖 18-4(b) 所示。我們稱這個過程的機率幅為 c。接下來原子就在 θ 方向上發射一個 RHC 光子，如圖 18-4(c) 所示。一個 RHC 光子被散射到 θ 方向的總機率幅，就只是 c 乘上(18.1)式。我們把這個散射機率幅稱為 $\langle R' \mid S \mid R \rangle$，它就是

$$\langle R' \mid S \mid R \rangle = \frac{ac}{2} (1 + \cos \theta) \qquad (18.3)$$

另外，一個 RHC 光子被吸收，然後一個 LHC 光子被發射出來的過程，也有個機率幅。這個 RHC 光子被散射成 LHC 光子的機率

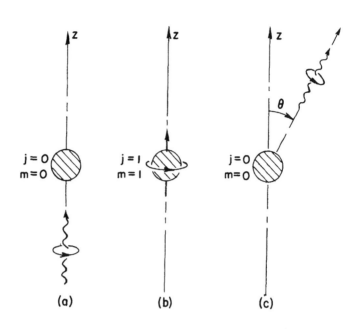

<u>圖 18-4</u>　原子散射光子，可以看成是兩階段的過程。

幅 $\langle L' \,|\, S \,|\, R \rangle$ 是兩個機率幅的乘積；從(18.2)式可以得到

$$\langle L' \,|\, S \,|\, R \rangle = -\frac{ac}{2}\,(1 - \cos\theta) \tag{18.4}$$

　　我們現在要問：如果進來的是 LHC 光子會如何？當 LHC 光子被吸收，原子會進入 $m = -1$ 的狀態。利用前一節中用過的推論，可以證明這個機率幅一定是 $-c$。處於 $m = -1$ 狀態的原子，在 θ 角方向發射 RHC 光子的機率幅等於 a 乘上機率幅 $\langle + \,|\, R_y(\theta) \,|\, - \rangle$，即 $\frac{1}{2}(1 - \cos\theta)$。所以最後的機率幅是

$$\langle R' \,|\, S \,|\, L \rangle = -\frac{ac}{2}\,(1 - \cos\theta) \tag{18.5}$$

最後，一個 LHC 光子被散射成另一個 LHC 光子的機率幅是

$$\langle L' \mid S \mid L \rangle = \frac{ac}{2} (1 + \cos\theta) \tag{18.6}$$

（有兩個負號彼此抵消了。）

　　如果測量散射光的**強度**，無論這個光是何種圓偏振光，強度會和我們四個機率幅其中之一的平方成正比。舉個例子，如果入射的是一束 RHC 光，則散射的 RHC 光強度會和 $(1 + \cos\theta)^2$ 成正比。

　　以上的結果都很好，但如果入射光是線偏振光呢？假設入射光是 x 偏振光，它就可以表示成 RHC 光與 LHC 光的疊加。我們將它寫成（見 11-4 節）

$$\mid x \rangle = \frac{1}{\sqrt{2}} (\mid R \rangle + \mid L \rangle) \tag{18.7}$$

如果入射光是 y 偏振光，我們就有

$$\mid y \rangle = -\frac{i}{\sqrt{2}} (\mid R \rangle - \mid L \rangle) \tag{18.8}$$

不過你想知道的是什麼呢？你想知道一個 x 偏振光子會往 θ 角方向散射成 RHC 光子的機率幅嗎？你只要利用一般結合機率幅的法則就可以算出答案。首先，將(18.7)式乘上 $\langle R' \mid S$ 來得到

$$\langle R' \mid S \mid x \rangle = \frac{1}{\sqrt{2}} (\langle R' \mid S \mid R \rangle + \langle R' \mid S \mid L \rangle) \tag{18.9}$$

然後利用(18.3)式與(18.5)式，就得到

$$\langle R' \mid S \mid x \rangle = \frac{ac}{\sqrt{2}} \cos\theta \tag{18.10}$$

如果你要的是一個 x 偏振光子會散射成 LHC 光子的機率幅，你會算出

$$\langle L' \mid S \mid x \rangle = \frac{ac}{\sqrt{2}} \cos \theta \qquad (18.11)$$

最後，你如果想要知道 x 偏振光子在散射後，還保持著 x 偏振性的機率幅，你必須計算 $\langle x' \mid S \mid x \rangle$。它可以寫成

$$\langle x' \mid S \mid x \rangle = \langle x' \mid R' \rangle \langle R' \mid S \mid x \rangle + \langle x' \mid L' \rangle \langle L' \mid S \mid x \rangle \qquad (18.12)$$

你如果再利用以下的關係

$$\mid R' \rangle = \frac{1}{\sqrt{2}} (\mid x' \rangle + i \mid y' \rangle) \qquad (18.13)$$

$$\mid L' \rangle = \frac{1}{\sqrt{2}} (\mid x' \rangle - i \mid y' \rangle) \qquad (18.14)$$

就得到

$$\langle x' \mid R' \rangle = \frac{1}{\sqrt{2}} \qquad (18.15)$$

$$\langle x' \mid L' \rangle = \frac{1}{\sqrt{2}} \qquad (18.16)$$

所以

$$\langle x' \mid S \mid x \rangle = ac \cos \theta \qquad (18.17)$$

最後的答案是一束 x 偏振光散射到 θ 方向（xz 平面上），且**強度**會和 $\cos \theta^2$ 成正比。如果你想知道散射成 y 偏振光的可能性，你會發現

$$\langle y' | S | x \rangle = 0 \tag{18.18}$$

所以散射光完全是 x 偏振光。

我們注意到一些有趣的事：(18.17)與(18.18)的結果，完全對應到第 I 卷第 32-5 節的古典光散射理論。在那裡我們想像某種線性回復力（linear restoring force）把電子束縛在原子上，所以電子的行為就像是古典振子。你或許會想：「古典理論簡單多了，如果它可以得到正確的答案，為什麼還要用到量子理論？」

其中一個理由是，我們目前只考慮了特殊（雖然也很平常）的狀況，也就是原子處於 $j = 1$ 的受激態，而且有 $j = 0$ 的基態。如果受激態是自旋 2 的狀態，你就會得到不一樣的結果。此外，我們沒有理由相信一個以彈簧綁住電子，然後電子受到振盪電場驅動的模型，可以適用於單一個光子。但是我們發現這個模型的確可以得到正確的偏振與強度。

所以就某個意義來說，我們的課繞了一圈來到了真理。我們在第 I 卷用古典理論得到了折射率與光散射理論，而現在證明了對於最普遍的情況來說，量子理論也會得到相同的結果。事實上，我們現在已經用量子力學方法來得到，比如說，天空中光的偏振；這是唯一真正合理的推論方式。

當然，一切有效的古典理論，最終都應該可以用正當的量子論證去證實。那些我們花很多時間向你解釋的東西，自然都是從古典物理中選出那些在量子力學裡也適用的部分。你會注意到，我們並沒有詳細討論任何有電子在軌道上繞圈子的原子模型，因為這樣的模型不會導致和量子力學一致的結果。雖然彈簧上的電子完全不是（在某個意義上）原子「看起來」的樣子，但是這個模型的確合用，所以我們用這個模型來解釋折射率。

18-3　正子電子偶的消滅

　　我們接下來想討論一個很漂亮的例子。它相當有趣，卻有些複雜，不過我們希望不會太過複雜。這個例子是稱為**正子電子偶**（positronium）的系統，它是由一個電子與一個正子所組成的「原子」，也就是 e$^+$ 與 e$^-$ 的束縛態。這個東西和氫原子一樣，有很多狀態。它的基態也和氫原子一樣，會由於磁矩的交互作用而分裂成「超精細結構」（hyperfine structure）。電子和正子的自旋都是 1/2，這兩個自旋可以各自與某個已知軸平行或反平行。（在基態中，沒有來自軌道運動的角動量。）所以共有四個狀態：其中三個是自旋 1 系統的子狀態（substate），全有相同的能量；另一個狀態是不同能量的自旋零狀態。這兩個能量的差異遠大於氫原子的 1420 百萬赫，因為正子的磁矩比質子磁矩強太多——強了一千倍。

　　但是正子電子偶與氫原子最重要的區別在於，正子電子偶不能永遠存在。正子是電子的反粒子，正子與電子兩者可以相互消滅。這兩個粒子可以完全消失，把它們的靜能量會轉換成輻射，變成 γ 射線（光子）。在這樣的衰變中，兩個有靜止質量的粒子會變成兩個或更多個零質量的粒子。＊

　　我們先來分析正子電子偶自旋零狀態的衰變。這個狀態衰會變成兩個光子，壽命大約是 10^{-10} 秒。一開始，自旋相反的正子和電

　　＊原注：在更深奧的理論中，我們其實沒有簡單的方法可以判定光子的能量和電子的能量相比，是否比較不算是「物質」，因為就如你所知道的，粒子的行為都很類似。兩者唯一的區別是光子的質量為零。

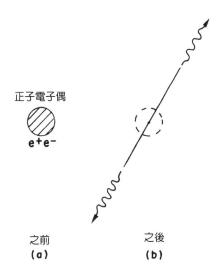

正子電子偶

e+e−

之前　　　　　　　之後
(a)　　　　　　　**(b)**

圖18-5　正子電子偶衰變成兩個光子

子相互靠近，形成正子電子偶系統。衰變後，兩個光子以大小相等，方向相反的動量跑出來（見圖18-5）。光子的動量必須如此，因爲如果正子電子偶原來是靜止的，衰變後的總動量必須和衰變前一樣都爲零。如果正子電子偶不是靜止的，我們可以跑到它的靜止座標，把答案算出來，然後將一切變換回實驗室座標系。（你看，我們現在有了一切所需的工具，可以做任何事了。）

　　首先，我們先指出角分布並不太有趣：既然原先狀態的自旋爲零，它就沒有特殊軸──它在所有旋轉下都是對稱的；所以終態也一定在所有旋轉下都是對稱的。這表示所有衰變角度的可能性都是相等的，也就是光子跑到任何方向的機率幅都一樣。當然，一旦我們在某個方向發現其中**一個**光子，**另一個**光子必然是在相反的方向。

　　唯一剩下的問題是關於光子的偏振。讓我們稱兩個光子運動的方向為正 z 軸與負 z 軸。我們可以使用任何基底來表示光子的偏振態；我們會選用永遠相對於運動方向* 的右旋圓偏振態與左旋圓偏振態來描述光。我們馬上看到，如果往上跑的光子是 RHC，那麼往下跑的光子也必須是 RHC，否則角動量就不守恆了。每個光子會帶有**相對於動量**方向的 +1 單位角動量，也就是在 z 軸上有 +1 與 −1 單位的角動量，所以總角動量為零，衰變前後的角動量也就相等。見圖 18-6。

　　相同的推論可以證明，如果往上跑的光子是 RHC，那麼往下跑的光子就不可能是 LHC。這種終態不允許的理由是它會有兩單位的角動量，但初態的角動量卻是零。請注意，對於正子電子偶另

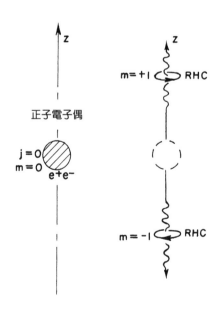

圖 18-6　正子電子偶沿著 z 軸消滅的一種可能狀況

外的自旋 1 基態來說，這種光子終態也不可能出現，因爲基態在任何方向最多只能有一單位的角動量。

我們現在要證明對於自旋 1 狀態來說，雙光子消滅是完全不可能的。你或許會想，如果我們取 $j=1$，$m=0$ 的狀態（在 z 軸上有零角動量），它應該就像是自旋零的狀態，那就可以衰變成兩個 RHC 光子。當然，對於 z 軸而言，次頁圖 18-7(a) 所示的衰變維持了角動量不變。但是如果我們將系統繞著 y 軸旋轉 180°，就得到如圖 18-7(b) 所示的情況，它和圖 18-7(a) 的情形完全一樣，我們所做的就是把兩個光子交換過來。但光子是玻色子，一旦交換，機率幅還是會保持一樣（正負號不會改變），所以圖 18-7(b) 的機率幅必須等於圖 18-7(a) 的機率幅。可是我們已經假設初態的自旋爲 1，所以當我們將自旋 1，$m=0$ 的物體繞著 y 軸旋轉 180° 之後，它的機率幅會改變正負號（見表 17-2 中 $\theta=\pi$ 的情形）。所以圖 18-7(a) 與 (b) 的機率幅應該有相反的正負號，這表示自旋 1 狀態**不能衰變成兩個光子**。

當正子電子偶形成的時候，你會預期它有 1/4 的機會成爲自旋零狀態，有 3/4 的機會是自旋 1 狀態（$m=+1$、0、−1）。所以你在 1/4 的時間裡會看到雙光子衰變，另外 3/4 的時間中不會有雙光子衰變。不過在它不衰變成雙光子的時候，它還是會衰變，只是必須衰變成**三個**光子。但是這樣的衰變比較不容易發生，所以壽命比較長，大約長一千倍——約 10^{-7} 秒。實驗上的觀測也是如此。我

★原注：請注意我們所分析的角動量，永遠是相對於粒子的運動方向而言。如果所談的是相對於其他軸的角動量，我們必須擔心「軌道」角動量（來自 $p \times r$）的可能性。譬如，我們不能說光子正好從正子電子偶的質心出發——它們可以像是從旋轉輪邊緣射出來的兩個東西。如果我們所取的軸是沿著運動方向的，就不用擔心這類可能性。

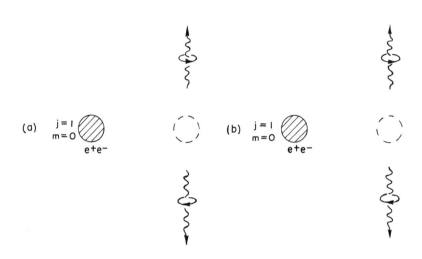

圖 18-7　對於處於 $j = 1$ 狀態的正子電子偶來說，(a) 的過程和將它繞 y 軸旋轉 $180°$ 後的過程 (b) 完全一樣。

們不會再進一步探討關於自旋 1 狀態消滅的細節。

　　到目前為止我們所知道的是，如果只在意角動量守恆，正子電子偶的自旋零狀態就可以衰變成兩個 RHC 光子。可是還有另一種可能：它會衰變成兩個 LHC 光子，如圖 18-8 所示。下一個問題是：這兩種衰變模式的機率幅有沒有什麼關係？我們可以從宇稱守恆去找出答案。

　　不過如想這麼做，我們必須先知道正子電子偶的宇稱。理論物理學家已經證明（他們用的方法不容易解釋）電子與正子（電子的反粒子）一定有相反的宇稱，所以正子電子偶的自旋零基態必須有奇宇稱。我們在這裡就假設這基態的確有奇宇稱，而且既然我們會得到和實驗相符的結果，我們可以把它當成奇宇稱假設的證明。

　　我們來看看如果把圖 18-6 的過程反轉過來，會如何呢？反轉過

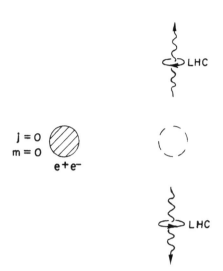

圖 18-8　正子電子偶消滅的另一種可能過程

來以後，兩個光子就改變了它們的方向與偏振，而成為圖 18-8 的樣子。假設正子電子偶有奇宇稱，則圖 18-6 與圖 18-8 這兩種過程的機率幅，一定會有相反的正負號。令 $|R_1R_2\rangle$ 代表圖 18-6 的終態，其中兩個光子都是 RHC 光子；同時令 $|L_1L_2\rangle$ 代表圖 18-8 的終態，其中兩個光子都是 LHC 光子。真正的終態（我們稱之為 $|F\rangle$）必定是

$$|F\rangle = |R_1R_2\rangle - |L_1L_2\rangle \qquad (18.19)$$

反轉操作將 R 變成 L，因此終態就成為

$$P|F\rangle = |L_1L_2\rangle - |R_1R_2\rangle = -|F\rangle \qquad (18.20)$$

它正好和(18.19)式相差了一負號，所以終態 $|F\rangle$ 有負宇稱，跟正

子電子偶最初的自旋零基態一樣。這是唯一能夠保持角動量以及宇稱不變的終態。正子電子偶衰變成這個狀態的機率幅不是零，但是我們現在不需去擔心這個機率幅為何，因為我們只對於偏振的問題有興趣。

(18.19)式所代表的終態在物理上有何意義？其中一個意義是這樣子的：如果用兩個可以分別計數RHC光子與LHC光子的偵測器來觀測這兩個光子，我們永遠可以看到兩個RHC光子或兩個LHC光子。也就是說，如果你站在正子電子偶的這一邊，另一個人站在另一邊，你只要測量這一邊的偏振，就可以告訴另外一個人，他會量到什麼偏振。你接到RHC光子的機率是 1/2，接到LHC光子的機率也是 1/2，但是無論你得到何種光子，你可以預測出對方也會接到一樣的光子。

既然得到RHC或LHC偏振的機率各是一半，似乎這個偏振態有可能是線偏振；如果我們使用只能接收線偏振光的計數器來偵測光子，結果會如何呢？對於 γ 射線來說，我們無法像光子一樣，那麼容易的測得其偏振，因為沒有起偏器（polarizer）適用於那麼短的波長範圍。不過我們想像有這種偏器存在，這樣子比較容易討論。假如你的計數器只能接收 x 偏振光，同時對方也只能接收線偏振光，例如 y 偏振光，那麼你們會在消滅後得到兩個光子的機率有多大？我們要問的是 $|F\rangle$ 會處於 $|x_1y_2\rangle$ 狀態的機率幅為何？換句話說，我們要得到機率幅

$$\langle x_1y_2 \mid F\rangle$$

它當然就只是

$$\langle x_1y_2 \mid R_1R_2\rangle - \langle x_1y_2 \mid L_1L_2\rangle \qquad (18.21)$$

　　雖然我們所談論的是兩個光子的雙粒子機率幅，但是我們可以用處理單粒子機率幅的方式去處理它們，因為兩個粒子是相互獨立的。這表示機率幅 $\langle x_1 y_2 \mid R_1 R_2 \rangle$ 只是兩個獨立機率幅 $\langle x_1 \mid R_1 \rangle$ 和 $\langle y_2 \mid R_2 \rangle$ 的乘積。從表 17-3 可以得到這兩個機率幅分別是 $1/\sqrt{2}$ 跟 $i/\sqrt{2}$，所以

$$\langle x_1 y_2 \mid R_1 R_2 \rangle = + \frac{i}{2}$$

同樣的，我們發現

$$\langle x_1 y_2 \mid L_1 L_2 \rangle = - \frac{i}{2}$$

根據(18.21)把這兩個機率幅相減，就得到

$$\langle x_1 y_2 \mid F \rangle = + i \qquad (18.22)$$

所以如果你在你的 x 偏振偵測器發現一個光子，則對方在他的 y 偏振偵測器也發現一個光子的機率為 **1**★。

　　現在假設對方把他的偵測器選成和你一樣的 x 偏振偵測器，那麼當你發現一個光子時，他卻永遠不會也得到一個光子。如果你把機率幅算出來，會發現

$$\langle x_1 x_2 \mid F \rangle = 0 \qquad (18.23)$$

當然，如果你選用 y 偏振偵測器，對方只有用 x 偏振偵測器時，才

★原註：我們並沒有把機率幅歸一化，或是將它乘以衰變成任何特定終態的機率幅；但是我們知道結果是正確的，因為其他可能性的機率是零——見(18.23)式。

能同時也發現一個光子。

　　這麼一來，就出現了一個有趣的情況。假設你用一塊方解石（calcite）把光子分解成 x 偏振束與 y 偏振束，然後在每一種光束後擺上計數器，我們將它們稱為 x 計數器與 y 計數器。如果在另一邊的對方也做了同樣的事，你就永遠可以告訴他，他的光子會出現在哪一束光中。每當你和他都接收到光子，你可以看到是自己的哪一個偵測器接收到了光子，然後告訴他，他的哪一個偵測器會接收到光子。譬如，你發現一個光子進入了 x 計數器，你就可以告訴他，他的 y 計數器一定會收到訊號。

　　很多用平常（傳統）方式學習量子力學的人，對於這樣的結論覺得很不舒服。他們喜歡這麼想：光子一旦發射後，它就以波的形式前進，這個波具有確定的性質。他們會想，既然「任何特定的光子」有某個「機率幅」是 x 偏振或 y 偏振，那麼就應該有某個機率會在 x 或 y 計數器中找到這個光子，而且這個機率應該和另外一個人對於另一個完全不同的光子的發現無關。他們主張「別人所做的測量不應該改變我發現某個東西的機率」。然而我們的量子力學說，只要測量第一個光子，你就**能夠**精確的預測第二個光子的偏振（當它被偵測到的時候）。愛因斯坦（Albert Einstein, 1879-1955）從來沒有接受這樣的看法，他對此相當憂慮，所以後來有了所謂的「EPR 弔詭」（Einstein-Podolsky-Rosen paradox）。但如果狀況是如我們在這裡所描述的那般，那麼似乎就沒有什麼弔詭可言；在某個地方所做的測量和另一處的測量有關聯似乎是滿自然的一件事。什麼樣子的推論讓一些人認定前面的結果是矛盾的？這些論證是：

(1) 假如你有一個計數器可以告訴你，究竟光子是 RHC 光子或 LHC 光子，你就可以精準的預測對方會發現哪一種（RHC

或 LHC）光子。

(2) 所以對方所接收到的每一個光子必然是純 RHC 或純 LHC，有些是這一種，有些是另一種。

(3) 你當然不可能藉由改變觀測**你的**光子的方式來變更**對方的**光子的物理性質。換句話說，無論你對你的光子做了什麼樣的觀測，對方的光子仍然一定是 RHC 或 LHC。

(4) 如果對方用一塊方解石把他的光子分解成兩束線偏振光，以致於他的所有光子都會進入 x 偏振束或 y 偏振束。根據量子力學，我們完全無法預測任何特定的 RHC 光子會進入哪一種光束。它有 50% 的機率會進入 x 偏振束，也有 50% 的機率會進入 y 偏振束。對於 LHC 光子來說，情況也是如此。

(5) 既然根據(2)和(3)，每個光子不是 RHC 就是 LHC，則每個光子一定有 50% 的機率進入 x 偏振束，也有 50% 的機率進入 y 偏振束，我們無法預測它會怎麼做。

(6) 可是理論預測，如果**你**看見你的光子穿過 x 偏器，你就可以有把握的預測對方的光子會進入他的 y 偏振束。這樣的結果牴觸了上面第(5)點，所以有弔詭。

可是很顯然的，自然並沒有看到什麼「弔詭」，因為實驗顯示(6)的預測事實上是正確的。當我們頭一次在第 I 卷的第 37 章中討論量子力學行為的時候，我們其實已經談到了這個「弔詭」的關鍵點。在上面的推論中，(1)、(2)、(4)、(6)都是正確的，但是(3)以及其結論(5)是錯誤的。推論(3)是說藉由**你的**測量（看到一個 RHC 或 LHC 光子），你可以決定在兩種可能性之中，對方會發現哪一種（看到一個 RHC 或 LHC 光子），**而且**即使你**不**做任何測量，你仍然

可以說他還是會發現兩種可能性之中的這一種或那一種。但這正是第 I 卷的第 37 章（也見本卷第 1 章）的要點——我們一開始就指出大自然不是這樣子的。**大自然的**方式是以干涉的機率幅來描述，每一種可能性都有一個機率幅。一旦我們做測量以便知道實際上發生的是哪一種可能性，這個測量過程就破壞了干涉；但是如果我們沒有做測量，你就不能夠依舊說「這一種或另一種仍然在發生」。

如果你可以決定你的每一個光子究竟是 RHC 或是 LHC 光子，同時你也可以決定它是否是 x 偏振光子（全都是對於同一個光子而言），那麼就真的出現了弔詭。但是你不能那麼做——這是測不準原理的一個例子。

你還是覺得真的有「弔詭」嗎？如果是，請你確定這真的是關於大自然行為的一個弔詭，也就是藉由一個假想實驗，在量子力學中以兩種不同的論證來預測出矛盾的結果。否則所謂的「弔詭」其實只是，真實情況與你對於真實「應該是什麼樣子」的感覺，之間的衝突而已。

你是不是覺得這雖然**不是**一個「弔詭」，但依然非常奇怪呢？我們完全同意這樣的看法，物理就是因為這樣才吸引人。

18-4 任何自旋的旋轉矩陣

希望你現在已經看出來，角動量的概念對於瞭解原子過程非常重要。到目前為止，我們只考慮了自旋（或「總角動量」）為 0、$\frac{1}{2}$ 或 1 的系統；帶有更高角動量的原子系統當然還是存在。為了分析這樣的系統，我們需要類似 17-6 節裡的旋轉機率幅表。也就是說，我們需要自旋 $\frac{3}{2}$、2、$\frac{5}{2}$、3 等的機率幅矩陣。雖然我們不會詳細算出這些旋轉矩陣，但是會告訴你計算的方法，以便一旦你

需要知道這些矩陣，就可以將它們算出來。

　　我們先前已經看到了，任何有自旋或「總角動量」j 的系統，可以處於 $(2j+1)$ 個狀態中的任何一個狀態；對於這 $(2j+1)$ 個狀態來說，角動量的 z 分量可以是離散序列 j、$j-1$、$j-2$、……$-(j-1)$、$-j$（全部以 $\hbar$ 爲單位）其中的任何一個。如果把任何特定狀態的角動量 z 的分量稱爲 $m\hbar$，那麼我們就可以利用兩個「角動量量子數」的數值 j 與 m，來定義一個特定的角動量狀態。我們可以用態向量 $|j, m\rangle$ 來標定這樣的狀態。以自旋 $\frac{1}{2}$ 粒子爲例，它的兩個角動量狀態是 $|\frac{1}{2}, \frac{1}{2}\rangle$ 和 $|\frac{1}{2}, -\frac{1}{2}\rangle$；而自旋 1 系統的三個狀態就記做 $|1, +1\rangle$、$|1, 0\rangle$、$|1, -1\rangle$；至於自旋 0 粒子，當然就只有一個狀態 $|0, 0\rangle$。

　　我們現在想知道：如果把狀態 $|j, m\rangle$ 投影到另一種表現上會如何？這個新表現是以一組旋轉後的座標軸爲準。首先，我們知道 j 是標定**系統**特性的數字，所以不會因旋轉而改變。假如我們旋轉了座標軸，我們所做的只不過把 j 相同、但 m 值不同的狀態混合起來而已。一般來說，系統在旋轉座標系中會處於 $|j, m'\rangle$ 的機率幅不是零，這裡的 m' 代表角動量的新分量。所以我們想得到的是各種旋轉的所有矩陣元素 $\langle j, m'|R|j, m\rangle$。我們已經知道對於 z 軸旋轉 ϕ 角度的後果：新狀態只是舊狀態乘上 $e^{im\phi}$，m 值沒有改變。這個結果可以寫成

$$R_z(\phi)\,|j, m\rangle = e^{im\phi}\,|j, m\rangle \qquad (18.24)$$

如果你喜歡，也可以寫成

$$\langle j, m'\,|\,R_z(\phi)\,|\,j, m\rangle = \delta_{m, m'}\,e^{im\phi} \qquad (18.25)$$

（其中的 $\delta_{m, m'} = 1$，如果 $m = m'$，否則 $\delta_{m, m'}$ 爲零。）

　　對於任何其他軸的旋轉會導致不同 m 狀態的混合。我們當然可以試著算出任意旋轉的矩陣元素，這些旋轉可以用歐拉角（Euler angle）β、α、γ 來描述。但是比較簡單的方法，是記得最一般性的旋轉是由三個旋轉 $R_z(\gamma)$、$R_y(\alpha)$、$R_z(\beta)$ 所組成的，因此我們只要知道繞著 y 軸旋轉的矩陣元素就夠了。

　　我們如何找出自旋 j 粒子繞著 y 軸旋轉 θ 角度的矩陣元素？我們無法告訴你如何（以我們所學）用基本方式將它們算出來，我們用了複雜的對稱推論才得到自旋 $\frac{1}{2}$ 的旋轉矩陣；然後我們利用了由兩個自旋 $\frac{1}{2}$ 粒子所組成的特殊自旋 1 系統才得到自旋 1 的旋轉矩陣。如果你可以相信我們，願意接受以下的事實：在一般的情況下，答案只取決於 j，而和自旋 j 物體的內部構造如何組合起來無關，那麼我們就可以把自旋 1 的論證推廣到任意自旋。例如，我們可以用三個自旋 $\frac{1}{2}$ 物體，來製造一個自旋 $\frac{3}{2}$ 的人工系統。爲了避免額外的麻煩，我們可以想像這三個自旋 $\frac{1}{2}$ 物體全是不同的粒子，例如質子、電子與緲子。只要轉換這三個自旋 $\frac{1}{2}$ 物體，就可以知道整個系統會怎麼樣──請記得合併狀態的機率幅是原先三個機率幅的乘積。接下來我們就來看這個自旋 $\frac{3}{2}$ 的例子。

　　假設三個自旋 $\frac{1}{2}$ 物體的自旋全部向「上」，我們將這個狀態記爲 $|+++\rangle$。如果從一個繞著 z 軸旋轉 ϕ 角度的座標來看著個系統，每個向「上」的狀態就仍維持向「上」，但是多乘上了 $e^{i\phi/2}$ 的因子。因爲共有三個這樣的因子，所以

$$R_z(\phi)\,|+++\rangle = e^{i(3\phi/2)}\,|+++\rangle \qquad (18.26)$$

很明顯的，狀態 $|+++\rangle$ 就是我們所說的 $m=+\frac{3}{2}$ 狀態，亦即狀態 $|\frac{3}{2}, +\frac{3}{2}\rangle$。

　　如果將這個系統繞著 y 軸旋轉，那麼旋轉之後每個自旋 $\frac{1}{2}$ 物體

會有不爲零的機率幅讓它處於正（向「上」）或負（向「下」）的狀態。所以系統將是八個可能狀態的混合，這八個狀態是 $|+++\rangle$、$|++-\rangle$、$|+-+\rangle$、$|-++\rangle$、$|+--\rangle$、$|-+-\rangle$、$|--+\rangle$ 或 $|---\rangle$。可是很明顯的，這些狀態可以分解成四組，每一組對應到某個特定的 m 值。首先，我們有 $|+++\rangle$，它的 $m = \frac{3}{2}$。接著有三個狀態 $|++-\rangle$、$|+-+\rangle$、$|-++\rangle$，它們都有兩個正號與一個負號；既然每個自旋 $\frac{1}{2}$ 物體有同樣的機率在旋轉後成爲負的狀態，這三個狀態應以相同的比例組合起來。所以我們取以下的組合：

$$\frac{1}{\sqrt{3}}\{|++-\rangle+|+-+\rangle+|-++\rangle\} \quad (18.27)$$

$1/\sqrt{3}$ 是這個狀態的歸一化因子（normalization factor）。如果將這個狀態繞 z 軸旋轉，每一個正號會乘上 $e^{i\phi/2}$ 的因子，每一個負號則會乘上 $e^{-i\phi/2}$ 的因子，所以(18.27)式中的每一項都有 $e^{i\phi/2}$ 的因子，也就是(18.27)式全部要乘上 $e^{i\phi/2}$ 這個共同因子。這樣的狀態符合我們對於 $m = +\frac{1}{2}$ 狀態的想法；所以結論是

$$\frac{1}{\sqrt{3}}\{|++-\rangle+|+-+\rangle+|-++\rangle\} = |\tfrac{3}{2}, +\tfrac{1}{2}\rangle \quad (18.28)$$

同樣的，我們也可以寫下

$$\frac{1}{\sqrt{3}}\{|+--\rangle+|-+-\rangle+|--+\rangle\} = |\tfrac{3}{2}, -\tfrac{1}{2}\rangle \quad (18.29)$$

這是對應到 $m = -\frac{1}{2}$ 的狀態。請注意，我們只取了**對稱**的組合——組合中沒有用上負號。那種（非對稱的）組合會對應到 m 相同、但 j 不同的狀態。（這就好像自旋 1 的情形：$(1/\sqrt{2})\{|+-\rangle +$

$|-+\rangle\}$是狀態 $|1,0\rangle$，但是$(1/\sqrt{2})\{\ |+-\rangle - |-+\rangle\}$卻是狀態 $|0,0\rangle$。）最後，我們有

$$|\tfrac{3}{2},-\tfrac{3}{2}\rangle = |---\rangle \tag{18.30}$$

我們把這四個狀態整理成表 18-1。

表 18-1

$|+++\rangle$	$= |\tfrac{3}{2},+\tfrac{3}{2}\rangle$
$\dfrac{1}{\sqrt{3}}\{|++-\rangle + |+-+\rangle + |-++\rangle\}$	$= |\tfrac{3}{2},+\tfrac{1}{2}\rangle$
$\dfrac{1}{\sqrt{3}}\{|+--\rangle + |-+-\rangle + |--+\rangle\}$	$= |\tfrac{3}{2},-\tfrac{1}{2}\rangle$
$|---\rangle$	$= |\tfrac{3}{2},-\tfrac{3}{2}\rangle$

我們現在必須做的是將這些狀態繞著 y 軸旋轉，然後（利用已知的自旋 1/2 粒子的旋轉矩陣）看看這樣做會引出多少其他的狀態。我們在 12-6 節中處理自旋 1 例子所使用的方法，可以原封不動的搬到這裡來。（只是代數更為複雜一些而已。）我們會直接跟隨第 12 章的方法，所以就不在這裡仔細重複所有的說明。將 S 座標系中的狀態標記為 $|\tfrac{3}{2},+\tfrac{3}{2},S\rangle = |+++\rangle$、$|\tfrac{3}{2},+\tfrac{1}{2},S\rangle = (1/\sqrt{3})\{|++-\rangle + |+-+\rangle + |-++\rangle\}$ 等等。將 S 座標系繞 y 軸旋轉 θ 角度之後就得到 T 座標系。我們將 T 中的狀態標記為 $|\tfrac{3}{2},+\tfrac{3}{2},T\rangle$、$|\tfrac{3}{2},+\tfrac{1}{2},T\rangle$ 等等。$|\tfrac{3}{2},+\tfrac{3}{2},T\rangle$ 當然等於 $|+'+'+'\rangle$，這裡上標的一撇指的永遠是 T 座標系。同樣的，$|\tfrac{3}{2},\tfrac{1}{2},T\rangle$ 等於$(1/\sqrt{3})\{|+'+'-'\rangle + |+'-'+'\rangle + |-'+'+'\rangle\}$ 等等。每一個 T 座標系中的 $|+'\rangle$ 狀態會來自 S 中的 $|+\rangle$ 與 $|-\rangle$ 狀態（見表 12-4 的矩陣元素）。

如果有三個自旋 1/2 粒子，(12.47)式就會被下式所取代：

$$|+++\rangle = a^3\,|+'+'+'\rangle + a^2b\{|+'+'-'\rangle + |+'-'+'\rangle$$
$$+ |-'+'+'\rangle\} + ab^2\{|+'-'-'\rangle + |-'+'-'\rangle$$
$$+ |-'-'+'\rangle\} + b^3\,|-'-'-'\rangle \tag{18.31}$$

利用表 12-4 的變換關係，我們得到取代(12.48)式的

$$|\tfrac{3}{2},+\tfrac{3}{2},S\rangle = a^3\,|\tfrac{3}{2},+\tfrac{3}{2},T\rangle + \sqrt{3}\,a^2b\,|\tfrac{3}{2},+\tfrac{1}{2},T\rangle$$
$$+ \sqrt{3}\,a^2b\,|\tfrac{3}{2},-\tfrac{1}{2},T\rangle + b^3\,|\tfrac{3}{2},-\tfrac{3}{2},T\rangle \tag{18.32}$$

這麼一來，我們就得到了矩陣元素 $\langle jT\,|\,iS\rangle$ 其中的幾個。如果要得到 $|\tfrac{3}{2},+\tfrac{1}{2},S\rangle$ 的式子，我們先變換有兩個「+」跟一個「-」的狀態。例如，

$$|++-\rangle = a^2c\,|+'+'+'\rangle + a^2d\,|+'+'-'\rangle$$
$$+ abc\,|+'-'+'\rangle + bac\,|-'+'+'\rangle$$
$$+ abd\,|+'-'-'\rangle + bad\,|-'+'-'\rangle \tag{18.33}$$
$$+ b^2c\,|-'-'+'\rangle + b^2d\,|-'-'-'\rangle$$

我們也把 $|+-+\rangle$ 與 $|-++\rangle$ 展成類似的式子，然後全部加起來再除以 $\sqrt{3}$，就得到

$$|\tfrac{3}{2},+\tfrac{1}{2},S\rangle = \sqrt{3}\,a^2c\,|\tfrac{3}{2},+\tfrac{3}{2},T\rangle$$
$$+(a^2d + 2abc)\,|\tfrac{3}{2},+\tfrac{1}{2},T\rangle$$
$$+(2bad + b^2c)\,|\tfrac{3}{2},-\tfrac{1}{2},T\rangle \tag{18.34}$$
$$+\sqrt{3}\,b^2d\,|\tfrac{3}{2},-\tfrac{3}{2},T\rangle$$

繼續用這樣的方法做下去，就可以找出所有列於次頁表 18-2 的變換矩陣元素 $\langle jT\,|\,iS\rangle$。第一行元素來自(18.32)式，第二行則來自

表 18-2　　自旋 $\frac{3}{2}$ 粒子的旋轉矩陣

（係數 a、b、c、d 列於表 12-4）

$\langle jT \mid iS\rangle$	$\lvert\frac{3}{2},+\frac{3}{2},S\rangle$	$\lvert\frac{3}{2},+\frac{1}{2},S\rangle$	$\lvert\frac{3}{2},-\frac{1}{2},S\rangle$	$\lvert\frac{3}{2},-\frac{3}{2},S\rangle$
$\langle\frac{3}{2},+\frac{3}{2},T\rvert$	a^3	$\sqrt{3}\,a^2c$	$\sqrt{3}\,ac^2$	c^3
$\langle\frac{3}{2},+\frac{1}{2},T\rvert$	$\sqrt{3}\,a^2b$	$a^2d + 2abc$	$c^2b + 2dac$	$\sqrt{3}\,c^2d$
$\langle\frac{3}{2},-\frac{1}{2},T\rvert$	$\sqrt{3}\,ab^2$	$2bad + b^2c$	$2cdb + d^2a$	$\sqrt{3}\,cd^2$
$\langle\frac{3}{2},-\frac{3}{2},T\rvert$	b^3	$\sqrt{3}\,b^2d$	$\sqrt{3}\,bd^2$	d^3

(18.34)式。最後兩行也是用同樣的方法算出來的。

　　假如 T 座標系是把 S 座標系繞著 y 軸旋轉 θ 角度，那麼 a、b、c、d 的值就是（見(12.54)式）$a = d = \cos\theta/2$，以及 $c = -b = \sin\theta/2$。將這些值代入表 18-2，就得到對應於表 17-2 的第二部分矩陣，只是這個矩陣是用於自旋 $\frac{3}{2}$ 系統。

　　我們能夠很容易的把剛才的推論，推廣到任意自旋 j 的系統。狀態 $\lvert j, m\rangle$ 可以用 $2j$ 個自旋 $\frac{1}{2}$ 粒子組合出來。（其中 $j + m$ 個粒子在 $\lvert+\rangle$ 狀態中，另外的 $j - m$ 個粒子在 $\lvert-\rangle$ 狀態中。）我們必須將所有可能的狀態都加進來，然後讓狀態乘上一個適當的歸一化因子。你們當中喜歡數學的人，也許能夠證明最後會得到以下的結果★：

$$\langle j, m' \mid R_y(\theta) \mid j, m\rangle =$$
$$[(j + m)!(j - m)!(j + m')!(j - m')!]^{1/2}$$
$$\times \sum_k \frac{(-1)^{k+m-m'}(\cos\theta/2)^{2j+m'-m-2k}(\sin\theta/2)^{m-m'+2k}}{(m - m' + k)!(j + m' - k)!(j - m - k)!k!}$$

$$(18.35)$$

★原注：如果你想知道細節，請查閱本章末的注解。

其中的 k 是一切可能讓所有階乘（factorial）中的因子都 ≥ 0 的整數值。

這個式子相當繁瑣，不過你可以用它來檢驗適用於 $j = 1$ 的表 17-2，並且寫下適用於更大 j 的表。某些特殊的矩陣元素尤其重要，而且已經有了特殊的名字。譬如說，j 為整數而且 $m = m' = 0$ 的矩陣元素，就稱為勒壤得多項式（Legendre polynomial）並記為 $P_j(\cos\theta)$：

$$\langle j, 0 \mid R_y(\theta) \mid j, 0 \rangle = P_j(\cos\theta) \tag{18.36}$$

最初幾個勒壤得多項式是：

$$P_0(\cos\theta) = 1 \tag{18.37}$$

$$P_1(\cos\theta) = \cos\theta \tag{18.38}$$

$$P_2(\cos\theta) = \tfrac{1}{2}(3\cos^2\theta - 1) \tag{18.39}$$

$$P_3(\cos\theta) = \tfrac{1}{2}(5\cos^3\theta - 3\cos\theta) \tag{18.40}$$

18-5 測量核自旋

我們想告訴你一個應用到上述矩陣元素的例子。這個例子和最近一個有趣的實驗有關，而你現在已經可以瞭解這個實驗。有一些物理學家想要知道 Ne^{20} 核的某受激態的自旋。為了找出答案，他們用一束加速碳離子去打擊碳靶，這樣會產生想要的 Ne^{20} 受激態（稱為 Ne^{20*}），反應過程是

$$C^{12} + C^{12} \rightarrow Ne^{20*} + \alpha_1$$

其中的 α_1 是 α 粒子，或 He^4。這樣子產生的一些 Ne^{20} 受激態並不穩定，會以下列的反應衰變：

$$Ne^{20*} \rightarrow O^{16} + \alpha_2$$

所以在實驗上，反應後會有兩個 α 粒子跑出來，我們稱它們為 α_1 與 α_2。因為它們有不同的能量，所以很容易判別。我們只要挑出具有特定能量的 α_1，就可以挑選出有任意特定能量的 Ne^{20} 受激態。

圖 18-9 顯示了實驗的配置。一束 16 百萬電子伏特的碳離子被導引到薄碳箔上；我們用矽擴散接面偵測器（silicon diffused junction detector）來計數第一個 α 粒子，這個偵測器（也記做 α_1）被設定來接收適當能量前進（相對於入射的 C^{12} 束）的 α 粒子。第二個 α 粒子由另一個偵測器（也記做 α_2）來接收，偵測器 α_1 與偵測器 α_2 的夾角是 θ。我們測量偵測器 α_1 與 α_2 同時接收到訊號的頻率，記錄各種角度 θ 之下的頻率。

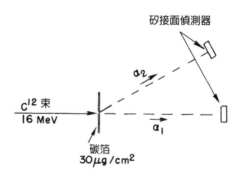

圖 18-9　用來決定 Ne^{20} 某些狀態的自旋的實驗布置

實驗的想法是這樣的：首先，你需要知道 C^{12} 與 O^{16} 以及 α 粒子的自旋都是零。如果把最初 C^{12} 束的運動方向稱爲 $+z$ 軸，那麼我們就知道 Ne^{20*} 對於 z 軸的角動量一定爲零。其他的粒子都沒有自旋，C^{12} 沿著 z 軸進來，α_1 粒子沿著 z 軸離開，所以它們相對於 z 軸都沒有角動量。所以無論 Ne^{20*} 的角動量 j 是什麼，我們知道它的狀態是 $|j, 0\rangle$。我們要問在 Ne^{20*} 衰變成 O^{16} 與第二個 α 粒子之後會如何？第二個 α 粒子會被偵測器 α_2 接收，而 O^{16} 必須往相反的方向跑，以保持動量不變。* **對於通過 α_2 的新軸來說**，並沒有來自運動的角動量分量。因爲終態相對於新軸的角動量是零，所以 Ne^{20*} 也必須有某個機率幅讓 m' 爲零（m' 是 Ne^{20*} 相對於新軸的角動量分量的量子數），只有這樣 Ne^{20*} 才能衰變。事實上，在角度 θ 觀測到 α_2 的機率只是下面這個機率幅（或者說矩陣元素）的平方：

$$\langle j, 0 \mid R_y(\theta) \mid j, 0 \rangle \tag{18.41}$$

爲了找出所要的 Ne^{20*} 狀態的自旋，我們把不同角度所接收到的第二個 α 粒子數目畫出來，然後與不同 j 值的理論曲線相比較。我們在前一節說過，機率幅 $\langle j, 0 \mid R_y(\theta) \mid j, 0 \rangle$ 只是函數 $P_j(\cos \theta)$；所以可能的角分布就是 $[P_j(\cos \theta)]^2$ 的曲線。

次頁的圖 18-10 顯示了兩種 Ne^{20*} 受激態的實驗結果。你可以看到 5.80 百萬電子伏特狀態的角分布和 $[P_1(\cos \theta)]^2$ 的曲線相當吻合，所以這一定是自旋 1 的狀態；而 5.63 百萬電子伏特狀態的數據就很不一樣，它符合 $[P_3(\cos \theta)]^2$ 的曲線，所以是自旋 3 狀態。

*原注：我們可以忽略 Ne^{20*} 在第一次碰撞中的反衝（recoil）。不過其實我們也能夠計算出這個效應，然後把它當成修正項。

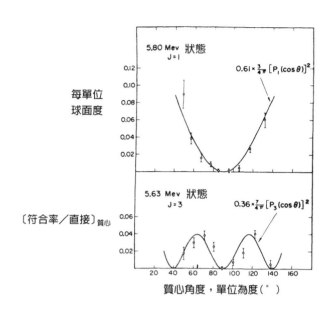

每單位
球面度

5.80 Mev 狀態
J = 1

$0.61 \times \frac{3}{4\pi} [P_1(\cos\theta)]^2$

〔符合率／直接〕質心

5.63 Mev 狀態
J = 3

$0.36 \times \frac{7}{4\pi} [P_3(\cos\theta)]^2$

質心角度，單位為度（°）

圖 18-10　α 粒子角分布的實驗結果。α 粒子來自兩種 Ne^{20*} 受激態的衰變。實驗配置如圖 18-9 所示。（數據取自 *J. A. Kuehner, Physical Review*, Vol. 125, p. 1653, 1962.）

　　我們可以從這樣的實驗得到兩個 Ne^{20*} 受激態的角動量，如果想瞭解這個原子核裡質子與中子的組態，這是有用的一項資訊（我們對於神祕核力又多了一些理解）。

18-6 角動量合成

　　當我們在第 12 章中討論氫原子超精細結構的時候，必須弄清楚這個系統的內部結構，這個系統是由兩個自旋 $\frac{1}{2}$ 粒子（即電子與質子）所組成的。我們發現這種系統的四個可能自旋狀態可以歸納成兩組：其中一組具有共同的能量，對於外在世界來說，它就像是

自旋 1 粒子，剩下的狀態就像是自旋 0 粒子。換句話說，把兩個自旋 1/2 粒子放在一起，可以形成一個「總自旋」是 1 或 0 的系統。在這一節裡，我們要更一般性的討論一個合成**系統**的自旋狀態，而這個系統是由兩個任意自旋粒子所組成。這是量子力學系統中關於角動量的另一個重要問題。

我們首先把第 12 章關於氫原子的結果寫成一個新的形式，它比較容易推廣到更一般的情況。我們從兩個粒子開始，稱它們為粒子 a（電子）與粒子 b（質子）。粒子 a 的自旋為 $j_a(=\frac{1}{2})$，這個角動量的 z 分量 m_a 有幾個可能的值（事實上是兩個，即 $m_a = +\frac{1}{2}$ 或 $m_a = -\frac{1}{2}$）。同樣的，粒子 b 的自旋為 j_b，它的 z 分量為 m_b。這兩個粒子的自旋態可以有各種組合。例如，$m_a = +\frac{1}{2}$ 的粒子 a 與 $m_b = -\frac{1}{2}$ 的粒子 b 可以形成狀態 $|a, +\frac{1}{2} ; b, -\frac{1}{2}\rangle$。一般而言，合併起來的狀態會形成一個系統，這系統的「系統自旋」，或「總自旋」，或「總角動量」可以是 1 或 0。同時如果 $J = 1$，系統角動量 J 的 z 分量 M 可以是 +1、0 或 -1；如果 $J = 0$，M 就為 0。我們可以用這種新語言把(12.41)和(12.42)的式子重新寫成表 18-3 的形式。

表 18-3　兩個自旋 $\frac{1}{2}$ 粒子 ($j_a = \frac{1}{2}$，$j_b = \frac{1}{2}$) 的角動量合成

$$|J = 1, M = +1\rangle = |a, +\tfrac{1}{2}; b, +\tfrac{1}{2}\rangle$$

$$|J = 1, M = 0\rangle = \frac{1}{\sqrt{2}}\{|a, +\tfrac{1}{2}; b, -\tfrac{1}{2}\rangle + |a, -\tfrac{1}{2}; b, +\tfrac{1}{2}\rangle\}$$

$$|J = 1, M = -1\rangle = |a, -\tfrac{1}{2}; b, -\tfrac{1}{2}\rangle$$

$$|J = 0, M = 0\rangle = \frac{1}{\sqrt{2}}\{|a, +\tfrac{1}{2}; b, -\tfrac{1}{2}\rangle - |a, -\tfrac{1}{2}; b, +\tfrac{1}{2}\rangle\}$$

　　表中左邊這一欄是用總角動量 J 與 z 分量 M 來描述組合態。右邊那一欄則用兩個粒子 a 與 b 的 m 值來顯示這些狀態是如何組合起來的。

　　我們現在要把這些結果推廣到更一般的情況：系統是由有任意自旋 j_a 與 j_b 的兩個物體 a 與 b 所組合的。先考慮一個例子：$j_a = \frac{1}{2}$，$j_b = 1$，也就是氘原子；其中的粒子 a 是電子（e），而粒子 b 是氘核（d）。因此 $j_a = j_e = \frac{1}{2}$，而且因為氘核是由一個質子與一個中子以總自旋等於 1 的狀態所組合而成的，所以 $j_b = j_d = 1$。我們要討論氘原子的超精細狀態，就像先前我們對於氫原子所做的那樣。既然氘核有三個可能的狀態 $m_b = m_d = +1$、0、-1，而電子有兩個可能的狀態 $m_a = m_e = +\frac{1}{2}$、$-\frac{1}{2}$，所以共有六個可能的狀態如下（利用記號 $|e, m_e; d, m_d\rangle$）：

$$
\begin{aligned}
&|e, +\tfrac{1}{2}; d, +1\rangle \\
&|e, +\tfrac{1}{2}; d, 0\rangle ; \ |e, -\tfrac{1}{2}; d, +1\rangle \\
&|e, +\tfrac{1}{2}; d, -1\rangle ; \ |e, -\tfrac{1}{2}; d, 0\rangle \\
&|e, -\tfrac{1}{2}; d, -1\rangle
\end{aligned}
\tag{18.42}
$$

你會注意到我們是根據 m_e 跟 m_d 的和（由大而小）來把狀態放在一起。

　　我們要問的是：如果將這些狀態投影到另一個座標系，這些狀態會變成什麼？假設新的座標系只是繞著 z 軸旋轉 ϕ 角度，那麼狀態 $|e, m_e; d, m_d\rangle$ 就會乘上因子

$$
e^{im_e\phi}e^{im_d\phi} = e^{i(m_e+m_d)\phi}
\tag{18.43}
$$

（這個狀態可以想成是乘積 $|e, m_e\rangle$　$|d, m_d\rangle$，而每個態向量獨立的貢獻出自己的指數式因子。）(18.43)式的因子是 $e^{iM\phi}$ 的形式，所以狀態 $|e, m_e; d, m_d\rangle$ 的角動量的 z 分量等於

$$M = m_e + m_d \tag{18.44}$$

總角動量的 z 分量是各個角動量的 z 分量的和。

因此，在(18.42)式所列的狀態中，最頂端的狀態有 $M = +\frac{3}{2}$，第二行的兩個狀態有 $M = +\frac{1}{2}$，再下一行的兩個狀態則有 $M = -\frac{1}{2}$，最後一行的狀態有 $M = -\frac{3}{2}$。我們馬上看出來合併狀態的自旋 J（總角動量）的一種可能必然是 $\frac{3}{2}$，這麼一來就需要四個狀態 $M = +\frac{3}{2}$、$+\frac{1}{2}$、$-\frac{1}{2}$、$-\frac{3}{2}$。

$M = +\frac{3}{2}$ 只有一種可能，所以我們就知道了

$$|J = \tfrac{3}{2}, M = +\tfrac{3}{2}\rangle = |e,+\tfrac{1}{2}; d,+1\rangle \tag{18.45}$$

但是狀態 $|J = \frac{3}{2}, M = +\frac{1}{2}\rangle$ 是什麼？(18.42)式的第二行列了兩種可能，事實上，這兩個狀態的任意線性組合會有 $M = +\frac{1}{2}$。所以一般而言，我們必然預期

$$|J = \tfrac{3}{2}, M = +\tfrac{1}{2}\rangle = \alpha\,|e,+\tfrac{1}{2}; d,0\rangle + \beta\,|e,-\tfrac{1}{2}; d,+1\rangle \tag{18.46}$$

其中的 α 與 β 是兩個數字，稱爲**克里布希─戈登係數**（Clebsch-Gordon coefficients）。我們的下一個問題就是把它們找出來。

要找出這些係數很容易，我們只要記得氘核是由一個中子與一個質子組成的，然後根據表18-3的規則來具體寫出氘核的狀態。一旦這麼做，(18.42)式所列的狀態就會看起來像次頁表18-4所示的。

我們要利用表中的狀態來組成 $J = \frac{3}{2}$ 的四個狀態。可是我們已經知道答案了，因爲表18-1中，我們用三個自旋 $\frac{1}{2}$ 粒子來組成自旋 $\frac{3}{2}$ 狀態。表18-1的第一個狀態是 $|J = \frac{3}{2}, M = +\frac{3}{2}\rangle$，它是 $|+++\rangle$，以現在的記號來說，也就是 $|e, +\frac{1}{2}; n, +\frac{1}{2}; p, +\frac{1}{2}\rangle$，即表18-4的第一個狀態。但是這個狀態也與(18.42)式所列的第一個狀態相同，這

表 18-4　氘原子的角動量狀態

$$M = \tfrac{3}{2}$$

$$|\,e,+\tfrac{1}{2};d,+1\rangle = |\,e,+\tfrac{1}{2};n,+\tfrac{1}{2};p,+\tfrac{1}{2}\rangle$$

$$M = \tfrac{1}{2}$$

$$|\,e,+\tfrac{1}{2};d,0\rangle = \frac{1}{\sqrt{2}}\{|\,e,+\tfrac{1}{2};n,+\tfrac{1}{2};p,-\tfrac{1}{2}\rangle + |\,e,+\tfrac{1}{2};n,-\tfrac{1}{2};p,+\tfrac{1}{2}\rangle\}$$

$$|\,e,-\tfrac{1}{2};d,+1\rangle = |\,e,-\tfrac{1}{2};n,+\tfrac{1}{2};p,+\tfrac{1}{2}\rangle$$

$$M = -\tfrac{1}{2}$$

$$|\,e,+\tfrac{1}{2};d,-1\rangle = |\,e,+\tfrac{1}{2};n,-\tfrac{1}{2};p,-\tfrac{1}{2}\rangle$$

$$|\,e,-\tfrac{1}{2};d,0\rangle = \frac{1}{\sqrt{2}}\{|\,e,-\tfrac{1}{2};n,+\tfrac{1}{2};p,-\tfrac{1}{2}\rangle + |\,e,-\tfrac{1}{2};n,-\tfrac{1}{2};p,+\tfrac{1}{2}\rangle\}$$

$$M = -\tfrac{3}{2}$$

$$|\,e,-\tfrac{1}{2};d,-1\rangle = |\,e,-\tfrac{1}{2};n,-\tfrac{1}{2};p,-\tfrac{1}{2}\rangle$$

就證實了(18.45)式。表 18-1 的第二行說（改用現在的記號）：

$$
\begin{aligned}
|\,J = \tfrac{3}{2};M = +\tfrac{1}{2}\rangle = {} & \frac{1}{\sqrt{3}}\{|\,e,+\tfrac{1}{2};n,+\tfrac{1}{2};p,-\tfrac{1}{2}\rangle \\
& + |\,e,+\tfrac{1}{2};n,-\tfrac{1}{2};p,+\tfrac{1}{2}\rangle + |\,e,-\tfrac{1}{2};n,+\tfrac{1}{2};p,+\tfrac{1}{2}\rangle\}
\end{aligned}
\tag{18.47}
$$

很明顯的，將表 18-4 第二個框中的第一行乘上 $\sqrt{2/3}$ ，加上第二行乘上 $\sqrt{1/3}$ 就得到上式右側。也就是說，(18.47)式等於

$$
\begin{aligned}
|\,J = \tfrac{3}{2},M = +\tfrac{1}{2}\rangle = {} & \\
& \sqrt{2/3}\,|\,e,+\tfrac{1}{2};d,0\rangle + \sqrt{1/3}\,|\,e,-\tfrac{1}{2};d,+1\rangle
\end{aligned}
\tag{18.48}
$$

所以我們就找到了(18.46)式中的兩個克里布希—戈登係數 α 與 β：

$$\alpha = \sqrt{2/3}, \qquad \beta = \sqrt{1/3} \tag{18.49}$$

利用同樣的步驟就可以得到

$$|\, J = \tfrac{3}{2}, M = -\tfrac{1}{2} \rangle = \\ \sqrt{1/3}\,|\,e, +\tfrac{1}{2}; d, -1 \rangle + \sqrt{2/3}\,|\,e, -\tfrac{1}{2}; d, 0 \rangle \tag{18.50}$$

當然也有

$$|\, J = \tfrac{3}{2}, M = -\tfrac{3}{2} \rangle = |\, e, -\tfrac{1}{2}; d, -1 \rangle \tag{18.51}$$

這些就是結合自旋 1 與自旋 $\tfrac{1}{2}$ 以得到總 $J = \tfrac{3}{2}$ 的規則。我們把 (18.45)、(18.48)、(18.50)、(18.51)等四式整理成表 18-5。

　可是我們只得到了四個狀態，而這個系統應該共有六個狀態。在(18.42)式的第二行有兩個狀態，我們只用了一種線性組合以組成 $|\, J = \tfrac{3}{2}, M = +\tfrac{1}{2} \rangle$。其實這兩個狀態還有另一種線性組合，它與第一種組合正交（orthogonal），而且也有 $M = +\tfrac{1}{2}$，亦即

$$\sqrt{1/3}\,|\,e, +\tfrac{1}{2}; d, 0 \rangle - \sqrt{2/3}\,|\,e, -\tfrac{1}{2}; d, +1 \rangle \tag{18.52}$$

表 18-5　　氘原子的 $J = \tfrac{3}{2}$ 狀態

$$|\, J = \tfrac{3}{2}, M = +\tfrac{3}{2} \rangle = |\, e, +\tfrac{1}{2}; d, +1 \rangle$$
$$|\, J = \tfrac{3}{2}, M = +\tfrac{1}{2} \rangle = \sqrt{2/3}\,|\,e, +\tfrac{1}{2}; d, 0 \rangle + \sqrt{1/3}\,|\,e, -\tfrac{1}{2}; d, +1 \rangle$$
$$|\, J = \tfrac{3}{2}, M = -\tfrac{1}{2} \rangle = \sqrt{1/3}\,|\,e, +\tfrac{1}{2}; d, -1 \rangle + \sqrt{2/3}\,|\,e, -\tfrac{1}{2}; d, 0 \rangle$$
$$|\, J = \tfrac{3}{2}, M = -\tfrac{3}{2} \rangle = |\, e, -\tfrac{1}{2}; d, -1 \rangle$$

同樣的，(18.42)式第三行的兩個狀態，也可以組合成兩種彼此正交的狀態，每一種的 M 都是 $-\frac{1}{2}$。和(18.52)式正交的狀態是

$$\sqrt{2/3}\,|\,e,+\tfrac{1}{2};d,-1\rangle - \sqrt{1/3}\,|\,e,-\tfrac{1}{2};d,0\rangle \qquad (18.53)$$

上面這兩個狀態就是之前餘下還沒找到的兩個狀態。它們有 $M = m_e + m_d = \pm\frac{1}{2}$，所以一定是對應到 $J=\frac{1}{2}$ 的兩個狀態。因此

$$|\,J=\tfrac{1}{2}, M=+\tfrac{1}{2}\rangle = \sqrt{1/3}\,|\,e,+\tfrac{1}{2};d,0\rangle - \sqrt{2/3}\,|\,e,-\tfrac{1}{2};d,+1\rangle$$

$$|\,J=\tfrac{1}{2}, M=-\tfrac{1}{2}\rangle = \sqrt{2/3}\,|\,e,+\tfrac{1}{2};d,-1\rangle - \sqrt{1/3}\,|\,e,-\tfrac{1}{2};d,0\rangle$$

$$(18.54)$$

我們只要把氘核的部分以中子與質子的狀態（利用表18-4）寫出來，就可以證明這兩個狀態的行為，的確是像自旋 $\frac{1}{2}$ 物體。(18.54)式的第一個狀態是

$$\sqrt{1/6}\{|\,e,+\tfrac{1}{2};n,+\tfrac{1}{2};p,-\tfrac{1}{2}\rangle + |\,e,+\tfrac{1}{2};n,-\tfrac{1}{2};p,+\tfrac{1}{2}\rangle\}$$
$$- \sqrt{2/3}\,|\,e,-\tfrac{1}{2};n,+\tfrac{1}{2};p,+\tfrac{1}{2}\rangle \qquad (18.55)$$

它也可以寫成

$$\sqrt{1/3}\,[\sqrt{1/2}\,\{|\,e,+\tfrac{1}{2};n,+\tfrac{1}{2};p,-\tfrac{1}{2}\rangle - |\,e,-\tfrac{1}{2};n,+\tfrac{1}{2};p,+\tfrac{1}{2}\rangle\}$$
$$+ \sqrt{1/2}\,\{|\,e,+\tfrac{1}{2};n,-\tfrac{1}{2};p,+\tfrac{1}{2}\rangle - |\,e,-\tfrac{1}{2};n,+\tfrac{1}{2};p,+\tfrac{1}{2}\rangle\}]$$

$$(18.56)$$

現在我們來看第一個彎括弧 {} 內的項，並把 e 跟 p 看成是在一起的。e 和 p 會構成一個自旋 0 狀態（見表18-3的最底下一行），所以對於角動量沒有貢獻。現在彎括弧內只剩下中子，所以(18.56)式

的**第一個**彎括弧在旋轉之下的行為，就像是一個中子，也就是 $J = \frac{1}{2}$，$M = +\frac{1}{2}$ 的狀態。利用同樣的推論，可以看到(18.56)式中第二個彎括弧內的電子與中子合併成零角動量狀態，只剩下質子($m_p = \frac{1}{2}$)對角動量有貢獻。因此**第二個**彎括弧的行為也是像 $J = \frac{1}{2}$，$M = +\frac{1}{2}$ 的物體。所以整個(18.56)式在旋轉之下就像是 $|J = \frac{1}{2}, M = +\frac{1}{2}\rangle$，正和我們預期的一樣。對應到(18.54)式的 $M = -\frac{1}{2}$ 狀態則可以寫成

$$\sqrt{1/3}\left[\sqrt{1/2}\left\{| e, +\tfrac{1}{2}; n, -\tfrac{1}{2}; p, -\tfrac{1}{2}\rangle - | e, -\tfrac{1}{2}; n, -\tfrac{1}{2}; p, +\tfrac{1}{2}\rangle\right\}\right.$$
$$\left. + \sqrt{1/2}\left\{| e, +\tfrac{1}{2}; n, -\tfrac{1}{2}; p, -\tfrac{1}{2}\rangle - | e, -\tfrac{1}{2}; n, +\tfrac{1}{2}; p, -\tfrac{1}{2}\rangle\right\}\right]$$

$$(18.57)$$

你很容易檢驗這等於(18.54)式的第二行。我們只要模仿上面的推論，把它用於(18.57)式彎括弧裡的狀態，就可以看出(18.57)式代表了 $|J = \frac{1}{2}, M = -\frac{1}{2}\rangle$。這樣就證實了我們的結果。一個氘核與一個電子共可以有六種自旋狀態，其中四個就像是自旋 $\frac{3}{2}$ 物體的狀態（表 18-5），其餘的兩個就像是自旋 $\frac{1}{2}$ 物體（(18.54)式）。

　　雖然我們利用了氘核是由中子與質子所組成的這件事實來得到表 18-5 和(18.54)式的結果，可是方程式的正確性和我們所採用的特殊情況無關。如果**任何**自旋 1 物體要和任何自旋 1/2 物體結合起來，結合的定律（與係數）不會改變。表 18-5 那組方程式的意義是如果座標系繞著，好比說，y 軸旋轉（所以自旋 $\frac{1}{2}$ 粒子與自旋 1 粒子，根據表 17-1 以及表 17-2 而改變），則右手側的線性組合會以自旋 $\frac{3}{2}$ 物體的方式而變。在相同的旋轉下，(18.54)式所代表的狀態就像是自旋 $\frac{1}{2}$ 物體的狀態，兩者有同樣的變化。最後的結果只與兩個最初粒子的旋轉性質（即自旋狀態）有關，而與它們角動量的來源沒有任何關係。因為這項事實，我們在推導公式的時候，可以選擇一個特殊的狀況（角動量的一部分是由兩個自旋 $\frac{1}{2}$ 粒子以對稱狀態

表 18-6　　自旋 $\frac{1}{2}$ 粒子 $(j_a = \frac{1}{2})$ 與自旋 1 粒子 $(j_b = 1)$ 的合成

$$| J = \tfrac{3}{2}, M = +\tfrac{3}{2} \rangle = | a, +\tfrac{1}{2}; b, +1 \rangle$$

$$| J = \tfrac{3}{2}, M = +\tfrac{1}{2} \rangle = \sqrt{2/3}\, | a, +\tfrac{1}{2}; b, 0 \rangle + \sqrt{1/3}\, | a, -\tfrac{1}{2}; b, +1 \rangle$$

$$| J = \tfrac{3}{2}, M = -\tfrac{1}{2} \rangle = \sqrt{1/3}\, | a, +\tfrac{1}{2}; b, -1 \rangle + \sqrt{2/3}\, | a, -\tfrac{1}{2}; b, 0 \rangle$$

$$| J = \tfrac{3}{2}, M = -\tfrac{3}{2} \rangle = | a, -\tfrac{1}{2}; b, -1 \rangle$$

$$| J = \tfrac{1}{2}, M = +\tfrac{1}{2} \rangle = \sqrt{1/3}\, | a, +\tfrac{1}{2}; b, 0 \rangle - \sqrt{2/3}\, | a, -\tfrac{1}{2}; b, +1 \rangle$$

$$| J = \tfrac{1}{2}, M = -\tfrac{1}{2} \rangle = \sqrt{2/3}\, | a, +\tfrac{1}{2}; b, -1 \rangle - \sqrt{1/3}\, | a, -\tfrac{1}{2}; b, 0 \rangle$$

來組成），但是得到的公式仍然適用於一般的情形。我們把所有的
結果都放在表 18-6 裡，也將記號「e」和「d」改爲「a」和「b」，
以強調結果其實也適用於一般情況。

　　假設我們有個一般性問題，那就是兩個有任意自旋的粒子可以
結合成哪些狀態？譬如說，一個粒子的自旋是 j_a（所以其 z 分量 m_a
可能是從 $-j_a$ 到 $+j_a$ 的 $2j_a + 1$ 個值之一），另一個粒子是 j_b（所以其
z 分量 m_b 可能是從 $-j_b$ 到 $+j_b$ 的 $2j_b + 1$ 個值之一），合併起來的狀態
是 $| a, m_a; b, m_b \rangle$，共有 $(2j_a + 1)(2j_b + 1)$ 個不同的狀態。但是我們可
以找到什麼總自旋爲 J 的狀態？

　　角動量的總 z 分量 M 等於 $m_a + m_b$，同時這些狀態可以依據 M
來排列（如(18.42)式）。最大的 M 是獨一無二的，它對應到 $m_a = j_a$,
$m_b = j_b$，所以 M 就只是 $j_a + j_b$。這表示最大的總角動量 J 也是等於
$j_b + j_b$：

$$J = (M)_{最大} = j_a + j_b$$

有兩個狀態的 M 值比 $(M)_{最大}$ 小 1（m_a 比其最大值小 1，或者，m_b
比其最大值小 1）。它們必須貢獻一個狀態給 $J = j_a + j_b$ 的那一組狀

態，剩下的狀態就屬於 $J = j_a + j_b - 1$ 那一組。下一個 M 值（從上數下來第三個）有**三種**可能的組合方式（$m_a = j_a - 2$、$m_b = j_b$；$m_a = j_a - 1$、$m_b = j_b - 1$；$m_a = j_a$、$m_b = j_b - 2$），其中兩個屬於前面談過的那兩組狀態；因爲還剩下一個狀態，所以我們知道 $J = j_a + j_b - 2$ 的一組狀態也必須包括進來。我們這樣繼續推論下去，直到無法讓其中一個 m 降低，以便產生新的狀態。

假設 j_b 是 j_a 與 j_b 兩者之中較小的那個（兩個如果相等，就隨便選一個）；那麼只需要 $2j_b$ 個 J 值（以 1 爲間隔，從 $j_a + j_b$ 降到 $j_a - j_b$）。換句話說，如果把自旋爲 j_a 與 j_b 的兩個物體結合起來，整個系統的總角動量 J 就等於以下的值之一：

$$J = \begin{cases} j_a + j_b \\ j_a + j_b - 1 \\ j_a + j_b - 2 \\ \vdots \\ |j_a - j_b| \end{cases} \tag{18.58}$$

（我們寫 $|j_a - j_b|$ 而不寫 $j_a - j_b$，因爲這樣可以避免額外的條件 $j_a \geq j_b$。）

以上**每一個** J 值有 $2J + 1$ 個不同的狀態，這些狀態的 M 值不一樣（M 是從 $+J$ 到 $-J$）；這 $2J + 1$ 個狀態當中的每一個都是由原先的狀態 $|a, m_a; b, m_b\rangle$ 乘上適當的因子（即每一特定項的克里布希一戈登係數）而線性組合成的。我們可以把這些係數想成是狀態 $|j_a, m_a; j_b, m_b\rangle$ 在狀態 $|J, M\rangle$ 中所占的「分量」，所以每個克里布希一戈登係數有六個指數，以標明它在類似表 18-3 與表 18-6 公式中的位置。也就是說，如果把這些係數寫爲 $C(J, M; j_a, m_a; j_b, m_b)$，那麼表 18-6 中第二行的等式就可以表示成

$$C(\tfrac{3}{2},+\tfrac{1}{2};\tfrac{1}{2},+\tfrac{1}{2};1,0) = \sqrt{2/3}$$
$$C(\tfrac{3}{2},+\tfrac{1}{2};\tfrac{1}{2},-\tfrac{1}{2};1,+1) = \sqrt{1/3}$$

我們不想在這裡計算任何其他的克里布希─戈登係數，* 不過你可以在很多書中找到這些係數的表。說不定你會想試著算出另一個例子。依順序，下一個要處理的情形應該是兩個自旋 1 粒子的合成，我們只把答案列在表 18-7。

這些角動量結合定律對於粒子物理來說非常重要，因為有太多的應用。不幸的是，我們沒有時間來討論更多的例子。

表 18-7　兩個自旋 1 粒子 ($j_a = 1$，$j_b = 1$) 的合成

$$|J=2,\ M=+2\rangle = |a,+1;b,+1\rangle$$

$$|J=2,\ M=+1\rangle = \frac{1}{\sqrt{2}}|a,+1;b,0\rangle + \frac{1}{\sqrt{2}}|a,0;b,+1\rangle$$

$$|J=2,\ M=\ \ \ 0\rangle = \frac{1}{\sqrt{6}}|a,+1;b,-1\rangle + \frac{1}{\sqrt{6}}|a,-1;b,+1\rangle + \frac{2}{\sqrt{6}}|a,0;b,0\rangle$$

$$|J=2,\ M=-1\rangle = \frac{1}{\sqrt{2}}|a,0;b,-1\rangle + \frac{1}{\sqrt{2}}|a,-1;b,0\rangle$$

$$|J=2,\ M=-2\rangle = |a,-1;b,-1\rangle$$

$$|J=1,\ M=+1\rangle = \frac{1}{\sqrt{2}}|a,+1;b,0\rangle - \frac{1}{\sqrt{2}}|a,0;b,+1\rangle$$

$$|J=1,\ M=\ \ \ 0\rangle = \frac{1}{\sqrt{2}}|a,+1;b,-1\rangle - \frac{1}{\sqrt{2}}|a,-1;b,+1\rangle$$

$$|J=1,\ M=-1\rangle = \frac{1}{\sqrt{2}}|a,0;b,-1\rangle - \frac{1}{\sqrt{2}}|a,-1;b,0\rangle$$

$$|J=0,\ M=\ \ \ 0\rangle = \frac{1}{\sqrt{3}}\{|a,+1;b,-1\rangle + |a,-1;b,+1\rangle - |a,0;b,0\rangle\}$$

注解 1：旋轉矩陣的推導◆

　　或許有些人希望看到更多的細節，所以我們要在這裡推導出自旋（總角動量）j 的一般旋轉矩陣。其實把一般性結果算出來並不是頂重要的事；只要知道了整個的想法，你可以在很多書中找到把一般性結果列出來的表。不過你既然已經學了這麼多或許會想確認，自己的確能夠瞭解量子力學中極端複雜的公式，例如用來描述角動量的(18.35)式。

　　我們將把 18-4 節中的論證推廣到自旋 j 的系統，所以我們要把這個系統看成是由 $2j$ 個自旋 1/2 物體所組成的。首先，$m = j$ 的狀態是 $|+ + + \cdots +\rangle$（有 $2j$ 個正號）。至於 $m = j - 1$，就有 $2j$ 項如 $|+ + \cdots + + -\rangle$、$|+ + \cdots + - +\rangle$ 等等。現在考慮一般的情形，也就是有 r 個正號與 s 個負號，可是 $r + s = 2j$。如果繞著 z 軸旋轉 ϕ 角度，每個正號會貢獻 $e^{+i\phi/2}$，結果是相位改變了 $(r/2 - s/2)\phi$。你看到了

$$m = \frac{r - s}{2} \tag{18.59}$$

就好像 $j = \frac{3}{2}$ 的情形，每一個有固定 m 值的狀態一定是有相同 r 與 s 的狀態的線性組合（係數全是正的）；所謂有相同 r 與 s 的狀態，

＊原注：只要我們有了一般性的旋轉矩陣(18.35)式，計算克里布希—戈登係數所需的大部分工作其實就完成了。

◆原注：這個注解中的材料本來是在主文當中，不過我們現在覺得不必把這麼細膩的一般性討論放進來。

指的是對應到 r 個正號與 s 個負號的每一種排列的所有狀態。我們假設你可以推敲出來，這樣的排列共有$(r + s)!/r!s!$個。為了將這些狀態歸一化，我們應該將整個（線性組合的）和除以$(r+ s)!/r!s!$的平方根。我們可以這麼寫

$$\left[\frac{(r+s)!}{r!s!}\right]^{-1/2} \underbrace{\{|+++\cdots++}_{r}\ \underbrace{---\cdots--\rangle}_{s}$$
$$+（所有順序的排列）= |j, m\rangle \qquad (18.60)$$

其中

$$j = \frac{r+s}{2}, \qquad m = \frac{r-s}{2} \qquad (18.61)$$

我們現在要使用另一種記號，它有助於以下的運算。一旦我們用了(18.60)式來定義狀態，r 與 s 這兩個數字的功能就和 j 與 m 一樣，都可以用來定義狀態。以下的寫法有益於我們追蹤事情：

$$|j, m\rangle = |{}^{r}_{s}\rangle \qquad (18.62)$$

其中的 r 與 s 可以用(18.61)式寫成

$$r = j + m, \qquad s = j - m$$

接下來，我們要用一種新的**特殊記號**來寫(18.60)式：

$$|j, m\rangle = |{}^{r}_{s}\rangle = \left[\frac{(r+s)!}{r!s!}\right]^{+1/2} \{|+\rangle^{r}|-\rangle^{s}\}_{排列} \qquad (18.63)$$

請注意，我們把$(r + s)!/r!s!$的指數從負 $\frac{1}{2}$ 改為正 $\frac{1}{2}$。這麼做的原因是彎括弧內有 $N = (r + s)!/r!s!$ 項。比較(18.63)式與(18.60)式就可以看出

$$\{| + \rangle^r | - \rangle^s\}_{排列}$$

其實只是

$$\frac{\{| + + \cdots - - \rangle + 所有的排列\}}{N}$$

的一種簡寫而已，其中的 N 是括弧中不同項的數目。這個記號有個好處：每一次我們做旋轉，所有的正號會貢獻同樣的因子，所以我們就有這個因子的 r 次方。同樣的，所有的負號會貢獻某個因子的 s 次方──不管正負號的順序為何。

現在，假設我們將座標系繞著 y 軸旋轉 θ 角度。我們想要的是 $R_y(\theta) | {}^r_s \rangle$：如果把 $R_y(\theta)$ 作用在每一個 $|+\rangle$ 上，就得到

$$R_y(\theta) | + \rangle = |+\rangle C + | - \rangle S \qquad (18.64)$$

其中的 $C = \cos \theta/2$，$S = -\sin \theta/2$。如果把 $R_y(\theta)$ 作用在每一個 $| - \rangle$ 上，就得到

$$R_y(\theta) | - \rangle = | - \rangle C - | + \rangle S$$

所以我們要的是

$$R_y(\theta) | {}^r_s \rangle = \left[\frac{(r + s)!}{r!s!} \right]^{1/2} R_y(\theta) \{| + \rangle^r | - \rangle^s\}_{排列}$$

$$= \left[\frac{(r + s)!}{r!s!} \right]^{1/2} \{(R_y(\theta) | + \rangle)^r (R_y(\theta) | - \rangle)^s\}_{排列} \qquad (18.65)$$

$$= \left[\frac{(r + s)!}{r!s!} \right]^{1/2} \{(| + \rangle C + | - \rangle S)^r (| - \rangle C - | + \rangle S)^s\}_{排列}$$

現在每個二項式必須展開到適當的冪次，然後兩個展開式還要相乘；所有 $|+\rangle$ 的冪次從零到 $(r + s)$ 都會出現。我們現在來看一切含有 $|+\rangle$ 的 r' 次方的項。這些 $|+\rangle$ 的 r' 次方永遠會和 $|-\rangle$ 的 s' 次方相乘，$s' = 2j - r'$。我們把這些項收在一起。對於每種排列來說，它們的係數會牽涉到二項式展開的因子以及 C 與 S。我們將這些係數稱為 $A_{r'}$，那麼(18.65)式就成為

$$R_y(\theta)\,|\begin{smallmatrix}r\\s\end{smallmatrix}\rangle = \sum_{r'=0}^{r+s} \{A_{r'}\,|+\rangle^{r'}\,|-\rangle^{s'}\}_{\text{排列}} \qquad (18.66)$$

把 $A_{r'}$ 除以 $[(r'+ s')!/r'!s'!]^{1/2}$，並稱這個商為 $B_{r'}$，則(18.66)式就等於

$$R_y(\theta)\,|\begin{smallmatrix}r\\s\end{smallmatrix}\rangle = \sum_{r'=0}^{r+s} B_{r'}\left[\frac{r' + s'}{r'!s'!}\right]^{1/2} \{|+\rangle^{r'}\,|-\rangle^{s'}\}_{\text{排列}} \qquad (18.67)$$

（我們也可以說(18.67)式定義了 $B_{r'}$——如果要求這個方程式與(18.65)式的結果相同。）

有了這個 $B_{r'}$ 的定義，(18.67)式右手邊剩下的因子就只是狀態 $|\begin{smallmatrix}r'\\s'\end{smallmatrix}\rangle$。所以我們得到

$$R_y(\theta)\,|\begin{smallmatrix}r\\s\end{smallmatrix}\rangle = \sum_{r'=0}^{r+s} B_{r'}\,|\begin{smallmatrix}r'\\s'\end{smallmatrix}\rangle \qquad (18.68)$$

其中的 s' 永遠等於 $r + s - r'$。這個式子當然就意味係數 $B_{r'}$ 正是我們要找的矩陣元素：

$$\langle\begin{smallmatrix}r'\\s'\end{smallmatrix}|\,R_y(\theta)\,|\begin{smallmatrix}r\\s\end{smallmatrix}\rangle = B_{r'} \qquad (18.69)$$

我們現在只需要完成代數運算就可以得到各個 $B_{r'}$。比較(18.65)式與(18.67)式，並同時記得 $r + s = r' + s'$，就能夠看出 $B_{r'}$ 是以下式

子中 $a^r b^s$ 的係數：

$$\left(\frac{r'!s'!}{r!s!}\right)^{1/2} (aC + bS)^r (bC - aS)^s \qquad (18.70)$$

利用二項式定理展開(18.70)式，並且把 a 與 b 的某次方集在一起是很繁瑣的事，不過要是你把它算出來了，就會發現(18.70)式中 $a^r b^s$ 的係數是

$$\left[\frac{r'!s'!}{r!s!}\right]^{1/2} \sum_k (-1)^k S^{r-r'+2k} C^{s+r'-2k} \cdot \frac{r!}{(r-r'+k)!(r'-k)!} \cdot \frac{s!}{(s-k)!k!}$$
$$(18.71)$$

在上式中，我們要把每個整數 k 所對應的項加起來，唯一的條件是這些 k 必須讓階乘中的因子大於或等於零。(18.71)式就是我們要找的旋轉矩陣元素。

最後，我們可以回到原來(以 j、m、m' 所表示)的記號，只要記得

$$r = j + m, \qquad r' = j + m', \qquad s = j - m, \qquad s' = j - m'$$

把它們代入(18.71)式，就得到18-4節中的(18.35)式。

注解 2：光子發射中的宇稱守恆

我們在這一章的第一節中考慮了，原子從自旋 1 的受激態降至自旋 0 的基態而發射出光子。如果受激態的自旋向「上」（$m = +1$），則它可以沿著 $+z$ 軸發射一個 RHC 光子，或沿著 $-z$ 軸發射一個 LHC 光子。我們稱這兩個光子狀態為 $|R_上\rangle$ 與 $|L_下\rangle$。這兩個狀態都沒有明確的宇稱。如果 $\hat{P}$ 是宇稱算符，那麼 $\hat{P}|R_上\rangle = |L_下\rangle$，$\hat{P}|L_下\rangle = |R_上\rangle$。

　　可是我們先前不是已經證明過，有明確能量的原子一定有明確的宇稱嗎？而且我們也說過，宇稱在原子過程中應該是守恆的呀！這個問題中的終態（發射光子後的狀態）不是應該有明確的宇稱嗎？**它的確有**——只要我們考慮**完整**的終態，包括把光子射到各種角度的情況。在第一節中，我們只考慮了完整終態的一部分。

　　只要我們願意，我們就可以只看有明確宇稱的終態。譬如說，考慮一個終態 $|\psi_F\rangle$，它有某個機率幅 α 讓 RHC 光子沿著 +z 軸走，也有某個機率幅 β 讓 LHC 光子沿 $-z$ 軸前進。我們可以這麼寫

$$|\psi_F\rangle = \alpha\,|\,R_\pm\rangle + \beta\,|\,L_\mp\,\rangle \tag{18.72}$$

把宇稱算符作用在這個終態上，會得到

$$\hat{P}\,|\,\psi_F\rangle = \alpha\,|\,L_\pm\,\rangle + \beta\,|\,R_\mp\,\rangle \tag{18.73}$$

只要 $\beta = \alpha$，或 $\beta = -\alpha$，這個結果就等於 $\pm\,|\,\psi_F\rangle$。所以一個有偶宇稱的終態是

$$|\,\psi_F^+\rangle = \alpha\,\{R_\pm\,\rangle + |\,L_\mp\,\rangle\} \tag{18.74}$$

而有奇宇稱的終態是

$$|\,\psi_F^-\rangle = \alpha\,\{|\,R_\pm\,\rangle - |\,L_\mp\,\rangle\} \tag{18.75}$$

　　接下來，我們想考慮的是一個奇宇稱的受激態衰變到偶宇稱的基態。如果宇稱是守恆的，光子必須有奇宇稱，它就必須處於 (18.75)式的狀態。如果發現 $|\,R_\pm\,\rangle$ 的機率幅為 α，那麼發現 $|\,L_\mp\,\rangle$ 的機率幅就為 $-\alpha$。

　　現在請注意，如果我們繞著 y 軸旋轉了 180°，原子的初受激態就成為 $m = -1$ 狀態（根據表 17-2，正負號沒有改變），而且旋轉

後終態會變成

$$R_y(180°)\,|\,\psi_F^-\,\rangle \;=\; \alpha\,\{|\,R_下\,\rangle \;-\; |\,L_上\,\rangle\} \tag{18.76}$$

拿這個方程式與(18.75)式相比，就知道如果終態的宇稱正如我們所假設的那般，那麼從 $m = -1$ 的初態得到一個 LHC 光子沿著 $+z$ 走的機率幅，和從 $m = +1$ 的初態得到一個 RHC 光子的機率幅相差了一個負號，這和 18-1 節的結果相符。

第19章

氫原子與週期表

19-1 氫原子的薛丁格方程式

　　量子力學史上最驚人的成就，正在於細膩的理解了某些簡單原子的光譜，以及理解了化學元素表中的週期性。在這一章中，我們終於要來討論量子力學的這項重要成就，尤其是量子力學如何解釋氫原子光譜。我們同時也會對於化學元素的神祕性質有一些定性的理解。我們的方法是仔細研究氫原子中電子的行為，這是我們首次根據第 16 章的想法，來仔細計算電子在空間中的分布。

　　如果要完整的描述氫原子，就必須描述質子與電子兩者的運動；在量子力學中這是做得到的，只要模仿古典力學中的做法，描述每個粒子相對於質心的運動就好，但是我們不會這麼做。我們只會考慮質子很重的這一個近似，也就是把質子視為固定不動的原子中心。

　　我們還會採用另一個近似，亦即忽略電子的自旋以及相對論效應。既然我們會使用非相對論性的薛丁格方程式而且忽略磁性，所得的結果難免需要修正。為什麼會有小的磁效應？因為從電子的觀點來看，質子正環繞著它旋轉，所以質子會在電子的位置產生一個磁場。在這個磁場中電子自旋向上與向下的能量會不一樣，因此原子能階會和薛丁格方程式計算所得有些微小差異，我們將忽略這種微小差異。我們同時也假設電子會像一個陀螺儀，永遠保持自旋的方向。我們所考慮的原子是沒有受到外力的自由原子，所以總角動量是守恆的。既然我們假設電子自旋角動量是固定不變的常數，所以原子其餘的角動量（通常稱為「軌」角動量）會是守恆的。將氫原子中的電子看成不帶自旋的粒子是很好的近似，所以運動的角動量是常值。

在這些近似之下，我們可以用一個時間與空間位置的函數，來代表在空間中不同處發現電子的機率幅。令 $\psi(x, y, z, t)$ 代表在時間 t 發現電子在某個地方的機率幅。根據量子力學，這個機率幅的時間變化率（乘上 $i\hbar$）等於哈密頓算符作用於同一個機率幅函數上。從 16 章，我們知道

$$i\hbar \frac{\partial \psi}{\partial t} = \hat{\mathcal{H}} \psi \tag{19.1}$$

以及

$$\hat{\mathcal{H}} = -\frac{\hbar^2}{2m} \nabla^2 + V(r) \tag{19.2}$$

其中的 m 是電子質量，而 $V(r)$ 是電子位於質子靜電場中的位能。如果 V 在離開質子無窮遠處等於零，那麼★

$$V = -\frac{e^2}{r}$$

所以波函數 ψ 一定得滿足方程式

$$i\hbar \frac{\partial \psi}{\partial t} = -\frac{\hbar^2}{2m} \nabla^2 \psi - \frac{e^2}{r} \psi \tag{19.3}$$

我們要尋找固定能態，所以我們想找的解有以下的形式

$$\psi(r, t) = e^{-(i/\hbar)Et} \psi(r). \tag{19.4}$$

那麼 $\psi(r)$ 一定滿足方程式

$$-\frac{\hbar^2}{2m} \nabla^2 \psi = \left(E + \frac{e^2}{r}\right) \psi \tag{19.5}$$

其中的 E 是某個常數，代表原子的能量。

★原注：和以前一樣，$e^2 = q_e^2 / 4\pi\epsilon_0$。

既然位能項僅取決於半徑，所以最好用極座標而不是直角座標來解這個方程式。在直角座標中，拉普拉斯算符∇^2的定義是

$$\nabla^2 = \frac{\partial^2}{\partial x^2} + \frac{\partial^2}{\partial y^2} + \frac{\partial^2}{\partial z^2}$$

我們要使用圖 19-1 所顯示的 r、θ、ϕ 座標。這些座標和 x、y、z 的關係是

$$x = r \sin \theta \cos \phi; \qquad y = r \sin \theta \sin \phi; \qquad z = r \cos \theta$$

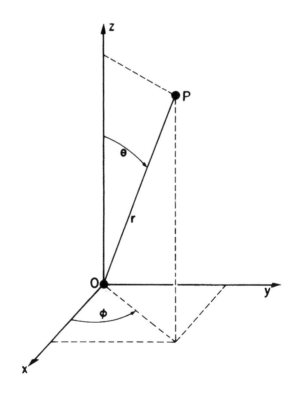

<u>圖 19-1</u>　點 P 的球面極座標 r、θ、ϕ。

你只要透過繁複的代數計算，就可證明對於任何函數 $f(\mathbf{r}) = f(r, \theta, \phi)$ 來說

$$\nabla^2 f(r, \theta, \phi) = \frac{1}{r} \frac{\partial^2}{\partial r^2}(rf) + \frac{1}{r^2}\left\{\frac{1}{\sin\theta}\frac{\partial}{\partial\theta}\left(\sin\theta\frac{\partial f}{\partial\theta}\right) + \frac{1}{\sin^2\theta}\frac{\partial^2 f}{\partial\phi^2}\right\}$$

(19.6)

所以在極座標中，$\psi(r, \theta, \phi)$必須滿足的方程式就是

$$\frac{1}{r}\frac{\partial^2}{\partial r^2}(r\psi) + \frac{1}{r^2}\left\{\frac{1}{\sin\theta}\frac{\partial}{\partial\theta}\left(\sin\theta\frac{\partial\psi}{\partial\theta}\right) + \frac{1}{\sin^2\theta}\frac{\partial^2\psi}{\partial\phi^2}\right\}$$
$$= -\frac{2m}{\hbar^2}\left(E + \frac{e^2}{r}\right)\psi$$

(19.7)

19-2 球對稱解

我們首先設法尋找滿足(19.7)這個可怕方程式的一些很簡單函數。雖然一般而言，波函數 ψ 會取決於角度 θ 與 ϕ 以及半徑 r，但我們想問是否有些特殊情況可以讓 ψ 和角度**無關**？當一個波函數和角度無關的時候，如果你旋轉座標，則波函數不會有任何改變。這表示角動量所有的分量都是零，這樣的 ψ 一定是對應到總角動量為零的狀態（事實上，只是軌角動量為零，因為還有被忽略的自旋角動量）。一個軌角動量為零的狀態有個特別的名字，就是「s 態」，你可以把「s」記憶成是代表「球對稱」（spherically symmetry）。＊

　　既然 ψ 和角度 θ 與 ϕ 無關，則整個拉普拉斯方程式只有第一

＊原注：既然這些名字是原子物理的常用詞彙，你只得把它們學下來。我們會在本章稍後將它們整理成一個小「字典」。

項，(19.7)式就變得簡單多了：

$$\frac{1}{r} \frac{d^2}{dr^2} (r\psi) = - \frac{2m}{\hbar^2} \left(E + \frac{e^2}{r} \right) \psi \tag{19.8}$$

在你開始設法解這樣的方程式之前，最好先變更所用的單位，以便去除多餘的常數如 e^2、m、$\hbar$；這樣子做會讓代數變得簡單一些。如果令

$$r = \frac{\hbar^2}{me^2} \rho \tag{19.9}$$

以及

$$E = \frac{me^4}{2\hbar^2} \epsilon \tag{19.10}$$

則(19.8)式就變爲（在乘上 ρ 之後）

$$\frac{d^2(\rho\psi)}{d\rho^2} = - \left(\epsilon + \frac{2}{\rho} \right) \rho\psi \tag{19.11}$$

上面這些標度變換代表著我們將以「自然」原子單位來測量距離 r 和能量 E，也就是說，$\rho = r/r_B$；這裡的 $r_B = \hbar^2/me^2$，稱爲「波耳半徑」，約爲 0.528 埃。同樣的，$\epsilon = E/E_R$；這裡的 $E_R = me^4/2\hbar^2$，稱爲「芮得柏」（Rydberg），等於 13.6 電子伏特。

既然乘積 $\rho\psi$ 出現在等式兩邊，使用它將比使用 ψ 方便。令

$$\rho\psi = f \tag{19.12}$$

則我們就有個看起來比較簡單的方程式

$$\frac{d^2f}{d\rho^2} = - \left(\epsilon + \frac{2}{\rho} \right) f \tag{19.13}$$

現在我們必須找到某個滿足(19.13)式的函數，換句話說，你必須解一個微分方程式。但不幸的，我們並沒有非常有用的一般方

法，來解任何微分方程式；你必須什麼都試試。我們的方程式並不容易，但是人們已經發現可以用以下的方法來解。首先，將 f（某個 ρ 的函數）表示成兩個函數的乘積

$$f(\rho) = e^{-\alpha\rho}g(\rho) \tag{19.14}$$

這只是表示在 $f(\rho)$ 這個函數中提出因子 $e^{-\alpha\rho}$，對於任何 $f(\rho)$ 你當然一定可以這麼做；這麼做了之後，我們就把問題轉移成尋找正確的函數 $g(\rho)$。

把(19.14)式代入(19.13)式，就得到 g 的方程式：

$$\frac{d^2g}{d\rho^2} - 2\alpha\,\frac{dg}{d\rho} + \left(\frac{2}{\rho} + \epsilon + \alpha^2\right)g = 0 \tag{19.15}$$

因為我們可以任意選擇 α，我們就令

$$\alpha^2 = -\epsilon \tag{19.16}$$

而得到

$$\frac{d^2g}{d\rho^2} - 2\alpha\,\frac{dg}{d\rho} + \frac{2}{\rho}\,g = 0 \tag{19.17}$$

你或許會以為上式並沒有比(19.13)式更好解，但是這個新方程式其實可以很容易的用 ρ 的冪級數來解（雖然原則上我們也可以用冪級數來解(19.13)式，但實際上卻難多了）。我們的意思是，滿足(19.17)式的某個函數 $g(\rho)$ 可以表示成冪級數：

$$g(\rho) = \sum_{k=1}^{\infty} a_k\rho^k \tag{19.18}$$

其中的係數 a_k 是固定常數。我們現在需要做的，就是找到一組適當的無窮多個係數！我們檢驗一下這樣的解是否的確行得通。這個 $g(\rho)$ 的一次微分是

$$\frac{dg}{d\rho} = \sum_{k=1}^{\infty} a_k k \rho^{k-1}$$

二次微分是

$$\frac{d^2 g}{d\rho^2} = \sum_{k=1}^{\infty} a_k k(k-1)\rho^{k-2}$$

把上面二式代入(19.17)式會得到

$$\sum_{k=1}^{\infty} k(k-1)a_k \rho^{k-2} - \sum_{k=1}^{\infty} 2\alpha k a_k \rho^{k-1} + \sum_{k=1}^{\infty} 2a_k \rho^{k-1} = 0$$

$$(19.19)$$

這麼做是否會成功目前還不明顯，不過我們繼續做下去。一旦我們把第一個累加和表示成另一個等價的形式，事情就會容易一些。因為第一個累加和的第一項$(k-1)$為零，所以我們其實是從$k=2$項加起。用$k+1$取代k，則對於k'而言，累加和仍是從$k'=1$開始加起；所以第一個累加和的無窮級數可以寫成

$$\sum_{k=1}^{\infty} (k+1)k\, a_{k+1}\rho^{k-1}$$

(19.19)式就成為

$$\sum_{k=1}^{\infty} [(k+1)ka_{k+1} - 2\alpha k a_k + 2a_k]\rho^{k-1} = 0 \qquad (19.20)$$

對於所有ρ的可能值來說，上面這個冪級數必須等於零，但這是不可能的，除非每個ρ的冪次的係數都個別為零。所以，如果我們能找到一組a_k使得（對於所有的$k \geq 1$）

$$(k+1)ka_{k+1} - 2(\alpha k - 1)a_k = 0 \qquad (19.21)$$

則我們就找到了氫原子的一個解。只要挑選一個你喜歡的a_1，就可以利用以下的關係

$$a_{k+1} = \frac{2(\alpha k - 1)}{k(k + 1)} a_k \qquad (19.22)$$

來獲得其他的係數 a_2、a_3、a_4 等等，每一對係數當然都滿足
(19.21)。我們終於得到了滿足(19.17)式的 $g(\rho)$，所以也就得到滿足
薛丁格方程式的一個 ψ。請注意，這個 ψ 取決於假設的能量（透過
α），每一個 ϵ 值都對應到一個級數。

　　我們找到了一個解，但它的物理意義是什麼？我們來瞧一瞧這
個解在離開質子很遠（ρ 很大）的行為，或許可以看出點苗頭。當
ρ 很大時，級數的高階項是最重要的，所以我們應該瞭解如果 k 很
大會發生什麼事。當 $k \gg 1$，(19.22)式就大約等於

$$a_{k+1} = \frac{2\alpha}{k} a_k$$

這意味著

$$a_{k+1} \approx \frac{(2\alpha)^k}{k!} \qquad (19.23)$$

可是這樣的係數正好是 $e^{2\alpha\rho}$ 級數的係數，所以函數 g 是快速增加的
指數函數。即使是乘上 $e^{-\alpha\rho}$ 來得到 $f(\rho)$（見(19.14)式），這樣的
$f(\rho)$ 在 ρ 很大時仍然是指數函數 $e^{\alpha\rho}$；我們找到了一個沒有物理意義
的數學解，這種機率幅代表了電子**最不**可能出現在質子附近，它比
較可能出現在半徑 ρ 很大的地方。一個**束縛**電子的波函數在 ρ 很大
的地方必須趨近於零。

　　我們必須思考是否有某種方法可以達成目的？有的！請看：如
果 α 很幸運的剛好就等於 $1/n$，n 為任意正整數，則(19.22)式會讓
$a_{n+1} = 0$，而且所有的高階項也都會等於零，我們就得到了項數有
限的多項式，而不是無窮級數。任何多項式函數增大的速率都比不
上 $e^{\alpha\rho}$，所以多項式乘上 $e^{-\alpha\rho}$ 以後終究會被拉下來，也就是說如果

ρ 很大，函數 f 會趨近於零。因此只有當 $\alpha = 1/n$，$n = 1$、2、3、4、⋯⋯時，我們才會得到**束縛態**的解。

我們從(19.16)式可以看出，如果球對稱波動方程式要有束縛態解，以下的條件一定要成立：

$$-\epsilon = 1, \frac{1}{4}, \frac{1}{9}, \frac{1}{16}, \cdots, \frac{1}{n^2}, \cdots$$

因為允許的能量正等於 ϵ（亦即上面這些分數）乘上芮得柏（$E_R = me^4/2\hbar^2$），所以第 n 個能階的能量就是

$$E_n = -E_R \frac{1}{n^2} \qquad (19.24)$$

順便一提，負能量並沒有什麼神祕之處；能量之所以是負值的原因，在於我們選擇把位能寫成 $V = -e^2/r$，當電子離開質子很遠的時候，我們把它的能量定為零，當電子靠近質子，它的能量會降低，所以就小於零。$n = 1$ 的能量最低（最負），當 n 愈大，能量就愈逼近零。

在發現量子力學之前，人們已經從氫原子光譜的實驗知道氫原子能階可以用(19.24)式來描述，而且已經從觀測知道 E_R 的值約等於 13.6 電子伏特。波耳因此就想出了一個模型可以用來得到同樣的式子，並且預測 $E_R = me^4/2\hbar^2$。但是薛丁格可以從電子的基本運動方程式出發，並且再次推導出這些結果，這是薛丁格方程式的第一個了不起的成就。

我們既然已經找到了一類解，就來看看這個解的性質。把所有的項都湊在一起，每個解看起來就是

$$\psi_n = \frac{f_n(\rho)}{\rho} = \frac{e^{-\rho/n}}{\rho} g_n(\rho) \qquad (19.25)$$

其中

$$g_n(\rho) = \sum_{k=1}^{n} a_k \rho^k \qquad (19.26)$$

以及

$$a_{k+1} = \frac{2(k/n - 1)}{k(k + 1)} a_k \qquad (19.27)$$

只要我們所在乎的只是電子在各個地方的相對機率，則 a_1 可以是任意值，我們其實可以就令 $a_1 = 1$。（人們常常選擇適當的 a_1 值，以使波函數是「歸一的」，也就是找到電子的機率對於空間的積分等於 1，但是我們現在暫時不需要這麼做。）

最低能態的 n 等於 1，所以波函數就是

$$\psi_1(\rho) = e^{-\rho} \qquad (19.28)$$

如果氫原子處於基態（最低能態），則發現電子的機率會隨著半徑（電子和質子的距離）增加，而呈指數下降。最可能看到電子的地方正好是質子的位置，而平均距離約為 1 單位的 ρ，或者說約 1 波耳半徑 r_B。

下一個更高能階的 n 等於 2。這個狀態的波函數有兩項，那就是

$$\psi_2(\rho) = \left(1 - \frac{\rho}{2}\right) e^{-\rho/2} \qquad (19.29)$$

再下一個能階的波函數是

$$\psi_3(\rho) = \left(1 - \frac{2\rho}{3} + \frac{2}{27} \rho^2\right) e^{-\rho/3} \qquad (19.30)$$

我們把前三個能階的波函數畫在次頁的圖 19-2。你可以看出一般趨勢：當 ρ 變大，所有的波函數在振盪幾次之後都很快的趨近於零。

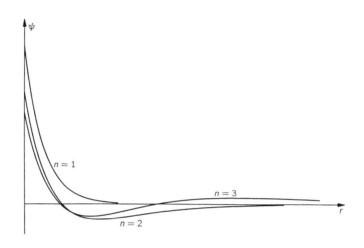

<u>圖 19-2</u>　氫原子前三個 $l = 0$ 狀態的波函數（我們選擇了適當的波函數高度，以便讓每個狀態的總機率都為 1）。

事實上，「隆起」區域的個數等於 n，或者說 ψ_n 跨越橫軸（零）的次數等於 $n-1$。

19-3 取決於角度的狀態

由 $\psi_n(r)$ 所描述的電子狀態的機率幅具有球對稱，波函數只和離開質子的距離 r 有關，這樣的狀態沒有軌角動量。我們現在應該研究或許和角度有關的狀態。

我們可以（只要我們願意）把尋找(19.7)式的函數解，當成純粹的數學問題來研究。這個函數一般而言是 r、θ、ϕ 的函數，我們只需要加入「只有在 r 很大時會趨近於零的波函數才可以接受」，這個額外的物理條件，就可以找到解；你可以在很多書上找

到如此求解的細節。我們在這裡要走個捷徑，我們要用已經學過的，關於機率幅如何取決於空間中角度的知識，來求得波函數。

處於某個特定狀態的氫原子，可以看成是帶有某「自旋」j（總角動量的量子數）的粒子。這個總自旋的一部分來自電子內在自旋，另一部分來自電子的運動。既然這兩個部分是獨立的（這是很好的近似），我們將再次的忽略內在自旋的部分，只考慮「軌」角動量。不過這個軌角動量就像是氫原子的自旋。譬如說，如果軌角動量量子數是 l，則角動量的 z 分量就可以是 l、$l-1$、$l-2$、……、$-l$（和以前一樣，我們以 $\hbar$ 為單位）；而且以前推導過的旋轉矩陣與其他性質也仍舊適用（從現在起，我們**真的**要忽略電子自旋，當提到「角動量」時，我們所指的就是軌道部分）。

既然位能 V 只取決於 r，而和 θ 與 ϕ 無關，則哈密頓算符在旋轉之下是對稱的，因此角動量與其分量都是守恆的〔對於在「連心力場」（只取決於 r 的場）中的運動來說，角動量都是守恆的，所以這並非庫侖位能 e^2/r 的特色〕。

現在讓我們設想電子的某個狀態，其內在角動量結構是由某個量子數 l 來標定。角動量的 z 分量 m 將是從 $-l$ 到 $+l$ 的 $2l+1$ 個整數之一，究竟是哪一個，得看總角動量相對於 z 軸的取向而定。就假設 $m=1$ 吧。在距離為 r 的地方，電子出現在 z 軸的機率幅為何？零！一個位於 z 軸上的電子**不能夠**有任何環繞著 z 軸的軌角動量。好，那麼假設 $m=0$，則電子在任何距離 r 就可以有某個不為零的機率幅，稱之為 $F_l(r)$。這是發現電子位於 z 軸上，離原點距離為 r 的機率幅；電子這時的狀態是 $|l, 0\rangle$，也就是軌角動量為 l，z 分量 $m=0$ 的狀態。

我們如果知道了 $F_l(r)$，就知道了一切，對於任何狀態 $|l, m\rangle$ 而言，我們就知道了電子在原子內**任何地方**的機率幅 $\psi_{l,m}(r)$。怎麼

辦到的呢？請看：假設原子的狀態是 $|l, m\rangle$，那麼發現電子在 r、θ、ϕ 位置的機率幅是什麼？選擇一個新的 z 軸（稱之為 z' 軸）在 θ、ϕ 角度（見圖 19-3），然後問電子位於 z' 軸上離原點距離為 r 的機率幅為何？我們知道除非電子角動量的 z' 分量（例如稱為 m'）為零，否則電子不會位於 z' 軸上。然而當 m' 為零，發現電子位於 z' 軸上的機率幅就是 $F_l(r)$。所以答案就是兩項因子的乘積，第一項是位於狀態 $|l, m\rangle$（相對於 z 軸）的原子處於狀態 $|l, m' = 0\rangle$（**相對於** z' 軸）的機率幅，第二項就是 $F_l(r)$。將兩者相乘就得到發現電子在 r、θ、ϕ（相對於原來座標軸）的機率幅 $\boldsymbol{\psi}_{l,m}(\boldsymbol{r})$。

我們現在把細節寫下來。先前我們已經得到了旋轉的變換矩陣：如果要從圖 19-3 的 x、y、z 座標轉換到 x'、y'、z' 座標，我們先繞著 z 軸轉 ϕ 角度，然後再繞著**新的** y 軸（y' 軸）轉 θ 角度。合併起來的旋轉是

$$R_y(\theta)R_z(\phi)$$

旋轉之後發現狀態 $l, m' = 0$ 的機率幅是

$$\langle l, 0 \mid R_y(\theta)R_z(\phi) \mid l, m\rangle \tag{19.31}$$

所以我們想求的機率幅就是

$$\psi_{l,m}(\boldsymbol{r}) = \langle l, 0 \mid R_y(\theta)R_z(\phi) \mid l, m\rangle F_l(r) \tag{19.32}$$

軌角動量的 l 只能是整數（如果電子可以出現在任何 $r \neq 0$ 的地方，它在那個方向就有某個 $m = 0$ 的機率幅，而只有整數的 l 才能有 $m = 0$ 的狀態）。表 17-2 是 $l = 1$ 的旋轉矩陣。你可以用第 18 章的一般公式去算出更大 l 的旋轉矩陣。我們分別列出了 $R_z(\phi)$ 與 $R_y(\theta)$，但你必須知道如何將它們合併起來。一般的情況下，你從狀

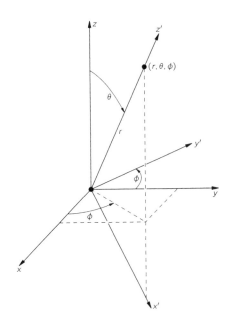

<u>圖 19-3</u>　　點(r, θ, ϕ)位於 x'、y'、z' 座標系中的 z' 軸上。

態 $|\,l, m\,\rangle$出發，然後將 $R_z(\phi)$作用上去，以得到新的狀態 $R_z(\phi)|\,l, m\,\rangle$
（這就只是 $e^{im\phi}\,|\,l, m\,\rangle$）。再以 $R_y(\theta)$作用，就得到 $R_y(\theta)R_z(\phi)|\,l, m\,\rangle$。
最後乘上 $\langle\,l, 0\,|$ 就得到矩陣元素(19.31)式。

　　旋轉變換的矩陣元素是 θ 與 ϕ的代數函數。出現於(19.31)式的
函數也出現在很多問題（這些問題牽涉到球幾何中的波動），所以
它已經有個特定的名字。大家用的記號並不全然相同，但最普遍的
用法是

$$\langle\,l, 0\,|\;R_y(\theta)R_z(\phi)\;|\,l, m\,\rangle \equiv a\,Y_{l,m}(\theta, \phi) \tag{19.33}$$

我們稱函數 $Y_{l,m}(\theta, \phi)$為**球諧函數**（spherical harmonics），a 只是一個

取決於 $Y_{l,m}$ 定義的數值因子。在一般的定義中，

$$a = \sqrt{\frac{4\pi}{2l+1}} \qquad (19.34)$$

氫原子波函數在這個記號中可以寫成

$$\psi_{l,m}(r) = a\, Y_{l,m}(\theta, \phi) F_l(r) \qquad (19.35)$$

　　角函數 $Y_{l,m}(\theta, \phi)$ 不僅在很多量子力學問題中非常重要，它也出現在很多用到 ∇^2 算符的古典物理問題中（例如電磁學）。舉另一個利用到 $Y_{l,m}(\theta, \phi)$ 的量子力學例子，考慮 Ne^{20} 激發態的蛻變，它會發射 α 粒子而變成 O^{16}：

$$Ne^{20}* \rightarrow O^{16} + He^4$$

假設激發態的角動量為 l（必須是個整數），而且角動量的 z 分量是 m。我們問：如果已知 l 與 m，發現 α 粒子從相對於 z 軸的 θ 角與相對於 xz 平面的 ϕ 角（見圖 19-4）射出來的機率幅是什麼？

　　如要解出這個問題，我們首先得注意這件事：如果 α 粒子沿著 z 軸射上來，它一定來自 $m = 0$ 的狀態，這是因為 O^{16} 與 α 粒子兩者的自旋都是零，而且它們來自運動的角動量不會有任何 z 分量。讓我們把這種蛻變的機率幅稱為 a（每單位立體角）。如果想找出以（圖 19-4 中的）任意角度蛻變的機率幅，我們只需知道初態對於蛻變方向的角動量為零的機率幅為何，因為在 θ 與 ϕ 蛻變機率幅，就等於機率幅 a 乘上狀態 $|l, m\rangle$（相對於 z 軸）處於狀態 $|l, 0\rangle$（對於 z' 軸蛻變方向）的機率幅。後者這一機率幅就是 (19.31) 式，所以在 θ 與 ϕ 角度發現 α 粒子的機率就是

$$P(\theta, \phi) = a^2\, |\langle l, 0\, |\, R_y(\theta) R_z(\phi)\, |\, l, m\rangle|^2$$

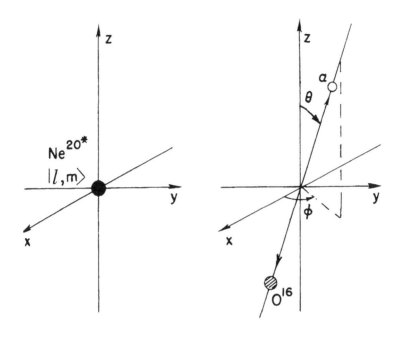

圖 19-4　Ne²⁰ 激發態的蛻變

舉個例子，假設起始狀態的 $l = 1$ ，m 未固定；則我們從表 17-2 得知必要的機率幅，它們是

$$\langle 1, 0 \mid R_y(\theta)R_z(\phi) \mid 1, +1\rangle = -\frac{1}{\sqrt{2}} \sin \theta e^{i\phi}$$

$$\langle 1, 0 \mid R_y(\theta)R_z(\phi) \mid 1, 0\rangle = \cos \theta \qquad (19.36)$$

$$\langle 1, 0 \mid R_y(\theta)R_z(\phi) \mid 1, -1\rangle = \frac{1}{\sqrt{2}} \sin \theta e^{-i\phi}$$

這是三個角分布機率幅，究竟是哪一個則取決於核子最初的 m 值。

(19.36)式的機率幅經常出現也是非常重要的，所以有**幾個**名字。如果角分布機率幅正比於上面三個函數之一，或者它們的任意

線性組合，我們就說：「這系統的軌角動量是 1」，或者我們說：「Ne^{20*} 發射一個 p 波 α 粒子」，或者：「發射的 α 粒子是在 $l = 1$ 狀態。」因為有那麼多種稱呼同一件事的方式，我們最好有個字典。你如果想瞭解其他物理學家在講什麼，就必須記下這些語言。表 19-1 是軌角動量的字典。

如果軌角動量為零，那麼當你旋轉座標系時，事情不會跟著變，也就是對於角度的「依賴」是一個常數，比如說 1。這樣的狀態也稱為「s 態」，而且以依賴角度的情況而論，這樣的狀態只有一

表 19-1　軌角動量的字典（$l = j = $ 整數）

軌角動量 l	z 分量 m	機率幅表示成角度的函數	名字	狀態的個數	軌字稱
0	0	1	s	1	$+$
1	$+1$	$-\dfrac{1}{\sqrt{2}} \sin\theta\, e^{i\phi}$	p	3	$-$
	0	$\cos\theta$			
	-1	$\dfrac{1}{\sqrt{2}} \sin\theta\, e^{-i\phi}$			
2	$+2$	$\dfrac{\sqrt{6}}{4} \sin^2\theta\, e^{2i\phi}$	d	5	$+$
	$+1$	$\dfrac{\sqrt{6}}{2} \sin\theta \cos\theta\, e^{i\phi}$			
	0	$\frac{1}{2}(3\cos^2\theta - 1)$			
	-1	$-\dfrac{\sqrt{6}}{2} \sin\theta \cos\theta\, e^{-i\phi}$			
	-2	$\dfrac{\sqrt{6}}{4} \sin^2\theta\, e^{-2i\phi}$			
3 4 5 ⋮		$\langle l, 0 \mid R_y(\theta) R_z(\phi) \mid l, m \rangle$ $= Y_{l,m}(\theta, \phi)$ $= P_l^m(\cos\theta) e^{im\phi}$	f g h ⋮	$2l + 1$	$(-1)^l$

個。如果軌角動量爲 1，則機率幅的角度變化可以是(19.36)的三個函數之一（取決於 m 值）或是它們的線性組合。這些狀態稱爲「p 態」，它們共有三個。如果軌角動量是 2，則共有五個這類狀態，它們的任何組合稱爲一個「$l = 2$」或「d 波」機率幅。你現在應可猜出下一個字母是什麼（在 s、p、d 之後的字母是什麼？）當然就是 f、g、h，順著字母下去！這些字母是沒有意義的〔它們曾經有些意義，它們代表原子光譜的「銳」（sharp）譜線，「主」（principle）譜線，「漫」（diffuse）譜線，以及「基」（fundamental）譜線，但是那時人們還不瞭解這些譜線從何而來。在 f 之後就沒有特殊的名字了，我們只是順著 g、h 依次下去〕。

表中的角函數有幾個名字，而且有時候它們的定義會有些差異：它們前面所乘的數值因子可能不一樣。它們有時候稱爲「球諧函數」，並且記爲 $Y_{l,m}(\theta, \phi)$；有時候則記爲 $P_l^m (\cos \theta)e^{im\phi}$，而且如果 $m = 0$，就只寫成 $P_l (\cos \theta)$。函數 $P_l (\cos \theta)$ 稱爲 $\cos \theta$ 的「勒壤得多項式」，函數 $P_l^m (\cos \theta)$ 則稱爲「連帶勒壤得多項式」。你可以在很多書中看到這些函數的表。

請你順便注意一下，對於固定的 l 而言，所有的函數都有相同的宇稱，如果 l 是奇數，函數在座標反轉下會變號，如果 l 是偶數，則函數不會變號；所以我們說，軌角動量爲 l 的狀態的宇稱是 $(-1)^l$。

我們前面已經看到，這些角分布可以出現於核子蛻變或其他過程中，或是描述氫原子中電子的機率幅分布。譬如說，如果電子是在 p 態（$l = 1$），找到電子的機率幅取決於角度的方式可能有很多種，但是它們全部是表 19-1 中 $l = 1$ 三個函數的線性組合。我們來看 $\cos \theta$ 這個情形，它很有趣，因爲它代表機率幅在上半部（$\theta < \pi/2$）是正的，在下半部（$\theta > \pi/2$）是負的，而當 $\theta = 90°$，它則是

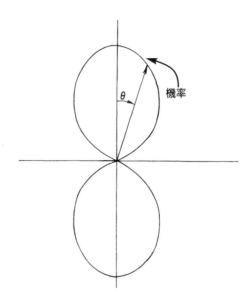

<u>圖 19-5</u>　$\cos^2\theta$ 的極座標圖。這是在不同角度（相對於 z 軸，r 固定）發現電子的相對機率，電子處於 $l = 1$，$m = 0$ 的原子狀態。

零。取這個機率幅的平方，就得到發現電子的機率隨角度 θ 變化的情形（見圖 19-5），這機率與 ϕ 無關。這個角分布可以解釋為什麼在分子鍵結中，$l = 1$ 態的電子對於另一個原子的吸引力與方向有關，這就是有些化學鍵之所以取決於方向的原因。

19-4　氫原子的一般解

我們在(19.35)式中把氫原子波函數寫成

$$\psi_{l,m}(\mathbf{r}) = aY_{l,m}(\theta, \phi)F_l(r) \tag{19.37}$$

這些波函數一定是微分方程式(19.7)的解。這是什麼意思？讓我們把(19.37)式代入(19.7)式，你會得到

$$\frac{Y_{l,m}}{r}\frac{\partial^2}{\partial r^2}(rF_l) + \frac{F_l}{r^2\sin\theta}\frac{\partial}{\partial\theta}\left(\sin\theta\frac{\partial Y_{l,m}}{\partial\theta}\right) + \frac{F_l}{r^2\sin^2\theta}\frac{\partial^2 Y_{l,m}}{\partial\phi^2}$$
$$= -\frac{2m}{\hbar^2}\left(E + \frac{e^2}{r}\right)Y_{l,m}F_l$$
(19.38)

將上式全部乘以 r^2/F_l 然後整理一下，結果是

$$\frac{1}{\sin\theta}\frac{\partial}{\partial\theta}\left(\sin\theta\frac{\partial Y_{l,m}}{\partial\theta}\right) + \frac{1}{\sin^2\theta}\frac{\partial^2 Y_{l,m}}{\partial\phi^2}$$
$$= -\left[\frac{r^2}{F_l}\left\{\frac{1}{r}\frac{d^2}{dr^2}(rF_l) + \frac{2m}{\hbar^2}\left(E + \frac{e^2}{r}\right)F_l\right\}\right]Y_{l,m}$$
(19.39)

這個方程式的左邊和 θ、ϕ 有關，**但是和 r 無關**，無論你取什麼 r 值，左邊都不會有所不同；**因此右邊也一定和 r 無關**。雖然方括弧中處處可見到 r，但是整個量一定不能取決於 r，否則方程式就不會有對於所有 r 都適用的解。你也已經看到，方括弧中的量與 θ、ϕ 無關，所以它一定是個常數。這個值可能會取決於相應狀態的 l 值，因為 F_l 就是那狀態的函數；讓我們稱這常數為 K_l。所以(19.39)式就等於兩個方程式：

$$\frac{1}{\sin\theta}\frac{\partial}{\partial\theta}\left(\sin\theta\frac{\partial Y_{l,m}}{\partial\theta}\right) + \frac{1}{\sin^2\theta}\frac{\partial^2 Y_{l,m}}{\partial\phi^2} = -K_l Y_{l,m} \quad (19.40)$$

$$\frac{1}{r}\frac{\partial^2}{\partial r^2}(rF_l) + \frac{2m}{\hbar^2}\left(E + \frac{e^2}{r}\right)F_l = K_l\frac{F_l}{r^2} \quad (19.41)$$

現在看一下目前的結果：對於任何由 l 與 m 描述的狀態而言，我們有函數 $Y_{l,m}$。我們可以用(19.40)去決定常數 K_l，然後將 K_l 代入

(19.41)式中，就得到函數 $F_l(r)$ 所滿足的微分方程式。一旦解出 $F_l(r)$，將它代入(19.37)式就得到波函數 $\psi(r)$。

K_l 是什麼？首先，注意它不會因 m 而異，所以我們可以選擇任何的 m。選了 m 之後，將 $Y_{l,m}$ 代入(19.40)式就得到 K_l。最簡單的 $Y_{l,m}$ 或許是 $Y_{l,l}$，從(18.24)式可知

$$R_z(\phi)\,|\,l, l\rangle = e^{il\phi}\,|\,l, l\rangle \tag{19.42}$$

$R_y(\theta)$ 的矩陣元素也很簡單：

$$\langle l, 0\,|\,R_y(\theta)\,|\,l, l\rangle = b\,(\sin\theta)^l \tag{19.43}$$

其中的 b 是某個數字。＊ 把上兩式結合起來就得到

$$Y_{l,l} \propto e^{il\phi} \sin^l\theta \tag{19.44}$$

將這函數代入(19.40)就可得

$$K_l = l\,(l + 1) \tag{19.45}$$

既然知道了 K_l，我們就要從(19.41)式求得徑向函數 $F_l(r)$。這

＊原注：你只要稍下工夫，就可以從(18.35)式證明出這個式子，但是就算是從第一原理（依循 18-4 節的點子）出發也很容易：一個 $|\,l, l\rangle$ 的狀態可以用 $2l$ 個自旋全部向上的自旋 1/2 粒子來組成，但是 $|\,l, 0\rangle$ 的狀態就會有 l 個向上，以及 l 個向下的自旋。在旋轉之下，向上自旋仍維持向上的機率幅是 $\cos\theta/2$，而向上自旋變成向下的機率幅是 $-\sin\theta/2$。我們要找的機率幅是 l 個向上自旋仍維持向上，但是其他 l 個向上自旋變成向下的機率幅。這個機率幅是 $(-\cos\theta/2\,\sin\theta/2)^l$，也就是正比於 $\sin^l\theta$。

個方程式當然就是薛丁格方程式，只是和角度有關的部分被與其相等的 $K_l F_l / r^2$ 所取代。我們把(19.41)式寫成(19.8)式的形式如下：

$$\frac{1}{r}\frac{d^2}{dr^2}(rF_l) = -\frac{2m}{\hbar^2}\left\{E + \frac{e^2}{r} - \frac{l(l+1)\hbar^2}{2mr^2}\right\}F_l \quad (19.46)$$

上式似乎多了一項神祕的位能項。雖然我們用了一些數學手法才得到這一項，它的物理意義其實很簡單。我們將用半古典的理由來說明它的來歷，這樣你或許才不會認為它很神祕。

設想一個繞著某力場中心運動的古典粒子；總能量是守恆的，它是位能與動能的總和

$$U = V(r) + \tfrac{1}{2}mv^2 = 常數$$

一般而言，v 可以分解為徑向分量 v_r，與切向分量 $r\dot\theta$；因此

$$v^2 = v_r^2 + (r\dot\theta)^2$$

我們知道角動量 $mr^2\dot\theta$ 也是守恆的，假設它等於 L；我們可以寫成

$$mr^2\dot\theta = L \quad 或 \quad r\dot\theta = \frac{L}{mr}$$

這麼一來，能量就是

$$U = \tfrac{1}{2}mv_r^2 + V(r) + \frac{L^2}{2mr^2}$$

如果沒有角動量，我們就只有前兩項。一旦有了角動量 L，能量就多出一項 $L^2/2mr^2$，我們可以把這一項解釋成是加到位能上頭。這幾乎就是(19.46)式中多出來的那一項，唯一的區別是角動量平方為 $l(l+1)\hbar^2$，而不是預期的 $l^2\hbar^2$。但是我們以前已經看過這個情形

（例如說，第 II 卷的 34-7 節）★，如果要讓半古典的結果與正確的量子計算一致，我們必須以 $l(l+1)\hbar^2$ 替換 $l^2\hbar^2$。所以我們可以瞭解這新的一項，就是提供旋轉系統中徑向運動方程式裡「離心力」項的「準位能」（見第 I 卷，12-5 節中關於「假想力」的討論）。

我們現在已準備好來解(19.46)式了。它和(19.8)式很像，因此可以利用相同的技巧。一切都和以前一樣，除了(19.19)式會多出一項

$$-l(l+1)\sum_{k=1}^{\infty} a_k \rho^{k-2} \tag{19.47}$$

這一項也可以寫成

$$-l(l+1)\left\{\frac{a_1}{\rho} + \sum_{k=1}^{\infty} a_{k+1}\rho^{k-1}\right\} \tag{19.48}$$

（我們把級數中第一項提出來，然後將累加足標 k 往下移 1），因此(19.20)式就變成

$$\sum_{k=1}^{\infty} [\{k(k+1) - l(l+1)\}a_{k+1} - 2(\alpha k - 1)a_k]\rho^{k-1}$$
$$-\frac{l(l+1)a_1}{\rho} = 0 \tag{19.49}$$

ρ^{-1} 項的係數必須為零，也就是 a_1 必須為零（除非 $l=0$，這就回到先前的解）。對於每個 k 而言，ρ^{k-1} 項的係數（方括弧裡的值）也必須是零，這個取代了(19.21)式的條件即是

$$a_{k+1} = \frac{2(\alpha k - 1)}{k(k+1) - l(l+1)} a_k \tag{19.50}$$

這是和球對稱情形唯一重要的不同之處。

和以前一樣，我們如果想要有代表束縛電子的解，無窮級數必

★原注：見本冊附錄。

須中斷掉。如果 $\alpha n = 1$，這級數從 $k = n$ 起就會中斷（$a_{k+1} = 0$，$k \geq n$）。所以我們再次得到 $\alpha = 1/n$ 這個條件（n 是某正整數）。但是 (19.50)式還帶來一個新限制：k 不能等於 l，否則分母就變成零，讓 a_{l+1} 成為無窮大（如果 $a_l \neq 0$）。換句話說，因為 $a_1 = 0$，(19.50) 式告訴我們爾後的 a_k 也都為零，直到 a_{l+1}，它可以不為零。總之 k 一定要從 $l + 1$ 開始，而結束於 n。

最後的結果是，對於任何 l 而言，存在著很多可能的解，我們稱它們為 $F_{n,l}$，其中的 $n \geq l + 1$。每個解的能量都是

$$E_n = -\frac{me^4}{2\hbar^2}\left(\frac{1}{n^2}\right) \qquad (19.51)$$

這個能態的角量子數如果是 l 與 m，則其波函數為

$$\psi_{n,l,m} = aY_{l,m}(\theta, \phi)F_{n,l}(\rho) \qquad (19.52)$$

其中

$$\rho F_{n,l}(\rho) = e^{-\alpha\rho} \sum_{k=l+1}^{n} a_k \rho^k \qquad (19.53)$$

係數 a_k 可從(19.50)式求得。我們終於得到了對於氫原子狀態的完整描述！

19-5 氫原子波函數

我們複習一下前面所發現的：電子在庫侖力場中的波函數滿足薛丁格方程式，這些波函數（狀態）是由三個量子數 n、l、m 來標定。電子機率幅的角分布只能有某些形式，我們稱這些形式 $Y_{l,m}$。描述它們的量子數是**總角動量量子數** l 與「**磁**」**量子數** m；m 值的範圍是從 $-l$ 到 $+l$。對於每個角分布而言，有各種可能的電

子機率幅徑向分布 $F_{n,l}(r)$，它們是由**主量子數** n 來標定；n 值的範圍是從 $l+1$ 到 ∞。狀態的能量僅取決於 n，並且隨 n 的增加而增加。

　　最低能態，或稱為基態，是一個 s 態。它有 $l=0$、$n=1$ 以及 $m=0$，是一個「非簡併」的態，亦即只有一個狀態具有這個能量。它的波函數有球對稱。找到電子的機率幅（波函數）的最大值在原點，然後一直下降，愈遠離原點就愈小。我們可以把這電子機率幅想像成圖 19-6(a)所示的一團東西。

　　其他 s 態的能量較高，它們的 $n=2$、3、4、……全都有球對稱。每個能量只有一個這種狀態（$m=0$）。這些狀態的機率幅隨著 r 增大，會改變符號（從正到負）一次或數次。s 態的波函數有 $n-1$ 個球形節面，ψ 在節面上等於零。以 $2s$ 態為例，它看起來像圖 19-6(b)所示（較黑的區域代表機率幅較大，正號與負號代表機率幅的相對相位）。s 態的能階列於圖 19-7 的第一行（見第 194 頁）。

　　我們接下來看 $l=1$ 的 p 態。對於每個 n（$n \geq l+1=2$）而言，有三個這樣的狀態，分別對應到 $m=+1$、$m=0$ 與 $m=-1$。這些能階顯示在圖 19-7。這些狀態隨角度變化的情形列於表 19-1。例如對於 $m=0$ 而言，如果機率幅在 θ 靠近 $0°$ 的地方是正的，則它在 θ 靠近 $180°$ 的地方就是負的。xy 平面是它的一個節面。如果 $n>2$，也還有球形節面。圖 19-6(c) 是 $n=2$、$m=0$ 機率幅的略圖，圖 19-6(d) 則是 $n=3$、$m=0$ 波函數的略圖。

　　你可能會想，既然 m 代表某種空間中的「取向」，機率幅在 x 軸與 y 軸上也應該有類似的峰值分布，它們或許就是 $m=+1$ 與 $m=-1$ 的狀態？不！但是既然我們有三個能量相同的狀態，這三個狀態的任何線性組合，也將是具有同樣能量的定態。事實上，「x」態對應到圖 19-6(c)的「z」態、或 $m=0$ 的態，是 $m=+1$ 與 $m=-1$ 態的線性組合。相對應的「y」態則是另一種組合。明確一點講，

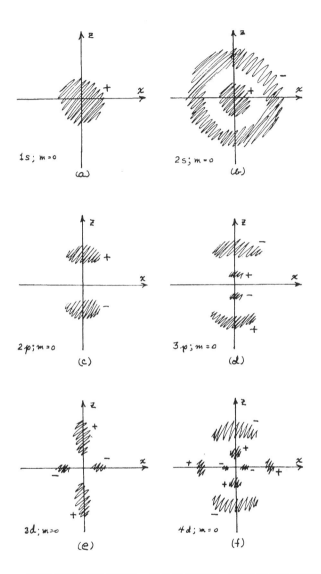

圖 19-6 顯示某些氫原子波函數一般性質的略圖。較暗的區域是機率幅較大的地方，正號與負號代表機率幅在每個區域的相對符號。

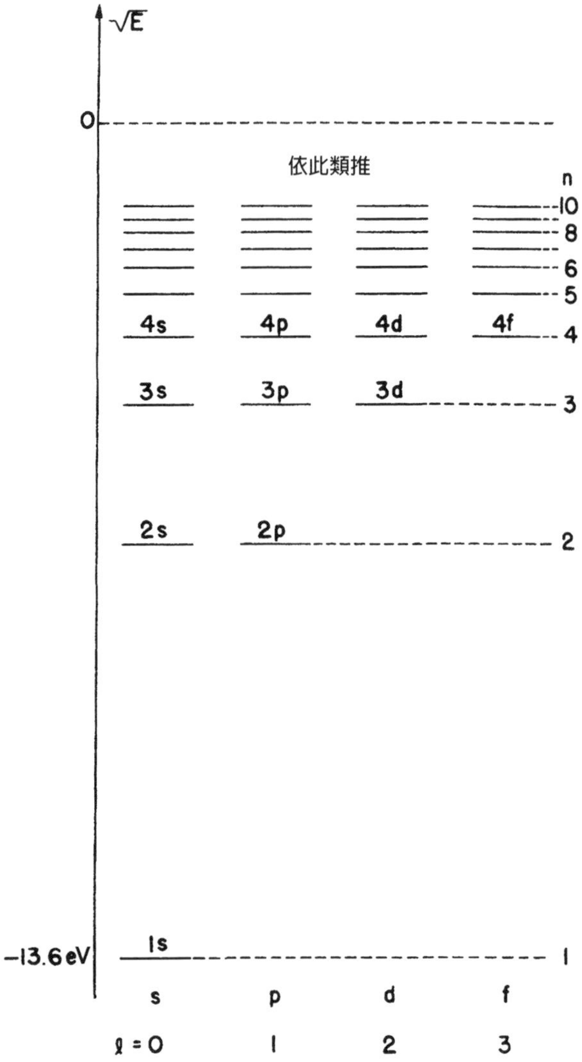

圖 19-7　氫原子能階圖

$$“z” = |1, 0\rangle$$

$$“x” = \frac{|1, +1\rangle - |1, -1\rangle}{\sqrt{2}}$$

$$“y” = \frac{|1, +1\rangle + |1, -1\rangle}{i\sqrt{2}}$$

這些狀態相對於所指的軸來說，看起來都一樣。

對於每個能量而言，d 態（$l = 2$）有五個可能的 m 值，最低能量 d 態的 n 等於 3。這些狀態的能階如圖 19-7 所示。它們隨角度而變的情形也比較複雜。例如 $m = 0$ 的態就有兩個錐形節面，所以當你從北極繞到南極時，波函數會從 + 到 − 再到 + 的改變符號。$m = 0$、$n = 3$ 機率幅的略圖，請見圖 19-6(e)；$m = 0$、$n = 4$ 機率幅的略圖，則請見圖 19-6(f)。同樣的，比較大的 n 有球形節面。

我們不打算繼續描述其他可能的狀態了。你可以在其他很多書中，找到對於氫原子波函數更深入的描述，兩個很好的例子是：鮑林（Linus Carl Pauling, 1901-1994）與威爾森（E. B. Wilson）的《量子力學介紹》（*Introduction to Quantum Mechanics*），與雷頓（Robert B. Leighton, 1919-1997）的《近代物理原理》（*Principles of Modern Physics*）〔皆由麥格羅希爾（McGraw-Hill）出版〕。你在這兩本書中可以找到一些函數的圖形，以及很多用來表現量子狀態的圖像。

我們想指出關於更高 l 波函數的一個特殊性質：如果 $l > 0$，機率幅在原點處等於零。這並不讓人驚訝，因為如果電子的半徑很小，它就很難有大的角動量。所以如果 l 愈大，機率幅就愈被「推離」原點。我們可以從(19.53)式看出徑向函數 $F_{n,l}(r)$ 在 r 小的時候的變化：

$$F_{n,l}(r) \approx r^l$$

這代表當 l 愈大，你必須離開 $r = 0$ 愈遠，才能有不可忽略的機率幅。這樣的行為恰好是由徑向方程式中的離心力項所決定的，所以對於其他在 r 小的時候的變化比 $1/r^2$ 來得更慢的位能（多數原子位能都是如此）來說，波函數也有類似的行為。

19-6　週期表

　　我們現在要近似的利用氫原子的理論，來大致理解化學家的元素週期表。假設原子的原子序為 Z，則有 Z 個電子被原子核以庫侖靜電力吸引住，電子之間則有庫侖排斥力。如果想找到精確解，我們得解出 Z 個電子在庫侖力場的薛丁格方程式。對於氦原子來說，方程式就是

$$-\frac{\hbar}{i}\frac{\partial \psi}{\partial t} = -\frac{\hbar^2}{2m}(\nabla_1^2\psi + \nabla_2^2\psi) + \left(-\frac{2e^2}{r_1} - \frac{2e^2}{r_2} + \frac{e^2}{r_{12}}\right)\psi$$

其中的 ∇_1^2 是作用於 r_1 的拉普拉斯算符，而 r_1 是第一個電子的座標；∇_2^2 則作用於 r_2；$r_{12} = |r_1 - r_2|$（我們再次忽略電子自旋）。如要找到氦原子的定態以及能階，我們必須找出以下形式的解

$$\psi = f(r_1, r_2)e^{-(i/\hbar)Et}$$

機率幅的空間變化情形是由 f 來描述，f 是六個變數（兩個電子同時的位置 r_1 與 r_2）的函數。沒有人曾找到過精確解，不過較低能態倒是有數值解。

　　如果電子數目是 3、4 或 5，我們根本就沒希望找到精確解，因此如果說量子力學已經非常精準的解釋了週期表，那就說過頭了。不過，我們起碼可以（即便是用上粗糙的近似與一些修正），

定性的理解出現於週期表中的很多化學性質。

　　原子的化學性質主要取決於它們最低能量的一些狀態。我們利用以下的近似理論，來找出這些狀態與能量。首先，忽略電子自旋，**除了**我們使用不相容原理，來要求任何電子狀態只能被一個電子占據。換句話說，任何軌域狀態至多允許**兩個**電子占據：一個自旋向上，另一個自旋向下。其次，我們在最初的近似中忽略電子間交互作用的**細節**，而只當每個電子是在由原子核與其他一切電子所組成的**連心力場**中運動。以有十個電子的氖原子為例，我們會說其中一個電子所感受的，是來自原子核與其他九個電子的平均位能。所以，我們就想像對於每個電子而言，薛丁格方程式的位能 $V(r)$ 包括了來自原子核的 $1/r$ 靜電位能，以及來自其他電子的某球對稱位能（假設其他電子形成了有球對稱的電荷分布）。

　　在這樣的模型裡，電子的表現就好像是獨立粒子；它的波函數隨角度變化的情形和氫原子的波函數一樣。我們一樣有 s 態、p 態等等，而且也有各種可能的 m 值。既然 $V(r)$ 不再與 r 成反比，徑向波函數會有些不同，但大致上還是一樣，所以我們還是有相同的徑向量子數 n。這些狀態的能量也會稍微不一樣。

氫

　　有了這樣的理解，我們開始瞧瞧會得到什麼。氫原子的基態有 $l = m = 0$，以及 $n = 1$：我們說電子組態是 $1s$，能量是 -13.6 電子伏特。這代表需要 13.6 電子伏特才能把電子拉離原子。我們稱這個能量為「游離能」W_I。游離能愈大表示愈難把電子拉離原子，所以一般而言，這種物質的化學反應較弱。

氦

　　現在考慮氦原子。兩個電子可以都位於相同的最低能量態（一個自旋向上，另一個自旋向下）。電子所看到的位能在 r 小的時候是 $z = 2$ 的庫侖場，在 r 大的時候是 $z = 1$ 的庫侖場。最後的結果是「類似氫原子」的 $1s$ 態，但是能量稍微低一點。兩個電子都占有同樣的 $1s$ 態（$l = 0$，$m = 0$）。測量到的游離能（拿掉**一個**電子的能量）是 24.6 電子伏特。既然 $1s$「殼層」現在已填滿了（因為只准填兩個電子），實際上就沒有把一個電子從另外的原子吸引過來的傾向。所以氦原子是化學惰性元素。

鋰

　　鋰原子核有三個正電荷。電子狀態再次和氫類似，三個電子會占有最低的三個能量態。兩個會跑進 $1s$ 態，第三個會進入一個 $n = 2$ 的態，不過是 $l = 0$ 或是 $l = 1$ 的態？在氫原子裡，它們有相同的能量，但是在其他原子中，它們的能量不一樣，原因如下：記得 $2s$ 態在靠近原子核附近有一些機率幅，但 $2p$ 態則沒有。這表示 $2s$ 電子會有些感受到鋰原子核的三個正電荷，而 $2p$ 電子則留在較遠處單一電荷的庫侖場裡。這額外的吸引力會讓 $2s$ 電子的能量比 $2p$ 電子低一些。能階大致如圖 19-8 所示（你應該把它和氫原子的圖 19-7 比較一下）。所以，鋰原子會有兩個原子在 $1s$ 態，有一個原子在 $2s$ 態。既然 $2s$ 電子的能量比 $1s$ 電子高，所以比較容易除掉。鋰原子的游離能只有 5.4 電子伏特，所以化學活性相當大。

　　所以你可以看到漸漸形成的模式。我們在表 19-2 中列出了頭 36 個元素（見第 200 頁），顯示了每個原子中基態電子所占據的狀態；表中也列出了每個原子的游離能（敲出最不被束縛電子所需的

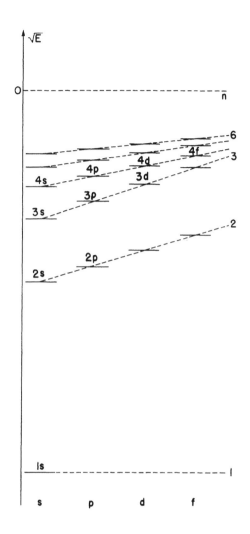

<u>圖 19-8</u>　當有其他電子存在時，一個原子電子的大致能階圖（這個圖
的刻度和圖 19-7 不一樣）。

能量），以及占據每個「殼層」（有同一 n 值的狀態）的電子數目。
既然不同的 l 態有不同的能量，每個 l 值對應到 $2(2l + 1)$ 個（不同的

表 19-2　頭 36 個元素的電子組態

Z	元素	W_I(ev)	電子組態									
			1s	2s	2p	3s	3p	3d	4s	4p	4d	4f
1	H　氫	13.6	1									
2	He　氦	24.6	2									
3	Li　鋰	5.4		1								
4	Be　鈹	9.3		2								
5	B　硼	8.3		2	1							
6	C　碳	11.3	填滿	2	2	每一狀態中的電子數目						
7	N　氮	14.5	(2)	2	3							
8	O　氧	13.6		2	4							
9	F　氟	17.4		2	5							
10	Ne　氖	21.6		2	6							
11	Na　鈉	5.1				1						
12	Mg　鎂	7.6				2						
13	Al　鋁	6.0				2	1					
14	Si　矽	8.1	— 填滿 —			2	2					
15	P　磷	10.5				2	3					
16	S　硫	10.4	(2)	(8)		2	4					
17	Cl　氯	13.0				2	5					
18	Ar　氬	15.8				2	6					
19	K　鉀	4.3							1			
20	Ca　鈣	6.1							2			
21	Sc　鈧	6.5						1	2			
22	Ti　鈦	6.8						2	2			
23	V　釩	6.7				—— 填滿 ——		3	2			
24	Cr　鉻	6.8						5	1			
25	Mn　錳	7.4	(2)	(8)		(8)		5	2			
26	Fe　鐵	7.9						6	2			
27	Co　鈷	7.9						7	2			
28	Ni　鎳	7.6						8	2			
29	Cu　銅	7.7						10	1			
30	Zn　鋅	9.4						10	2			
31	Ga　鎵	6.0							2	1		
32	Ge　鍺	7.9				— 填滿 —			2	2		
33	As　砷	9.8							2	3		
34	Se　硒	9.7	(2)	(8)		(18)			2	4		
35	Br　溴	11.8							2	5		
36	Kr　氪	14.0							2	6		

m 以及電子的自旋）可能狀態的次殼層。這些態都有同樣的能量，除了我們所忽略的很小效應之外。

鈹

鈹和鋰很像，除了它有兩個電子在 $2s$ 態以及兩個電子在 $1s$ 態。

硼到氖

硼有五個電子，第五個一定要進入 $2p$ 態。因為共有 2×3 個不同的 $2p$ 態，所以我們可以一直填入電子，直到共有八個電子（$2s$ 與 $2p$），我們就來到氖原子。當我們增加電子數，我們也增加了 Z 值，所以整個電子分布被拉的更靠近原子核，以至 $2p$ 態的能量往下降。到了氖原子，游離能已經高到 21.6 電子伏特，亦即氖原子不會輕易的放棄掉一個電子。因為沒有其他低能量的狀態需要填充，所以它不會去抓一個額外的電子，因此氖原子是化學惰性元素。反過來，氟原子倒有一個空位置可以讓電子進入較低能態，因此氟的化學活性相當高。

鈉到氬

鈉有十一個電子，所以必須填入新的殼層，進入 $3s$ 態。這個態的能階要高很多，所以游離能就往下跳，因此鈉的化學活性高。從鈉到氬，$n = 3$ 的 s 態與 p 態就一個個的填滿，順序和從鋰到氖一樣。未填滿外殼層中的電子角組態的順序，也和從鋰到氖一樣，游離能的變化也很類似。你現在可以瞭解，為什麼當原子序增加時，化學性質會重複。鎂的化學性和鈹類似，矽和碳類似，氯和氟類似，氬則和氖一樣是惰性的。

　　你或許已經注意到，從鋰到氖的游離能順序有一些奇怪的地方，從鈉到氬也有類似的奇特之處。氧原子最外頭的電子被束縛的程度似乎比預期來的低，硫原子也是如此。為什麼會這樣？原因在於個別電子間交互作用的效應。想一下：當我們把第一個 $2p$ 電子放進硼原子時，會發生什麼事？我們有六種可能：三個可能的 p 態，每個有兩種可能的自旋。

　　假設電子進入 $m = 0$ 且自旋向上的狀態（我們把 $m = 0$ 的狀態稱為「z」態，因為它最靠近 z 軸），再來的碳會如何？現在有兩個 $2p$ 電子，如果第一個進入「z」態，另一個該怎麼辦？它如果離開第一個電子遠一些，能量就會比較低，所以它可以進入，譬如說 $2p$ 殼層的「x」態（你應還記得這個態是 $m = +1$ 與 $m = -1$ 態的線性組合）。下一個就是氮原子，它的三個 $2p$ 電子如果分別進入「x」、「y」、「z」組態，互斥交互作用能量就最低。但是再來的氧原子就無計可施了，第四個電子一定要以相反的自旋進入「x」、「y」、「z」等三個已經填了一個電子的狀態之一，所以第四個電子會被已經先處在那個狀態的電子強烈排斥，因此它的能量不會那麼低，也比較容易被拿掉。這就是對於氮、氧之間，以及硫、矽之間的束縛能順序為什麼會倒過來的解釋。

鉀到鋅

　　在氬之後，你最初可能會以為新的電子應該開始填入 $3d$ 態，但其實並不是這樣。我們前面說過（見圖 19-8），較高角動量狀態的能量會被往上推，所以到了 $3d$ 態，它們的能量就被推過了 $4s$ 態。因此，鉀的最後一個電子會進入 $4s$ 態。這個殼層在填滿了（兩個電子）之後，也就是在鈣原子之後，$3d$ 態開始填入，依序是原子鈧、鈦、釩。

　　3d 態和 4s 態的能量非常接近，所以如有些微額外的因素就會改變其高低。如果已經有四個電子進入 3d 態，它們彼此的排斥會把 4s 的能量提高到超過 3d，所以一個電子會移至 3d 態。因此對於鉻原子來說，我們並沒有所期待的 4、2 組合，而是 5、1 組合。下一個錳原子的最後一個電子也進入 4s 態，將它填滿，然後電子就一一的填入 3d 殼層直到銅原子。

　　既然錳、鐵、鈷、鎳的最外殼層有相同的組態，所以它們就有類似的化學性質（這個效應在稀土元素更明顯，因為它們都有相同的外殼層，而逐一填滿的內殼層對於化學性質的影響較小）。

　　對於銅來說，4s 殼層的一個電子被 3d 殼層搶去，所以 3d 殼層就填滿了。不過 10、1 組合的能量與 9、2 組態的能量太接近了，所以如果銅旁邊另有一個原子，兩種組態能量的高低可能就會顛倒過來。所以銅的最後兩個電子幾乎是相等的，以致於它的價電子數可以是 1 或 2（它的表現有時像是有 9、2 組態的電子）。類似的事情也發生在別處，因而可以解釋其他金屬，例如鐵，可以有 1 或 2 的原子價。到了鋅，3d 與 4s 殼層就完全填滿了。

鎵到氪

　　從鎵到氪的順序再次相當正常：填滿了 4p 殼層。它們的外殼層、能量以及化學性質，重複了從硼到氖以及從鋁到氬的規律。

　　氪和氖、氬一樣是「稀有」氣體，它們都是惰性元素。這只是意味著它們有填滿的較低能量殼層，所以就能量上的好處而言，不太有機會和其他元素輕易的結合在一起。光有填滿的殼層是不夠的，鈹和鎂都有填滿的 s 殼層，但是這些殼層的能量太高，不足以讓其穩定。類似的，我們會期待鎳是另一個「稀有」元素，只要 3d 殼層的能量低了一些（或是 4s 高了一些）。不過，氪也不是完全惰

性的，它和氬可以微弱的束縛在一起。

　　既然我們的樣本已經展現了週期表多數的主要特性，我們就先停在第三十六號元素，接下來還有約七十個或更多的元素！

　　我們還想再談一件事，我們不僅可以瞭解原子價至某種程度，還可以說出化學鍵的方向性質。舉氧原子為例，它有四個 $2p$ 電子；頭三個進入「x」、「y」、「z」態，第四個會和其中之一配起來，留下如「x」、「y」態未填滿。現在考慮 H_2O 分子，每個氫原子都願意和氧分享一個電子，以幫助氧原子把殼層填滿；這些電子就會進入空的「x」、「y」態。所以水分子會有（相對於氧的中心）相互垂直的氫原子（實際上的夾角是 105°）。我們甚至可以理解為什麼夾角會大於 90°：因為氫原子與氧分享電子，所以氫就稍微帶正電，因此靜電排斥力拉開了波函數，把角度推到 105°。同樣的情形也發生在 H_2S，不過因為硫原子較大，所以兩個氫原子間的距離較遠，排斥較輕微，因此夾角只被推成 93°。硒更大，所以 H_2Se 的角度就幾乎是 90°。

　　我們也可以用相同的方式瞭解氨分子：H_3N。氮原子可以再容下三個 $2p$ 電子，「x」、「y」、「z」態各一個，所以三個氫原子應該是相互垂直的。雖然實際的夾角比 90° 大（同樣也是因為靜電排斥力的緣故），我們起碼瞭解氨分子為什麼不是平的。H_3P 磷化氫的角度就比較接近 90°，H_3As 更為接近。我們把 NH_3 當成雙態系統處理時，假設它不是平的。這個「不是平的」性質使得氨邁射成為可能。我們現在看到氨的形狀也可以用量子力學去理解。

　　薛丁格方程式是物理偉大的成就之一，它是理解原子結構底層機制的關鍵，也因而解釋了原子光譜、化學，以及物質的本質。

第20章

算符

20-1 作用與算符

　　所有我們到目前為止在量子力學中做過的事，都可以用一般的代數來處理；儘管我們三不五時，就會告訴你一些寫下量子力學量與方程式的特殊方式。我們現在想要多討論一些用來描述量子力學事物，有趣且有用的數學方式。學習量子力學這題材的方式有很多種，而多數教科書所採用的方式和我們的不一樣。當你去讀其他書時，可能沒辦法馬上看出書上所說的，和我們的講法之間的關聯。雖然我們在這一章也可以得到一些有用的結果，但本章主要的目的在於說明一些描述相同物理的不同方式。一旦你知道了這些東西，就會比較瞭解其他人在說些什麼。

　　當初人們開始研究古典力學時，他們一直以 x、y、z 座標來寫所有的方程式；然後有人就出來說：只要利用向量符號，就可以大幅簡化所有的寫法。如果你要具體的把事情弄懂，你的確得常常把向量轉換回它們的分量。但是一般而言，向量會讓你更容易瞭解事情，而且也比較容易做很多計算。在量子力學裡，我們可以利用「態向量」的概念來更簡單的寫出很多式子。當然，態向量 $|\psi\rangle$ 和三維裡的幾何向量沒有關係，它只是一個**代表物理狀態**的抽象符號，以「標記」（或「名字」）ψ 來標定它。這樣的想法是有用的，因為量子力學定律可以用這些記號寫成代數方程式。例如說，任何狀態都可以表示成基底向量的線性組合。這一基本定律可以寫成

$$|\psi\rangle = \sum_i C_i |i\rangle \tag{20.1}$$

其中的 C_i 是一組複數，機率幅 $C_i = \langle i \mid \psi \rangle$，而 $|1\rangle$、$|2\rangle$、$|3\rangle$ 等代表某一組基底的基底狀態，一組特定的基底就是一種**表示**

（representation）。

　　你如果拿某個物理狀態，然後對它做一些事，例如將它轉一下，或是等待一段時間 Δt，你就會得到另一個狀態。我們說：「作用在一個狀態上會產生一個新的狀態。」這樣的想法可以用方程式來表達：

$$|\phi\rangle = \hat{A}|\psi\rangle \qquad (20.2)$$

算符 $\hat{A}$ 代表某種作用，當我們將這個算符作用於任何狀態（例如 $|\psi\rangle$）上的時候，就得到某個其他的狀態 $|\phi\rangle$。

　　(20.2)式的意思是什麼？它是這麼**定義**的：如果將方程式乘上 $\langle i|$，然後根據(20.1)式來展開 $|\psi\rangle$，你就得到

$$\langle i|\phi\rangle = \sum_j \langle i|\hat{A}|j\rangle\langle j|\psi\rangle \qquad (20.3)$$

（狀態 $|j\rangle$ 和狀態 $|i\rangle$ 一樣來自同一組基底。）(20.3)就變成一個代數方程式。$\langle i|\phi\rangle$ 這個複數是基底狀態 $|i\rangle$ 在 $|\phi\rangle$ 中的成分，我們用機率幅 $\langle j|\psi\rangle$ 的線性組合將它表示出來。複數 $\langle i|\hat{A}|j\rangle$ 只是這個線性組合的係數，告訴我們多少的 $\langle j|\psi\rangle$ 出現在累加之中。算符 $\hat{A}$ 是由一組數，或者說「矩陣」A_{ij}，來描述：

$$A_{ij} \equiv \langle i|\hat{A}|j\rangle \qquad (20.4)$$

　　所以(20.2)式是(20.3)式的高級寫法。事實上，它還多隱含了一點東西：(20.2)式並沒有提到任何一組基底狀態，(20.3)式只是(20.2)式以某組基底狀態表示出來而已。不過，你已經知道我們其實可以選擇任何喜歡的基底，(20.2)式正意味著這個想法。利用算符的寫法，可以避免對於任何特定基底的依賴。當然，當你要更明確一些的時候，就得選擇**某**組基底。當你選定了之後，你就得到(20.3)

式。所以，**算符**方程式(20.2)是**代數**方程式(20.3)的一種較抽象的寫法。兩者的區別類似於向量方程式

$$c = a \times b$$

和

$$
\begin{aligned}
c_x &= a_y b_z - a_z b_y, \\
c_y &= a_z b_x - a_x b_z, \\
c_z &= a_x b_y - a_y b_x
\end{aligned}
$$

這種寫法的區別在於：第一種寫法較方便，但如果你要得到**結果**，終究必須寫下相對於某組座標軸的分量。同樣的，如果你要說明 $\hat{A}$ 的意義，你就必須告訴人家如何以**某組**基底狀態來表示矩陣 A_{ij}。只要你在心中有某組 $\{|i\rangle\}$，(20.2)式的意義就和(20.3)式一樣（你應該也還記得，一旦你知道了在某一組特定基底狀態中的矩陣，你永遠可以計算出任何其他基底中的相對應矩陣。也就是說，你可以把矩陣從某個「表示」轉換成另一個）。

算符方程式(20.2)也帶來一種新想法：如果我們設想某個算符 $\hat{A}$，我們可以把它作用在任何狀態 $|\psi\rangle$ 上，而產生新狀態 $\hat{A}|\psi\rangle$。有時候，這種方式會得到很奇特的「狀態」：它並不代表任何在自然中會碰到的**物理**狀況（例如我們可能得到一個並未歸一化的狀態，所以不足以代表單一電子）。換句話說，我們有時候會得到數學上的人造「狀態」。這些人造「狀態」可能還是有用的，尤其是出現在計算過程之中。

我們已經告訴你很多量子力學算符的例子：例如旋轉算符 $\hat{R}_y(\theta)$ 可以把一個態 $|\psi\rangle$ 轉成另一個態，也就是從旋轉後的座標系來看原先的狀態；又例如宇稱（或反轉）算符 $\hat{P}$，它可以藉由反轉所有的座標來得到新狀態；再一個例子是自旋 1/2 粒子的 $\hat{\sigma}_x$、$\hat{\sigma}_y$、$\hat{\sigma}_z$。

我們在第 17 章利用旋轉算符定義了算符 $\hat{J}_z$（當旋轉角度 ϵ 很小）

$$\hat{R}_z(\epsilon) = 1 + \frac{i}{\hbar} \epsilon \hat{J}_z \qquad (20.5)$$

它的意思當然就是

$$\hat{R}_z(\epsilon) \, | \, \psi \rangle = | \, \psi \rangle + \frac{i}{\hbar} \epsilon \hat{J}_z \, | \, \psi \rangle \qquad (20.6)$$

在這個例子中，$\hat{J}_z \, | \, \psi \rangle$ 等於將 $| \, \psi \rangle$ 旋轉小角度 ϵ 之後，減去原來的狀態，然後乘上 $\hbar/i\epsilon$，它代表的「狀態」是兩個狀態之**差**。

再一個例子：有一個算符 $\hat{p}_x$，它稱為動量算符（x 分量），是由類似(20.6)的式子來定義。如果 $\hat{D}_x(L)$ 是沿 x 軸將一個狀態平移 L 距離的算符，則 $\hat{p}_x$ 的定義是

$$\hat{D}_x(\delta) = 1 + \frac{i}{\hbar} \delta \hat{p}_x \qquad (20.7)$$

其中的 δ 是很小的位移。沿 x 軸平移狀態 $| \, \psi \rangle$（δ 距離），會產生新狀態 $| \, \psi' \rangle$，這個新狀態等於舊狀態加上一小項

$$\frac{i}{\hbar} \delta \hat{p}_x \, | \, \psi \rangle$$

算符的作用對象是態向量，例如 $| \, \psi \rangle$，而 $| \, \psi \rangle$ 是物理狀況的一種抽象描述，所以它們和作用於數學函數的**代數**算符相當不同。舉個例子，d/dx 是一個作用於 $f(x)$ 的「算符」，它把函數 $f(x)$ 變成新函數 $f'(x) = df/dx$。另一個例子是代數算符 ∇^2。你可以看出來為什麼它們（量子力學中的，以及代數中的）都稱為算符，但你應該記住它們是兩種不一樣的算符。一個量子力學算符 $\hat{A}$ 並**不**作用於代數函數上頭，而是作用於態向量如 $| \, \psi \rangle$ 上面。兩種算符都會出現在量子力學裡，也常出現於類似的方程式中（你待會兒就看得到）。當你首次學這個題材時，最好把這兩種算符的區別一直放在心上。

不過當你比較熟悉了以後，你就會發現，將它們分得很清楚其實不是那麼重要的事。事實上，你會發現在多數的書裡，這兩種算符所用的記號是一樣的。

　　我們繼續看看算符還可以做些什麼有用的事？但首先我得提一件事。假設有個算符 $\hat{A}$，它在某個基底中的矩陣是 $A_{ij} \equiv \langle i \,|\, \hat{A} \,|\, j \rangle$。狀態 $\hat{A} \,|\, \psi \rangle$ 也正好是狀態 $|\, \phi \rangle$ 的機率幅，就是 $\langle \phi \,|\, \hat{A} \,|\, \psi \rangle$。這個機率幅的共軛複數有沒有什麼意義？你應該會證明

$$\langle \phi \,|\, \hat{A} \,|\, \psi \rangle^* = \langle \psi \,|\, \hat{A}^\dagger \,|\, \phi \rangle \tag{20.8}$$

其中的 $\hat{A}^\dagger$ 是個新算符，它的矩陣元素是

$$A_{ij}^\dagger = (A_{ji})^* \tag{20.9}$$

也就是說，$\hat{A}^\dagger$ 的 i、j 分量是 $\hat{A}$ 的 j、i 分量的共軛複數。狀態 $\hat{A}^\dagger \,|\, \phi \rangle$ 處於狀態 $|\, \psi \rangle$ 的機率幅是狀態 $\hat{A} \,|\, \psi \rangle$ 處於 $|\, \phi \rangle$ 的機率幅的共軛複數。我們稱算符 $\hat{A}^\dagger$ 為 $\hat{A}$ 的「厄米伴隨算符」（Hermitian adjoint operator）。很多重要的量子力學算符有個特殊的性質：它們的厄米伴隨算符就等於自己。如果 $\hat{B}$ 是這類的算符，則

$$\hat{B}^\dagger = \hat{B}$$

我們稱這種算符為「自伴算符」（self-adjoint operator）或「厄米算符」（Hermitian operator）。

20-2　平均能量

　　到目前為止，我們只複習了你已經知道的東西。現在我們要討論一個新問題：你如何找出一個系統（例如原子）的**平均**能量？如

果原子是處在某個特別的定態，接著你去測量能量，你會發現某個能量 E。如果有一堆經過挑選的原子已知都是處於同一狀態，假設你不斷的測量這一系列原子中的每一個原子，你會一直得到 E，因此你測量所得的「平均值」當然就是 E。

不過，如果你測量的對象是某個**不是**定態的狀態 $|\psi\rangle$，則結果會是什麼呢？既然系統沒有固定的能量，則對於這個原子的測量會得到某個能量，而對於另一個相同狀態原子的測量，則會得到另一個能量。那麼，所有能量測量的平均值是什麼？

我們只要把 $|\psi\rangle$ 投影到一組由定態所組成的基底狀態上，就可以得到答案。為了提醒你這是一組特殊的基底，我們稱這些狀態為 $|\eta_i\rangle$。每個狀態 $|\eta_i\rangle$ 有個固定能量 E_i。在這個表示裡，$|\psi\rangle$ 可以寫成

$$|\psi\rangle = \sum_i C_i |\eta_i\rangle \qquad (20.10)$$

如果你測量能量後得到某個數字 E_i，你就發現了這個系統是處於狀態 $|\eta_i\rangle$。但是你每次測量所得到的結果會不一樣，有時候是 E_1，有時候是 E_2，有時候是 E_3 等等。你量到能量 E_1 的**機率**，正是發現系統處在狀態 $|\eta_1\rangle$ 的機率，也當然就是機率幅 $C_1 = \langle \eta_1 | \psi \rangle$ 的絕對值的平方。發現每個可能能量 E_i 的機率是

$$P_i = |C_i|^2 \qquad (20.11)$$

這些機率如何和一系列能量測量的平均值連在一起？假設我們一系列測量的結果是：E_1、E_7、E_{11}、E_9、E_1、E_{10}、E_7、E_2、E_3、E_9、E_6、E_4 等等。我們繼續測量，比如說：一千次。完成之後，把所有的能量加起來，然後除以一千。所得到的值就是平均值。計算能量總和有個捷徑，那就是總計你得到 E_1 的次數，

比如說它是 N_1，然後總計你得到 E_2 的次數，比如說它是 N_2 等等。
則所有能量的總和當然就只是：

$$N_1E_1 + N_2E_2 + N_3E_3 + \cdots = \sum_i N_iE_i$$

平均能量是這個總和除以測量的總次數（即所有 N_i 的和，我們稱之
爲 N）：

$$E_{平均} = \frac{\sum_i N_iE_i}{N} \tag{20.12}$$

我們幾乎要得到答案了。我們**所謂的**某件事發生的機率，就是
我們期待它發生的次數除以所有嘗試的次數。如果 N 很大，比值
N_i/N 應該非常接近 P_i，即發現狀態 $|\eta_i\rangle$ 的機率，但是由於統計上
的起伏，它不會正好就是 P_i。我們把預測（或「預期」）的平均值
寫成 $\langle E\rangle_{平均}$，則我們可以說

$$\langle E\rangle_{平均} = \sum_i P_iE_i \tag{20.13}$$

同樣的論證也可以適用於其他的測量。所以對於測量 A 所得結果的
平均值應該等於

$$\langle A\rangle_{平均} = \sum_i P_iA_i$$

這裡的 A_i 是對於 A 的各種可能測量值，而 P_i 是量到那個值的機
率。

我們回到量子力學狀態 $|\psi\rangle$。它的平均能量是

$$\langle E\rangle_{平均} = \sum_i |C_i|^2E_i = \sum_i C_i^*C_iE_i \tag{20.14}$$

現在請看這個小技巧！首先，我們把和寫成

$$\sum_i \langle \psi \mid \eta_i \rangle E_i \langle \eta_i \mid \psi \rangle \qquad (20.15)$$

其次我們將左邊的 $\langle \psi \mid$ 看成是共同「因子」,將它提到累加符號外面,然後把上式寫成

$$\langle \psi \mid \left\{ \sum_i \mid \eta_i \rangle E_i \langle \eta_i \mid \psi \rangle \right\}$$

這個式子有以下的形式

$$\langle \psi \mid \phi \rangle$$

其中的 $\mid \phi \rangle$ 是「製造」出來的狀態,它的定義是

$$\mid \phi \rangle = \sum_i \mid \eta_i \rangle E_i \langle \eta_i \mid \psi \rangle \qquad (20.16)$$

換句話說,你將每個基底狀態 $\mid \eta_i \rangle$ 乘上 $E_i \langle \eta_i \mid \psi \rangle$ 然後加起來,就得到它。

還記得 $\mid \eta_i \rangle$ 的定義嗎?它是滿足以下方程式的定態

$$\hat{H} \mid \eta_i \rangle = E_i \mid \eta_i \rangle$$

既然 E_i 是數字,上式的右邊只是 $\mid \eta_i \rangle E_i$,所以(20.16)式的累加就成為

$$\sum_i \hat{H} \mid \eta_i \rangle \langle \eta_i \mid \psi \rangle$$

對於 i 的累加,其實就是那可以化約到 1 的有名組合,所以

$$\sum_i \hat{H} \mid \eta_i \rangle \langle \eta_i \mid \psi \rangle = \hat{H} \sum_i \mid \eta_i \rangle \langle \eta_i \mid \psi \rangle = \hat{H} \mid \psi \rangle$$

太神奇了!(20.16)式就等於

$$|\phi\rangle = \hat{H}\,|\psi\rangle \tag{20.17}$$

因此狀態 $|\psi\rangle$ 的平均能量可以很漂亮的寫成

$$\langle E\rangle_{平均} = \langle\psi\,|\,\hat{H}\,|\,\psi\rangle \tag{20.18}$$

如果想得到平均能量，你只要把 $\hat{H}$ 作用到 $|\psi\rangle$ 上，然後乘以 $\langle\psi|$。非常簡單！

這個平均能量公式不僅很漂亮，也很有用，因爲我們不必提到任何一組特定的基底狀態。我們甚至不必知道所有可能的能階。做計算的時候，我們需要利用**某組**基底狀態來描述我們的狀態。但是如果對於**那組**基底狀態來說，我們知道了哈密頓矩陣 H_{ij}，我們就可求得平均能量。(20.18)式是在說對於**任何**一組基底狀態 $|i\rangle$ 而言，平均能量可以用下式算出來：

$$\langle E\rangle_{平均} = \sum_{ij} \langle\psi\,|\,i\rangle\langle i\,|\,\hat{H}\,|\,j\rangle\langle j\,|\,\psi\rangle \tag{20.19}$$

其中的機率幅 $\langle i\,|\,\hat{H}\,|\,j\rangle$ 只是矩陣 H_{ij} 的元素。

我們用個特例來檢驗這個結果：假設狀態 $|i\rangle$ 是定態，則 $\hat{H}\,|j\rangle = E_j\,|j\rangle$，所以 $\langle i\,|\,\hat{H}\,|\,j\rangle = E_j\delta_{ij}$，而且

$$\langle E\rangle_{平均} = \sum_{ij} \langle\psi\,|\,i\rangle E_i\delta_{ij}\langle j\,|\,\psi\rangle = \sum_i E_i\langle\psi\,|\,i\rangle\langle i\,|\,\psi\rangle$$

這是正確的！

順帶一提，(20.19)式可以推廣到其他可以表示成算符的物理測量。例如，$\hat{L}_z$ 是角動量 L 的 z 分量，則狀態 $|\psi\rangle$ 的角動量 z 分量平均值是

$$\langle L_z\rangle_{平均} = \langle\psi\,|\,\hat{L}_z\,|\,\psi\rangle$$

證明這個式子的一個方法，是設想某種能量和角動量成正比的狀況，然後接下來的論證就完全一樣。

總之，如果一個物理可觀測量（physical observable）A 可以聯繫到一個適當的量子力學算符 $\hat{A}$，則對於狀態 $|\psi\rangle$ 而言，A 的平均值是

$$\langle A \rangle_{平均} = \langle \psi \mid \hat{A} \mid \psi \rangle \tag{20.20}$$

它的意思是

$$\langle A \rangle_{平均} = \langle \psi \mid \phi \rangle \tag{20.21}$$

其中

$$|\phi\rangle = \hat{A} \mid \psi \rangle \tag{20.22}$$

20-3 原子的平均能量

假設有一個原子，它的狀態可以用波函數 $\psi(r)$ 來描述，我們想知道這原子的平均能量是多少，應該如何做？讓我們先設想一下一維的情形：狀態 $|\psi\rangle$ 的波函數是 $\langle x \mid \psi \rangle = \psi(x)$。我們得找出 (20.19) 式在座標表示法之下的形式。我們遵循一般的步驟以 $|x\rangle$ 和 $|x'\rangle$ 來取代 $|i\rangle$ 和 $|j\rangle$，同時把累加換成積分，就得到

$$\langle E \rangle_{平均} = \iint \langle \psi \mid x \rangle \langle x \mid \hat{H} \mid x' \rangle \langle x' \mid \psi \rangle \, dx \, dx' \tag{20.23}$$

這個積分可以寫成以下的形式：

$$\int \langle \psi \mid x \rangle \langle x \mid \phi \rangle \, dx \tag{20.24}$$

其中

$$\langle x \mid \phi \rangle = \int \langle x \mid \hat{H} \mid x' \rangle \langle x' \mid \psi \rangle \, dx' \tag{20.25}$$

上式中，對於 x' 的積分與我們在第 16 章所見到的一樣（見(16.50)式與(16.52)式），也就是等於

$$-\frac{\hbar^2}{2m}\frac{d^2}{dx^2}\psi(x) + V(x)\psi(x)$$

因此我們可以這麼寫

$$\langle x \mid \phi \rangle = \left\{ -\frac{\hbar^2}{2m}\frac{d^2}{dx^2} + V(x) \right\} \psi(x) \tag{20.26}$$

　　因為 $\langle \psi \mid x \rangle = \langle x \mid \psi \rangle^* = \psi^*(x)$，所以(20.23)式的平均能量可以寫成

$$\langle E \rangle_{\text{平均}} = \int \psi^*(x) \left\{ -\frac{\hbar^2}{2m}\frac{d^2}{dx^2} + V \right\} \psi(x) \, dx \tag{20.27}$$

只要有了波函數 $\psi(x)$，你就可以把積分算出來，而得到平均能量。你現在可以開始瞭解，我們如何在態向量的觀點與波函數的想法之間來回。

　　在(20.27)式括弧中的東西是一個**代數**算符*，我們將它記為 $\hat{\mathcal{H}}$

$$\hat{\mathcal{H}} = -\frac{\hbar^2}{2m}\frac{d^2}{dx^2} + V$$

用了這種記號之後，(20.23)式就成為

$$\langle E \rangle_{\text{平均}} = \int \psi^*(x)\hat{\mathcal{H}}\psi(x) \, dx \tag{20.28}$$

＊原注：「算符」$V(x)$ 的意思是「乘上 $V(x)$」。

　　這裡定義的代數算符 $\hat{\mathfrak{K}}$ 當然和量子力學算符 $\hat{H}$ 不一樣。將這個新算符作用在（位置的）函數 $\psi(x) = \langle x \mid \psi \rangle$ 上，會產生一個新函數 $\phi(x) = \langle x \mid \phi \rangle$；而 $\hat{H}$ 作用在態向量 $\mid \psi \rangle$ 上，則會產生另一個態向量 $\mid \phi \rangle$，如此一來，完全沒有用到座標表示法，或是任何特定的表示法。即便是在座標表示法中，$\hat{H}$ 也並不完全等於 $\hat{\mathfrak{K}}$。如果我們選擇了座標表示法，我們會把 $\hat{H}$ 解釋爲矩陣 $\langle x \mid \hat{H} \mid x' \rangle$，這是兩個「指數」$x$ 和 x' 的函數；也就是說我們預期根據(20.25)式，$\langle x \mid \phi \rangle$ 透過積分，會與所有的機率幅 $\langle x \mid \psi \rangle$ 聯繫起來。反過來，我們則發現 $\hat{\mathfrak{K}}$ 是個微分算符。我們已經在 16-5 節找出 $\langle x \mid \hat{H} \mid x' \rangle$ 與代數算符 $\hat{\mathfrak{K}}$ 的關係。

　　我們的結果其實受到一點限制：我們一直假設著機率幅 $\psi(x) = \langle x \mid \psi \rangle$ 是已經歸一化了的機率幅；意思是我們選定了波函數的大小，使得

$$\int \mid \psi(x) \mid^2 dx = 1$$

所以在**某個地方**發現電子的機率等於 1（也就是說，一定會在某個地方發現電子）。如果你所用的 $\psi(x)$ 尚未被歸一化，你就應該用以下的式子：

$$\langle E \rangle_{\text{平均}} = \frac{\int \psi^*(x)\hat{\mathfrak{K}}\psi(x)\, dx}{\int \psi^*(x)\psi(x)\, dx} \tag{20.29}$$

所算出的答案是一樣的。

　　請注意(20.28)式與(20.18)式兩者有類似的形式。當你利用座標表示法的時候，這兩種顯示相同結果的寫法經常出現。對於算符 $\hat{A}$ 來說，你可以從第一種形式得到第二種形式，只要 $\hat{A}$ 是一個**局部**（local）算符。所謂的局部算符就是能讓以下的積分

$$\int \langle x \mid \hat{A} \mid x' \rangle \langle x' \mid \psi \rangle \, dx'$$

寫成 $\hat{A}\psi(x)$ 形式的算符，這裡的 $\hat{A}$ 是微分代數算符。當然也有算符並不滿足這個條件，這時你就必須從基本方程式(20.21)式與(20.22)式做起。

將上面的討論推廣到二維與三維很容易。結果是★

$$\langle E \rangle_{平均} = \int \psi^*(\boldsymbol{r})\hat{\mathcal{H}}\psi(\boldsymbol{r})d\,\mathrm{Vol} \qquad (20.30)$$

以及

$$\hat{\mathcal{H}} = -\frac{\hbar^2}{2m}\nabla^2 + V(\boldsymbol{r}) \qquad (20.31)$$

同時

$$\int |\psi|^2 d\,\mathrm{Vol} = 1 \qquad (20.32)$$

同樣的方程式可以很輕易的推廣到多電子系統，但是我們不在這裡討論這些推廣。

有了(20.30)式，我們就可以在不知道能階的情況下，計算出某原子態的平均能量（我們只需要知道波函數就可以了）。這是重要的定律。以下是一個有趣的應用：假設你想知道某個系統（例如氫原子）的基態能量，但是薛丁格方程式卻很難解（因爲變數太多）；不過，假設你猜了一個波函數（隨便一個你所喜歡的函數）並且用它來計算平均能量；也就是說，假設原子眞的處在你選擇的波函數所描述的狀態。並將此波函數代入（推廣至三維的）(20.29)

★原注：$d\,\mathrm{Vol}$ 代表體積元素，它當然就只是 $dx\,dy\,dz$。三個對於座標的積分都是從 $-\infty$ 到 $+\infty$。

式，以計算平均能量。這樣子所算出來的能量當然高過基態能量，因為基態能量是原子可能具有的最低能量。◆ 接下來，挑另一個函數並計算其能量。如果這個能量比第一個能量低，則它就更接近基態能量。

你如果聰明，就會試著用某些有可調參數的函數，所算出來的能量將是這些參數的函數。當你試著改變參數以便找出最低能量的時候，你其實一次就檢驗了一整類的函數，而不是一個一個的嘗試。你終究會發現愈來愈難降低能量，因此開始相信你已經相當接近最低能量了。氦原子的基態能量正是這樣解出來的：不是解出了方程式，而是造出一個有很多可調參數的特殊函數，最後挑出得到最低可能平均能量值的參數。

20-4 位置算符

原子中電子位置的平均值是什麼？對於任何特定的狀態 $|\psi\rangle$ 而言，座標 x 的平均值是什麼？我們將討論一維的情形，然後讓你去推廣至三維或是多過一個粒子的系統。我們有個由 $\psi(x)$ 所描述的狀態，並且不斷的測量 x，所得的平均會是什麼？它是

$$\int xP(x)\,dx$$

其中的 $P(x)\,dx$ 是發現電子在 x 處的一小段範圍 dx 內的機率。假設

◆原注：你也可以這麼看：假設以定態做為基底狀態，你所選的任何函數（也就是狀態）可以寫成基底狀態的線性組合。既然高能態與低能態在這個組合中都混在一起了，平均能量當然也就高於基態能量。

圖 20-1 是機率密度 $P(x)$ 隨 x 變化的情形，則電子最可能被發現的地方，是在曲線尖峰的附近，平均值也應該在尖峰附近。事實上，它正是曲線下面積的重心位置。

先前我們已經看到 $P(x)$ 只是 $|\psi(x)|^2 = \psi^*(x)\psi(x)$，所以我們可以把 x 的平均值寫成

$$\langle x \rangle_{平均} = \int \psi^*(x)x\psi(x)\,dx \tag{20.33}$$

我們關於 $\langle x \rangle_{平均}$ 的方程式，和(20.28)式有相同的形式。對於平均能量來說，能量算符 $\mathcal{H}$ 出現在兩個 ψ 之間，對於平均位置而言，出現在兩個 ψ 之間只是 x（如果你願意，可以把 x 看成是代數算符「乘以 x」）。我們還可以更進一步發揮這個類比：把平均位置表示成(20.18)式的形式。假設我們只是寫

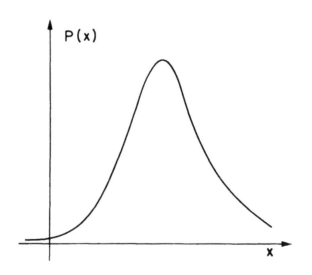

<u>圖 20-1</u>　此一機率密度曲線代表了一個只出現在某一區域附近的粒子。

$$\langle x \rangle_{平均} = \langle \psi \mid \alpha \rangle \tag{20.34}$$

其中

$$\mid \alpha \rangle = \hat{x} \mid \psi \rangle \tag{20.35}$$

我們能夠找到可以產生狀態 $\mid \alpha \rangle$、並且讓(20.34)式等於(20.33)式的算符 $\hat{x}$ 嗎？換句話說，我們必須找到一個 $\mid \alpha \rangle$ 使得

$$\langle \psi \mid \alpha \rangle = \langle x \rangle_{平均} = \int \langle \psi \mid x \rangle x \langle x \mid \psi \rangle \, dx \tag{20.36}$$

首先，在 x 表示法中展開 $\langle \psi \mid \alpha \rangle$，它就是

$$\langle \psi \mid \alpha \rangle = \int \langle \psi \mid x \rangle \langle x \mid \alpha \rangle \, dx \tag{20.37}$$

比較以上兩個方程式的積分，就會發現在 x 表示法中

$$\langle x \mid \alpha \rangle = x \langle x \mid \psi \rangle \tag{20.38}$$

將 $\hat{x}$ 作用在 $\mid \psi \rangle$ 上來得到 $\mid \alpha \rangle$，正等於將 $\psi(x) = \langle x \mid \psi \rangle$ 乘以 x 來得到 $\alpha(x) = \langle x \mid \alpha \rangle$。所以我們就定義了在座標表示法中的 $\hat{x}$。*

　　〈我們並未寫下算符 $\hat{x}$ 在 x 表示法中的矩陣。如果你的野心較大，可以試著證明

$$\langle x \mid \hat{x} \mid x' \rangle = x \, \delta(x - x') \tag{20.39}$$

---

*原注：(20.38)式並**不**意味著 $\mid \alpha \rangle$ 就等於 $x \mid \psi \rangle$。你不能將 $\langle x \mid$「提出來」，因為在 $\langle x \mid \psi \rangle$ 前面的 x 是一個數字，對於不同的 $\langle x \mid$ 來說都不一樣。它是位於狀態 $\mid x \rangle$ 的電子的座標值，見(20.40)式。

然後，你可以算出底下這個有趣的結果

$$\hat{x} \,|\, x\rangle = x \,|\, x\rangle \qquad (20.40)$$

算符 $\hat{x}$ 有個有趣的性質：當對於基底狀態 $|\,x\rangle$ 的作用，等於對它乘以 x。）

你知道 x^2 的平均值是什麼？它是

$$\langle x^2 \rangle_{平均} = \int \psi^*(x) x^2 \psi(x) \, dx \qquad (20.41)$$

或者你可以寫成

$$\langle x^2 \rangle_{平均} = \langle \psi \,|\, \alpha' \rangle$$

其中

$$|\,\alpha'\rangle = \hat{x}^2 \,|\,\psi\rangle \qquad (20.42)$$

$\hat{x}^2$ 的意思是 $\hat{x}\hat{x}$（也就是兩個算符一個接著一個作用）。有了 $\langle x^2 \rangle_{平均}$ $= \langle \psi \,|\, \alpha' \rangle$ 這個形式，你可以用任何表示法（基底狀態）來計算 $\langle x^2 \rangle_{平均}$。你如果要計算 x^n（或任何 x 的多項式）的平均值，你就已經知道該怎麼做了。

20-5 動量算符

現在我們想計算電子的平均**動量**，我們仍然只討論一維的情形。假設 $P(p) \, dp$ 代表我們所量到的動量會介於 p 與 $p + dp$ 之間的機率，則

$$\langle p \rangle_{平均} = \int p \, P(p) \, dp \qquad (20.43)$$

令 $\langle p \mid \psi \rangle$ 為狀態 $\mid \psi \rangle$ 處於固定動量狀態 $\mid p \rangle$ 的機率幅，它和我們在16-3節中稱為〈動量 $p \mid \psi$〉的機率幅是同一回事。它是 p 的函數，就好像 $\langle x \mid \psi \rangle$ 是 x 的函數。我們在16-3節將機率幅歸一化了，所以

$$P(p) = \frac{1}{2\pi\hbar} |\langle p \mid \psi \rangle|^2 \tag{20.44}$$

這麼一來，我們就有

$$\langle p \rangle_{\text{平均}} = \int \langle \psi \mid p \rangle p \langle p \mid \psi \rangle \frac{dp}{2\pi\hbar} \tag{20.45}$$

這個形式很類似於之前的 $\langle x \rangle_{\text{平均}}$。

只要我們願意，我們以前對於 $\langle x \rangle_{\text{平均}}$ 所玩的遊戲，現在可以完全一樣的對於 $\langle p \rangle_{\text{平均}}$ 再玩一遍。首先，我們把上面的積分寫成

$$\int \langle \psi \mid p \rangle \langle p \mid \beta \rangle \frac{dp}{2\pi\hbar} \tag{20.46}$$

你現在應該認得出來，這個方程式只是機率幅 $\langle \psi \mid \beta \rangle$ 的展式而已（以固定動量的基底狀態來展開）。從(20.45)式可知狀態 $\mid \beta \rangle$ **在動量表示法中**的定義是

$$\langle p \mid \beta \rangle = p \langle p \mid \psi \rangle \tag{20.47}$$

換句話說，我們現在可以寫

$$\langle p \rangle_{\text{平均}} = \langle \psi \mid \beta \rangle \tag{20.48}$$

其中

$$\mid \beta \rangle = \hat{p} \mid \psi \rangle \tag{20.49}$$

這裡的算符 $\hat{p}$ 是由動量表示法中的(20.47)式來定義的。

（再次的，你可以證明 $\hat{p}$ 的矩陣形式是

$$\langle p \mid \hat{p} \mid p' \rangle = p \, \delta(p - p') \tag{20.50}$$

以及

$$\hat{p} \mid p \rangle = p \mid p \rangle \tag{20.51}$$

這和 x 的情形一樣。）

　　現在有了一個有趣的問題。我們可以用(20.45)式與(20.48)式來寫 $\langle p \rangle_{\text{平均}}$，我們也知道算符 $\hat{p}$ **在動量表示法中**的意義，但是我們應如何解釋在位置**表示法**中的 $\hat{p}$？假設我們有了某個波函數 $\psi(x)$，並想計算其平均動量，我們就必須知道這個問題的答案。我們把意思講得更清楚一點：如果我們一開始用(20.48)式來定義 $\langle p \rangle_{\text{平均}}$，然後以「$p$－表示法」來展開，就得回(20.46)式。如果我們知道狀態的「p－描述」：也就是機率幅 $\langle p \mid \psi \rangle$，一個動量 p 的代數函數，我們就從(20.47)式知道了 $\langle p \mid \beta \rangle$，也就可以做(20.46)式的積分了。現在的問題是，如果我們所知道的是狀態在位置表示法中的描述，即波函數 $\psi(x) = \langle x \mid \psi \rangle$，則我們該怎麼辦？

　　這麼說吧，我們先以「x－表示法」展開(20.48)式：

$$\langle p \rangle_{\text{平均}} = \int \langle \psi \mid x \rangle \langle x \mid \beta \rangle \, dx \tag{20.52}$$

可是，我們需要知道狀態 $\mid \beta \rangle$ 在「x－表示法」中的形式，一旦我們知道了，就可以做出積分。所以，我們的問題是找出函數 $\beta(x) = \langle x \mid \beta \rangle$。

　　我們可以這麼進行：在 16-3 節中，我們看到了 $\langle p \mid \beta \rangle$ 和 $\langle x \mid \beta \rangle$ 的關係。根據(16.24)式，我們有

$$\langle p \mid \beta \rangle = \int e^{-ipx/\hbar} \langle x \mid \beta \rangle \, dx \tag{20.53}$$

假如我們知道了 $\langle p \mid \beta \rangle$，就可以從這方程式解出 $\langle x \mid \beta \rangle$。當然，我們所要的是用（假設已知的）$\psi(x) = \langle x \mid \psi \rangle$ 來表示的答案。假設我們從(20.47)式開始，並用(16.24)式把它寫成

$$\langle p \mid \beta \rangle = p\langle p \mid \psi \rangle = p \int e^{-ipx/\hbar} \psi(x) \, dx \tag{20.54}$$

既然以上的積分是對於 x 的積分，我們可以把 p 放進積分中，然後寫成

$$\langle p \mid \beta \rangle = \int e^{-ipx/\hbar} p\psi(x) \, dx \tag{20.55}$$

比較(20.55)式與(20.53)式，你會說 $\langle x \mid \beta \rangle$ 等於 $p\psi(x)$。不！不！波函數 $\langle x \mid \beta \rangle = \beta(x)$ 只能取決於 x，不能取決於 p。這正是問題之所在！

不過，某個聰明人發現(20.55)式的積分可以用部分積分來做：$e^{-ipx/\hbar}$ 對於 x 的微分是 $(-ip/\hbar)e^{-ipx/\hbar}$，所以(20.55)式的積分就等於

$$-\frac{\hbar}{i} \int \frac{d}{dx}(e^{-ipx/\hbar})\psi(x) \, dx$$

如果我們將它部分積分，它就成為

$$-\frac{\hbar}{i}\left[e^{-ipx/\hbar}\psi(x)\right]_{-\infty}^{+\infty} + \frac{\hbar}{i}\int e^{-ipx/\hbar}\frac{d\psi}{dx} \, dx$$

只要我們所考慮的是束縛態，$\psi(x)$ 在 $x = \pm\infty$ 處會趨近於零，所以括弧為零，而結果是

$$\langle p \mid \beta \rangle = \frac{\hbar}{i}\int e^{-ipx/\hbar}\frac{d\psi}{dx} \, dx \tag{20.56}$$

把這個式子與(20.53)式相比，就看出

$$\langle x \mid \beta \rangle = \frac{\hbar}{i} \frac{d}{dx} \psi(x) \qquad (20.57)$$

我們現在已經能夠把(20.52)式表示成所要的形式，答案是

$$\langle p \rangle_{\text{平均}} = \int \psi^*(x) \frac{\hbar}{i} \frac{d}{dx} \psi(x) \, dx \qquad (20.58)$$

這就是座標表示法中的(20.48)式。

　　你現在應該開始看出一個有趣的規則。當我們想求狀態 $\mid \psi \rangle$ 的平均能量，我們發現

$$\langle E \rangle_{\text{平均}} = \langle \psi \mid \phi \rangle, \text{ 其中 } \mid \phi \rangle = \hat{H} \mid \psi \rangle$$

同樣的事情在座標世界中寫成

$$\langle E \rangle_{\text{平均}} = \int \psi^*(x)\phi(x) \, dx \text{ 其中 } \phi(x) = \mathcal{H}\psi(x)$$

　　這裡的 $\mathcal{H}$ 是**代數**算符，作用在 x 的函數上。當我們想求 x 的平均值，則我們得到

$$\langle x \rangle_{\text{平均}} = \langle \psi \mid \alpha \rangle, \text{ 其中 } \mid \alpha \rangle = \hat{x} \mid \psi \rangle$$

在座標世界中，相對應的方程式是

$$\langle x \rangle_{\text{平均}} = \int \psi^*(x)\alpha(x) \, dx, \text{ 其中 } \alpha(x) = x\psi(x)$$

當我們想求 p 的平均值，我們得到

$$\langle p \rangle_{\text{平均}} = \langle \psi \mid \beta \rangle, \text{ 其中 } \mid \beta \rangle = \hat{p} \mid \psi \rangle$$

在座標世界中，等價的方程式是

$$\langle p \rangle_{\text{平均}} = \int \psi^*(x)\beta(x) \, dx, \text{ 其中 } \beta(x) = \frac{\hbar}{i} \frac{d}{dx} \psi(x)$$

在每個例子中，我們都是從狀態 $|\psi\rangle$ 開始，然後用**量子力學**算符去產生另一個（假設的）狀態。在座標表示法中，我們將一個**代數**算符作用在波函數 $\psi(x)$ 上，以產生所對應的波函數。所以，我們有以下一對一的關係（對於一維問題而言）：

$$\hat{H} \rightarrow \hat{\mathcal{H}} = -\frac{\hbar^2}{2m}\frac{d^2}{dx^2} + V(x)$$

$$\hat{x} \rightarrow x \qquad\qquad (20.59)$$

$$\hat{p}_x \rightarrow \hat{\mathcal{P}}_x = \frac{\hbar}{i}\frac{\partial}{\partial x}$$

表 20-1

物理量	算 符	座標形式
能量	$\hat{H}$	$\hat{\mathcal{H}} = -\frac{\hbar^2}{2m}\nabla^2 + V(r)$
位置	$\hat{x}$	x
	$\hat{y}$	y
	$\hat{z}$	z
動量	$\hat{p}_x$	$\hat{\mathcal{P}}_x = \frac{\hbar}{i}\frac{\partial}{\partial x}$
	$\hat{p}_y$	$\hat{\mathcal{P}}_y = \frac{\hbar}{i}\frac{\partial}{\partial y}$
	$\hat{p}_z$	$\hat{\mathcal{P}}_z = \frac{\hbar}{i}\frac{\partial}{\partial z}$

在這個表中，我們引入了記號 $\hat{\mathcal{P}}_x$ 來代表代數算符 $(\hbar/i)(\partial/\partial x)$：

$$\hat{\mathcal{P}}_x = \frac{\hbar}{i}\frac{\partial}{\partial x} \qquad\qquad (20.60)$$

我們在 $\hat{\mathcal{P}}$ 放進了下標 x，以提醒你：我們只是在談論動量的 x 分量。

你很容易就可以把這些結果推廣到三維。對於動量的其他分量來說，

$$\hat{p}_y \to \hat{\wp}_y = \frac{\hbar}{i}\frac{\partial}{\partial y}$$

$$\hat{p}_z \to \hat{\wp}_z = \frac{\hbar}{i}\frac{\partial}{\partial z}$$

如果你願意，甚至可以設想一個動量**向量**的算符：

$$\hat{\boldsymbol{p}} \to \hat{\boldsymbol{\wp}} = \frac{\hbar}{i}\left(\boldsymbol{e}_x\frac{\partial}{\partial x} + \boldsymbol{e}_y\frac{\partial}{\partial y} + \boldsymbol{e}_z\frac{\partial}{\partial z}\right)$$

其中的 $\boldsymbol{e}_x$、$\boldsymbol{e}_y$、$\boldsymbol{e}_z$ 是三維空間中的單位向量。這個式子如果寫成以下的形式會更簡潔：

$$\hat{\boldsymbol{p}} \to \hat{\boldsymbol{\wp}} = \frac{\hbar}{i}\boldsymbol{\nabla} \tag{20.61}$$

我們所得到的一般結果，是起碼對於某些量子力學算符來說，它們在座標表示法中有相對應的代數算符。我們把已知的結果整理在表 20-1。對於每個算符而言，我們有兩個相等的形式：★

$$|\phi\rangle = \hat{A}|\psi\rangle \tag{20.62}$$

或

$$\phi(\boldsymbol{r}) = \mathcal{A}\psi(\boldsymbol{r}) \tag{20.63}$$

我們現在示範上述想法的應用。首先，我們指出 $\hat{\wp}$ 與 $\mathcal{x}$ 的關

★原注：在很多書中，$\hat{\mathcal{A}}$ 和 $\hat{A}$ 的記號是一樣的，因為一方面它們代表相同的物理，而另一方面也比較方便，以免必須寫兩種字體。你通常從上下文就可以瞭解記號究竟代表哪一種意思。

係：如果把 $\hat{\mathcal{P}}_x$ 作用兩次就得到

$$\hat{\mathcal{P}}_x \hat{\mathcal{P}}_x \;=\; -\hbar^2 \, \frac{\partial^2}{\partial x^2}$$

這表示我們可以寫下等式

$$\hat{\mathcal{H}} = \frac{1}{2m} \{ \hat{\mathcal{P}}_x \hat{\mathcal{P}}_x \;+\; \hat{\mathcal{P}}_y \hat{\mathcal{P}}_y \;+\; \hat{\mathcal{P}}_z \hat{\mathcal{P}}_z \} \;+\; V(\boldsymbol{r})$$

或者利用向量記號寫成

$$\hat{\mathcal{H}} \;=\; \frac{1}{2m} \, \hat{\boldsymbol{\mathcal{P}}} \cdot \hat{\boldsymbol{\mathcal{P}}} \;+\; V(\boldsymbol{r}) \qquad\qquad (20.64)$$

（在代數算符中，任何沒有算符記號「^」的項都只是直接相乘而已。）這個方程式很棒，因為它很容易記憶（假如你沒有忘記古典力學）。任何人都知道（非相對論）能量只是動能 $p^2/2m$ 加上位能，而 $\hat{\mathcal{H}}$ 正代表總能量的算符。

這個結果讓很多人印象非常深刻，以致於想在教導學生任何量子力學之前，先教導他們所有的古典物理。（我們的看法不同！）但是這種相似的對比其實常會誤導人們；例如當你使用算符的時候，各個算符的**順序**非常重要，但是在古典方程式中並不是如此。

我們在第 17 章中以平移算符 $\hat{D}_x$（見(17.27)式）定義了一個算符 $\hat{p}_x$：

$$|\psi'\rangle \;=\; \hat{D}_x(\delta) \, |\psi\rangle \;=\; \left(1 + \frac{i}{\hbar} \, \hat{p}_x \delta\right) |\psi\rangle \qquad\qquad (20.65)$$

其中的 δ 是**很小**的位移。我們現在想證明這和新的定義是相等的。根據先前的討論，如果兩者相等，(20.65)式的意思應該就等於

$$\psi'(x) \;=\; \psi(x) \;+\; \frac{\partial \psi}{\partial x} \, \delta$$

可是等式的右邊只是 $\psi(x + \delta)$ 的泰勒展開式，這當然就是你把狀態

往左平移 δ（或把座標向右平移 δ）後所得的結果！所以 $\hat{p}$ 的兩種定義是相等的。

我們可以用這個事實來證明別的事情。假設在某個複雜系統中有一堆粒子，我們將它們標示爲 1、2、3、……等（爲了簡化事情，我們只討論一維的情形）。描述這個狀態的波函數是一個帶有全部座標 x_1、x_2、x_3、……等的函數。我們可以將這個函數記爲 $\psi(x_1, x_2, x_3,...)$。現在，我們將系統向左平移 δ，則新的方程式

$$\psi'(x_1, x_2, x_3, \ldots) = \psi(x_1 + \delta, x_2 + \delta, x_3 + \delta, \ldots)$$

可以寫成

$$\psi'(x_1, x_2, x_3, \ldots) = \psi(x_1, x_2, x_3, \ldots) \\ + \left\{ \delta \frac{\partial \psi}{\partial x_1} + \delta \frac{\partial \psi}{\partial x_2} + \delta \frac{\partial \psi}{\partial x_3} + \cdots \right\}$$

$$(20.66)$$

根據(20.65)式，狀態 $|\psi\rangle$ 的動量（我們稱它爲**總動量**）的算符正等於

$$\hat{p}_{總} = \frac{\hbar}{i} \left\{ \frac{\partial}{\partial x_1} + \frac{\partial}{\partial x_2} + \frac{\partial}{\partial x_3} + \cdots \right\}$$

但是這正等於

$$\hat{p}_{總} = \hat{p}_{x1} + \hat{p}_{x2} + \hat{p}_{x3} + \cdots \qquad (20.67)$$

所以動量算符仍然遵循「總動量是所有部分動量的和」這個規則。所有東西都恰當的兜在一起了，我們所說的很多事情都彼此相容。

20-6 角動量

爲了好玩，我們來看另一種運作：軌角動量的運作。在第 17

章中，我們藉由 $\hat{R}_z(\phi)$ 這個繞著 z 軸旋轉 ϕ 角度的算符，來定義算符 $\hat{J}_z$。我們在這裡考慮一個僅由波函數 $\psi(r)$ 來描述的系統，這波函數只是座標的函數，並沒有考慮電子也有向上或向下的自旋；也就是說，我們暫且忽略**內在**角動量，而只考慮**軌道**的部分。為了區別這兩者，我們將軌角動量稱為 $\hat{L}_z$，同時以旋轉無限小角度 ϵ 的算符來定義它：

$$\hat{R}_z(\epsilon)\,|\psi\rangle = \left(1 + \frac{i}{\hbar}\,\epsilon\,\hat{L}_z\right)|\psi\rangle$$

（請記得，這個定義只適用於沒有內在自旋變數的狀態 $|\psi\rangle$，這樣的狀態只取決於座標 $r = x, y, z$。）考慮繞著 z 軸旋轉很小角度 ϵ 所得的新座標系，如果我們從新座標系來看狀態 $|\psi\rangle$，所看到的新狀態將是

$$|\psi'\rangle = \hat{R}_z(\epsilon)|\psi\rangle$$

假如我們選擇用座標表示法來描述狀態 $|\psi\rangle$，也就是說用波函數 $\psi(r)$ 來描述，則我們預期

$$\psi'(r) = \left(1 + \frac{i}{\hbar}\,\epsilon\,\hat{\mathcal{L}}_z\right)\psi(r) \tag{20.68}$$

$\hat{\mathcal{L}}_z$ 是什麼？點 P 在**新**座標系中的座標為 x 與 y（其實應該是 x' 與 y'，但是我們去掉了那一撇），而 P 在原來座標系中的座標為 $x - \epsilon y$ 與 $y + \epsilon x$，見次頁的圖 20-2。既然在點 P 發現電子的機率幅不會受到座標旋轉的影響，我們就有

$$\psi'(x, y, z) = \psi(x - \epsilon y, y + \epsilon x, z) = \psi(x, y, z) - \epsilon y \frac{\partial \psi}{\partial x} + \epsilon x \frac{\partial \psi}{\partial y}$$

（記得 ϵ 是很小的角度）。因此

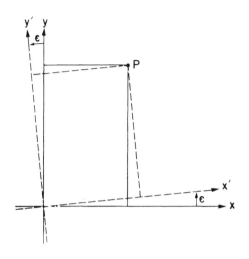

圖 20-2　繞著 z 軸旋轉──小角度 ϵ。

$$\hat{\mathcal{L}}_z = \frac{\hbar}{i}\left(x\frac{\partial}{\partial y} - y\frac{\partial}{\partial x}\right) \tag{20.69}$$

這就是答案了。但是請注意，它等於

$$\hat{\mathcal{L}}_z = x\hat{\mathcal{P}}_y - y\hat{\mathcal{P}}_x \tag{20.70}$$

回到量子力學算符，我們可以寫

$$\hat{L}_z = x\hat{p}_y - y\hat{p}_x \tag{20.71}$$

這個式子很容易記，因為它看起來和熟悉的古典力學公式一樣；它就是角動量 L 的 z 分量。

$$L = r \times p \tag{20.72}$$

這些算符玩意兒有意思的地方之一，是很多古典方程式可以轉成量子力學的形式。但有哪些式子不能呢？最好有些式子無法直接轉換過來，因為如果一切都可以，那麼量子力學就沒有什麼不同，我們也就沒有新物理了。以下是一個不同的例子：在古典物理中，

$$xp_x - p_x x = 0$$

但它在量子力學中會是什麼？

$$\hat{x}\hat{p}_x - \hat{p}_x\hat{x} = ?$$

我們用 x 表示法來算一下，我們擺入某個波函數 $\psi(x)$ 以便知道自己在做什麼；所以我們得計算

$$x\hat{\mathscr{P}}_x\psi(x) - \hat{\mathscr{P}}_x x\psi(x)$$

或

$$x\frac{\hbar}{i}\frac{\partial}{\partial x}\psi(x) - \frac{\hbar}{i}\frac{\partial}{\partial x}x\psi(x)$$

記得現在的微分算符要作用在其右邊的一切東西上面。因此我們得到

$$x\frac{\hbar}{i}\frac{\partial\psi}{\partial x} - \frac{\hbar}{i}\psi(x) - \frac{\hbar}{i}x\frac{\partial\psi}{\partial x} = -\frac{\hbar}{i}\psi(x) \qquad (20.73)$$

所以量子力學的答案**不是**零，全部的作用只是等於乘上 $-\hbar/i$：

$$\hat{x}\hat{p}_x - \hat{p}_x\hat{x} = -\frac{\hbar}{i} \qquad (20.74)$$

如果普朗克常數為零，則古典的結果和量子的結果會一樣，我們就沒有量子力學可學。

順帶一提，如果我們把兩個算符 $\hat{A}$ 和 $\hat{B}$ 以下面的形式擺在一起：

$$\hat{A}\hat{B} - \hat{B}\hat{A}$$

而且結果**不是**零，我們就說「這兩個算符不可交換」，並且把類似 (20.74)式的關係稱為「交換關係」。你可以看到 p_x 和 y 的交換關係是

$$\hat{p}_x\hat{y} - \hat{y}\hat{p}_x = 0$$

另外還有一個非常重要的交換關係和角動量有關，它就是

$$\hat{L}_x\hat{L}_y - \hat{L}_y\hat{L}_x = i\hbar\hat{L}_z \tag{20.75}$$

你可以藉著證明這個關係練習一下 $\hat{x}$ 和 $\hat{p}$ 算符的用法。

其實古典物理中也會出現不可交換的算符。當我們在討論空間中旋轉的時候，已經見過這種算符：你如果旋轉某個東西（例如一本書），先將它繞 x 軸旋轉 $90°$，然後繞 y 軸旋轉 $90°$，所得到的結果會和先繞 y 軸旋轉 $90°$，然後繞 x 軸旋轉 $90°$ 所得的結果不一樣。事實上，正是空間的這個性質讓我們有了(20.75)式。

20-7　隨時間變化的平均值

我們現在要告訴你一些別的東西：平均值如何隨時間而變呢？假設我們有一個算符 $\hat{A}$，它本身和時間並沒有明顯的關係。我們所指的是像 $\hat{x}$ 或 $\hat{p}$ 這種算符〔這裡所排除的是，（比如說）會隨時間變化的外位能算符，如 $V(x, t)$ 這類東西〕。如果我們計算某個狀態的 $\langle A \rangle_{\text{平均}}$，也就是

$$\langle A \rangle_{平均} = \langle \psi \mid \hat{A} \mid \psi \rangle \tag{20.76}$$

平均值 $\langle A \rangle_{平均}$ 會如何隨時間而變？它為什麼必須這樣？一個可能的答案是：算符本身明顯的取決於時間，例如它和隨時間變化的位能如 $V(x, t)$ 有關。但是即使算符和時間無關，例如 $\hat{A} = \hat{x}$，所對應的平均值還是可能取決於時間：粒子的平均位置當然可能會移動。這樣的變化如何得自(20.76)式，即便 $\hat{A}$ 與時間無關？關於這個嘛，狀態 $\mid \psi \rangle$ 可能會隨時間而變。對於非定態的狀態來說，我們常常將它寫成 $\mid \psi(t) \rangle$ 以清楚的展現它會隨時間而變。我們要證明 $\langle A \rangle_{平均}$ 的變化速率是取決於一個稱為 $\dot{\hat{A}}$ 的新算符。請記得 $\hat{A}$ 是一個算符，所以在 A 頭上放一個點並不代表對時間取微分，而只是一種寫下**新算符 $\dot{\hat{A}}$** 的方式；$\dot{\hat{A}}$ 的定義是

$$\frac{d}{dt} \langle A \rangle_{平均} = \langle \psi \mid \dot{\hat{A}} \mid \psi \rangle \tag{20.77}$$

問題在於找出算符 $\dot{\hat{A}}$。

首先，我們知道一個狀態的變化速率取決於哈密頓方程式：

$$i\hbar \frac{d}{dt} \mid \psi(t) \rangle = \hat{H} \mid \psi(t) \rangle \tag{20.78}$$

這個方程式只是原先哈密頓矩陣定義的一種抽象表達方式：

$$i\hbar \frac{dC_i}{dt} = \sum_j H_{ij} C_j \tag{20.79}$$

如果我們取(20.78)式的共軛複數，它就成為

$$-i\hbar \frac{d}{dt} \langle \psi(t) \mid = \langle \psi(t) \mid \hat{H} \tag{20.80}$$

再來，我們取(20.76)式對於時間 t 的微分。既然每個 ψ 都取決於 t，我們就有

$$\frac{d}{dt}\langle A\rangle_{平均} = \left(\frac{d}{dt}\langle\psi|\right)\hat{A}|\psi\rangle + \langle\psi|\hat{A}\left(\frac{d}{dt}|\psi\rangle\right) \tag{20.81}$$

最後，利用(20.78)與(20.80)式來取代 $|\psi\rangle$ 的微分，則

$$\frac{d}{dt}\langle A\rangle_{平均} = \frac{i}{\hbar}\{\langle\psi|\hat{H}\hat{A}|\psi\rangle - \langle\psi|\hat{A}\hat{H}|\psi\rangle\}$$

這個方程式跟

$$\frac{d}{dt}\langle A\rangle_{平均} = \frac{i}{\hbar}\langle\psi|(\hat{H}\hat{A} - \hat{A}\hat{H})|\psi\rangle$$

一樣。比較上面的式子與(20.77)式，就可以看出來：

$$\dot{\hat{A}} = \frac{i}{\hbar}(\hat{H}\hat{A} - \hat{A}\hat{H}) \tag{20.82}$$

這就是我們有趣的結果，它適用於任何算符 $\hat{A}$。

順帶一提，如果算符 $\hat{A}$ **本身**就取決於時間，則我們就有

$$\dot{\hat{A}} = \frac{i}{\hbar}(\hat{H}\hat{A} - \hat{A}H) + \frac{\partial\hat{A}}{\partial t} \tag{20.83}$$

我們現在拿個例子，來試一下(20.82)式，看看會不會得到合理的結果。例如，對應到 $\hat{x}$ 的算符是什麼？我們的結果說它是

$$\dot{\hat{x}} = \frac{i}{\hbar}(\hat{H}\hat{x} - \hat{x}\hat{H}) \tag{20.84}$$

不過這是什麼？我們可以在座標表示法中，用代數算符 $\mathcal{H}$ 來把它算出來。在這個表示法中，交換算符是

$$\mathcal{H}x - x\mathcal{H} = \left\{-\frac{\hbar^2}{2m}\frac{d^2}{dx^2} + V(x)\right\}x - x\left\{-\frac{\hbar^2}{2m}\frac{d^2}{dx^2} + V(x)\right\}$$

如果將這個算符作用於任何波函數 $\psi(x)$ 上，然後算出所有的微分，你最後會得到

$$-\frac{\hbar^2}{m}\frac{d\psi}{dx}$$

但是這正等於

$$-i\frac{\hbar}{m}\hat{p}_x\psi$$

所以我們發現

$$\hat{H}\hat{x} - \hat{x}\hat{H} = -i\frac{\hbar}{m}\hat{p}_x \qquad (20.85)$$

或是

$$\dot{\hat{x}} = \frac{\hat{p}_x}{m} \qquad (20.86)$$

很漂亮的結果！它的意思是如果 x 的平均值會隨時間而變，則重心的移動正等於平均動量除以 m。這和古典力學的情形完全一樣。

　　另一個例子：什麼是某狀態平均動量的變化率？這是同樣的遊戲。這個算符是

$$\dot{\hat{p}} = \frac{i}{\hbar}(\hat{H}\hat{p} - \hat{p}\hat{H}) \qquad (20.87)$$

你可以再一次利用 x 表示法。記得 $\hat{p}$ 得變成 d/dx，所以你得要取（$\hat{\mathscr{H}}$ 中的）位能 V 的微分，但只有在第二項裡。事實上，這正是唯一不會相消去的項。你的結果會是：

$$\hat{\mathscr{H}}\hat{p} - \hat{p}\hat{\mathscr{H}} = i\hbar\frac{dV}{dx}$$

或者說

$$\dot{\hat{p}} = -\frac{dV}{dx} \qquad (20.88)$$

這又和古典結果一樣。因為右手邊是力，所以我們得到了牛頓定

律！不過請記得：我們從這些**算符**定律所得到的是**平均**值。它們並不描述原子內部所發生的細節。

　　量子力學和古典物理的主要差異是 $\hat{p}\hat{x}$ 並不等於 $\hat{x}\hat{p}$；兩者差了一點點：差了 $i\hbar$ 這個很小的數字。但是所有奇妙的現象如干涉、波、以及一切，都來自 $\hat{x}\hat{p} - \hat{p}\hat{x}$ 不等於零這件小事。

　　這個想法的歷史也很有趣。海森堡（Werner K. Heisenberg, 1901-1976）與薛丁格在 1926 年的數個月內，發現了描述原子力學的正確定律。薛丁格發明了他的波函數 $\psi(x)$，並找到了他的方程式。反之，海森堡則發現自然可以用古典力學來描述，除了 $xp - px$ 應該等於 $i\hbar$；他以特定的矩陣來定義這些量，以便讓這個等式成立。以我們的語言來說，海森堡用的是矩陣形式的能量表示法。無論是海森堡的矩陣代數或是薛丁格的微分方程式，都可以解釋氫原子。幾個月後，薛丁格證明了這兩種理論是相等的，正如我們在這裡所看到的；可是量子力學的兩種數學形式是獨立發現的。

第21章

古典情境中的薛丁格方程式：

一場關於超導體的演講

21-1 磁場中的薛丁格方程式

這一堂課只是爲了娛樂而已。我想要以稍微不一樣的方式來上這堂課，目的只是想看看這麼做的效果如何。這堂課並不是這門課的一部分，因爲我們不應該到了學期的最後一刻還想教你一些新東西。所以，我把這堂課想像成是一場量子力學的專題演講或研究報告，對象是程度更高且已經學過量子力學的聽衆。專題演講與正規上課的主要區別在於，專題演講者不必把每一步細節或計算都講解清楚。他會說：「如果你這麼做，就會得到那樣的東西，」而不會把所有細節講出來。所以這堂課將全部在描述概念，我只會告訴你計算的**結果**。你必須體認你不必馬上瞭解所有的東西，而只要（約略）相信如果你眞得去做計算，我告訴你的答案就會出現。

交代過這些之後，我想先說這堂課的內容是我**想要**講的東西。它們是最近才發展出來的新鮮東西，很適合專題演講的內容。我選的主題就是古典情境中的薛丁格方程式——超導體。

平常薛丁格方程式中的波函數只適用於一個或兩個粒子，而且這些波函數本身並沒有古典意義，與電場、向量位勢或其他類似的東西不一樣。單一粒子的波函數是一個「場」，意思是這個波函數是空間位置的函數，但是一般而言它並沒有古典意義。可是在某些狀況下，量子力學波函數**的確**有古典意義，我今天就是想談談這件事。物質在微觀尺度下的奇異量子行爲，通常不會展現於巨觀尺度——除了它會以標準的方式產生牛頓定律（即所謂的古典力學定律）。

如果溫度極低，這時系統的能量會降得非常非常低，所以我們只需考慮基態附近極少數的狀態，而不必去管其他數目極多的狀

態。在這種情況下，基態的量子特性就可能出現在巨觀的尺度上。這堂課的目的就在於告訴你，量子力學與大尺度效應間的關聯，這和我們通常所提到的，量子力學在平均之下會導致牛頓力學不一樣，而是一種量子力學會在大或者說「巨觀」尺度下產生其特性效應的特殊狀況。

　　我首先提醒你薛丁格方程式的一些性質。＊ 我想要用薛丁格方程式描述一個粒子在磁場中的行為，原因是超導現象牽涉到了磁場。外在磁場是由向量位勢來描述的，因此問題就是：在向量位勢中的量子力學定律是什麼？描述量子力學在向量位勢中的行為所需用到的原理很簡單：如果有磁場存在，粒子沿某條路徑從一個地方跑到另一個地方的機率幅，等於在沒有磁場下沿同一條路徑的機率幅再乘一個因子，這個因子是一個指數函數，其指數等於「向量位勢的線積分」乘上「電荷」除以「普朗克常數」[1]（見次頁圖21-1）：

$$\langle b \mid a \rangle_{\text{在 } A \text{ 中}} = \langle b \mid a \rangle_{A=0} \cdot \exp\left[\frac{iq}{\hbar} \int_a^b \boldsymbol{A} \cdot d\boldsymbol{s} \right] \qquad (21.1)$$

這是量子力學基本定律。

　　如果沒有向量位勢，帶電粒子（非相對論性、沒有自旋）的薛丁格方程式是

$$-\frac{\hbar}{i} \frac{\partial \psi}{\partial t} = \hat{\mathcal{H}} \psi = \frac{1}{2m} \left(\frac{\hbar}{i} \boldsymbol{\nabla} \right) \cdot \left(\frac{\hbar}{i} \boldsymbol{\nabla} \right) \psi + q\phi\psi \qquad (21.2)$$

　　＊原注：我不是真的在提醒你，因為我並沒對你們解說過這些公式，但要記得專題演講的性質就是這樣。
　　[1]原注：請見第 II 卷的 15-5 節。

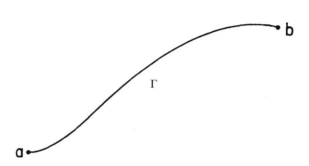

<u>圖 21-1</u>　粒子沿路徑 Γ 從 a 到 b 的機率幅與 $\exp\left[\dfrac{iq}{\hbar}\displaystyle\int_a^b \boldsymbol{A}\cdot d\boldsymbol{s}\right]$ 成正比

其中的 ϕ 代表電位，所以 $q\phi$ 是電位能。★　(21.1)式等於在說如果磁場不為零，我們必須把哈密頓算符中的每一個梯度（gradient）用梯度減去 $q\boldsymbol{A}$ 來取代，也就是說(21.2)式會變成

$$-\frac{\hbar}{i}\frac{\partial \psi}{\partial t} = \mathcal{H}\psi = \frac{1}{2m}\left(\frac{\hbar}{i}\boldsymbol{\nabla} - q\boldsymbol{A}\right)\cdot\left(\frac{\hbar}{i}\boldsymbol{\nabla} - q\boldsymbol{A}\right)\psi + q\phi\psi$$

$$(21.3)$$

這就是所帶電荷為 q 的粒子（非相對論性、沒有自旋）在電磁場 $\boldsymbol{A}$，ϕ 之中運動時所遵循的薛丁格方程式。

　　我想用一個簡單的例子，來證明這個式子是真的，這個簡單的情況就是先不考慮連續的情形，而考慮一排沿 x 軸的原子，原子之間的距離是 b，在沒有電磁場的情況下，電子從一個原子跳到隔壁

★原注：不要跟我們之前把 ϕ 用在標示狀態的情況搞混。

原子的機率幅是 $-K$。◆ 根據(21.1)式，如果在 x 方向上有向量位勢 $A_x(x, t)$，那麼跳躍的機率幅就得乘上一個因子 $\exp\left[(iq/\hbar)A_x b\right]$，其中的指數等於 $iq/\hbar$ 乘上向量位勢對於空間位置從一個原子到另一個原子的積分。為了簡單起見，我們把 $(q/\hbar)A_x$ 寫成 $f(x)$，因為 A_x 通常是 x 的函數。如果在位於 x 的原子「n」上發現電子的機率幅是 $C(x) \equiv C_n$，則這個機率幅的變化率將滿足以下的方程式：

$$-\frac{\hbar}{i}\frac{\partial}{\partial t}C(x) = E_0 C(x) - Ke^{-ibf(x+b/2)}C(x + b) \\ - Ke^{+ibf(x-b/2)}C(x - b) \tag{21.4}$$

上式等號右邊有三項。首先，位於 x 的電子帶有能量 E_0，因此和往常一樣我們有 $E_0 C(x)$ 這一項。其次有 $-KC(x + b)$ 這一項，它是電子從位於 $x + b$ 的原子「$n + 1$」向後跳一步的機率幅。不過如果存在著向量位勢，這個跳躍機率幅的相位，就必須根據(21.1)式的規則來修正。如果 A_x 在兩個原子間距離這樣的範圍內變化不大，那麼積分就可以寫成 A_x 在中間點的值乘上原子間距離 b，所以 $(iq/\hbar)$ 乘以積分就等於 $ibf(x + b/2)$。既然電子是向後跳，我在相位上多放了一個負號。這就是第二項。依據同樣的道理，電子有某個機率幅讓它從另一端跳過來，但是這一次我們需要把位於 x 另一端，與 x 距離為 $(b/2)$ 處的向量位勢乘上距離 b，這樣就得到了第三項。這三項的和正是位於向量位勢中的電子出現在 x 的機率幅。

我們現在知道如果函數 $C(x)$ 足夠平滑（我們取長波長的極限），同時原子彼此靠得很近，則(21.4)式就會逼近電子在真空中的行為。所以下一步就是將(21.4)式等號兩邊展成 b 的級數，並假設 b 很小。比如說，如果 b 等於零，則右邊就只是 $(E_0 - 2K)C(x)$。所以

◆原注：這裡的 K 和先前無磁場線性晶格問題中的 A 是同樣的量。見第13章。

在零階近似下，能量等於 $E_0 - 2K$。再來是 b 的高次方項。但是既然兩個指數的正負號正好相反，所以展式中只留下 b 的偶次方項（因為奇次方項彼此相消掉了）。因此如果取 $C(x)$、$f(x)$，以及指數因子的泰勒展開式，然後把和 b^2 成正比的項整理在一起，就會得到

$$-\frac{\hbar}{i}\frac{\partial C(x)}{\partial t} = E_0 C(x) - 2KC(x)$$
$$- Kb^2\{C''(x) - 2if(x)C'(x) \qquad (21.5)$$
$$- if'(x)C(x) - f^2(x)C(x)\}$$

（上式中「一撇」的符號代表對於 x 的微分。）

這一堆恐怖的組合看起來相當複雜，但是它其實完全等於

$$-\frac{\hbar}{i}\frac{\partial C(x)}{\partial t} = (E_0 - 2K)C(x)$$
$$- Kb^2\left[\frac{\partial}{\partial x} - if(x)\right]\left[\frac{\partial}{\partial x} - if(x)\right]C(x)$$
$$(21.6)$$

上式右邊的第二個括弧作用在 $C(x)$ 上之後，就會得到 $C'(x)$ 加上 $if(x)C(x)$，接下來第一個括弧作用在這兩項上後，就得到 C'' 項加 $f(x)$ 的一次微分項與 $C(x)$ 的一次微分項。你們還記得在(21.6)式在零磁場 [2] 下的解，代表了一個有效質量為 m_{eff} 的粒子，m_{eff} 與其他常數的關係是

$$Kb^2 = \frac{\hbar^2}{2m_{\text{eff}}}$$

如果令 $E_0 = 2K$，並讓 $f(x)$ 回復成 $(q/\hbar)A_x$，你就可以很容易的看到(21.6)式和(21.3)式右邊的第一部分一樣。（(21.3)式裡位能項的來

[2] 原注：請見 13-3 節。

源,大家都很清楚,所以我的討論沒有把它包括進來。)總之,(21.1)式的意義(即由於向量位勢的存在,所有的機率幅都會多一項指數因子)和把薛丁格方程式中的動量算符$(\hbar/i)\nabla$以

$$\frac{\hbar}{i}\nabla - q\mathbf{A}$$

來替代是一樣的,如(21.3)式所示。

21-2 機率的連續方程式

我現在要來談第二點。關於單一粒子的薛丁格方程式有一個很重要的想法,那就是在某個地方發現粒子的機率,來自於波函數的絕對值平方。這個機率是守恆的(就一個局部的意義而言),這也是量子力學的特性之一。如果我們在某個地方找到電子的機率減少,而在另一個地方找到電子的機率增加(這樣子總機率才會保持不變),則兩個地方之間一定有某些事發生。換句話說,電子有連續性:當某地的機率減少,而另外一個地方的機率變大,就必然有某種東西從一地流到另一地。如果我們在兩地之間擺上障礙,例如一堵牆,它就會有些影響,所以機率將會改變。

光有機率守恆並不能構成守恆律的完整內容,就好像光是能量守恆這件事,並不如**局部**能量守恆那樣深刻與重要。[3] 如果能量正在消失,一定會有對應的能量流。同樣的,我們也想找出一種機率「流」,使得如果機率密度(在單位體積內找到電子的機率)有任何變化,我們可以把這變化看成是由於某種流的流進或流出。這個機

---

[3] 原注:請見第 II 卷的 27-1 節。

率流會是一個向量：其 x 分量是每秒每單位面積一個粒子在 x 方向上通過一個平行於 yz 面的平面的淨機率。我們把往 $+x$ 方向移動的流看成正流，把往相反方向的移動當成是負流。

到底有沒有這樣一種流？這麼講吧，你知道機率密度 $P(\mathbf{r}, t)$ 可以用波函數表成

$$P(\mathbf{r}, t) = \psi^*(\mathbf{r}, t)\psi(\mathbf{r}, t) \tag{21.7}$$

我要問：有沒有一個流 $\mathbf{J}$ 使得

$$\frac{\partial P}{\partial t} = -\boldsymbol{\nabla} \cdot \mathbf{J} \tag{21.8}$$

如果我們取(21.7)式的微分，會得到兩項：

$$\frac{\partial P}{\partial t} = \psi^* \frac{\partial \psi}{\partial t} + \psi \frac{\partial \psi^*}{\partial t} \tag{21.9}$$

現在把薛丁格方程式(21.3)式用於 $\partial\psi/\partial t$，然後取其共軛複數來得到 $\partial\psi^*/\partial t$（每一個 i 的正負號都顛倒過來），就得到

$$\frac{\partial P}{\partial t} = -\frac{i}{\hbar}\left[\psi^* \frac{1}{2m}\left(\frac{\hbar}{i}\boldsymbol{\nabla} - q\mathbf{A}\right) \cdot \left(\frac{\hbar}{i}\boldsymbol{\nabla} - q\mathbf{A}\right)\psi + q\phi\psi^*\psi \right.$$
$$\left. - \psi \frac{1}{2m}\left(-\frac{\hbar}{i}\boldsymbol{\nabla} - q\mathbf{A}\right) \cdot \left(-\frac{\hbar}{i}\boldsymbol{\nabla} - q\mathbf{A}\right)\psi^* - q\phi\psi\psi^* \right] \tag{21.10}$$

位能項以及其他很多項都消掉了。我們發現剩下的東西，的確可以寫成某個向量的散度：整個方程式正等於

$$\frac{\partial P}{\partial t} = -\boldsymbol{\nabla} \cdot \left\{ \frac{1}{2m}\psi^*\left(\frac{\hbar}{i}\boldsymbol{\nabla} - q\mathbf{A}\right)\psi + \frac{1}{2m}\psi\left(-\frac{\hbar}{i}\boldsymbol{\nabla} - q\mathbf{A}\right)\psi^* \right\} \tag{21.11}$$

這個方程式其實沒有表面上看起來那麼複雜，它是一種對稱組合：$\psi*$乘上某個算符作用在ψ上，加上ψ乘上共軛算符作用在$\psi*$上。它是某個量加上其共軛複數，所以整個東西是實數——它本當如此。我們可以用以下的方式來記憶這個算符：它只是動量算符減掉qA。我可以把(21.8)式中的「流」寫成

$$J = \frac{1}{2} \left\{ \psi* \left[\frac{\hat{\mathcal{P}} - qA}{m} \right] \psi + \psi \left[\frac{\hat{\mathcal{P}} - qA}{m} \right]* \psi* \right\} \quad (21.12)$$

我們這樣子就找到了滿足(21.8)式的流J。

　　(21.11)式顯示了機率在局部上是守恆的。如果一個粒子從某個區域消失，它不可能出現在另一個區域，除非兩個區域間有些事情發生。想像有一個封閉曲面環繞第一個區域，假設這個封閉區面離開區域中心足夠遠，以致於在封閉區面上發現電子的機率為零。我們在封閉區面內部找到電子的機率是P的體積分。可是根據高斯定理，J的散度的體積分等於J的面積分；如果ψ在封閉曲面上為零，根據(21.12)式J在封閉曲面上也為零，所以在封閉曲面內部發現粒子的機率不會改變。只有當某些機率會接近封閉區面附近，機率才有可能漏出來。我們可以說機率只有藉由通過區面才能跑出來——這正是局部守恆律。

21-3　兩種動量

　　機率流的方程式相當有趣，但有時也引起一些憂慮。你應該會認為流是類似粒子密度乘上速度的東西，而密度應該是類似$\psi\psi*$的東西，這是沒錯的。(21.12)式中的每一項看起來像是算符

$$\frac{\hat{\mathscr{P}} - q\mathbf{A}}{m} \tag{21.13}$$

的平均值的典型模樣，所以或許我們應該將它想成爲速度流。這麼一來，速度與動量之間的關係好像就有兩種可能的答案，因爲我們也以爲動量除以質量 $\hat{\mathscr{P}}/m$，應該就是速度。這兩種速度與動量關係的差別在於向量位勢。

　　事實上，這兩種可能性也出現在古典物理中。人們發現動量可以有兩種定義方式，[4] 其中之一稱爲「運動學動量」（kinematic momentum），不過我在這裡將把它稱爲「mv 動量」，這樣子就絕對不會弄錯。這個動量就是把質量和速度乘起來所得到的動量。另外還有一個更數學也更抽象的動量，有時稱爲「動力學動量」，但我將稱它爲「p 動量」。所以這兩種動量就是

$$mv \text{ 動量} = m\mathbf{v} \tag{21.14}$$

$$p \text{ 動量} = m\mathbf{v} + q\mathbf{A} \tag{21.15}$$

我們發現只要磁場不爲零，在量子力學中對應到梯度算符 $\hat{\mathscr{P}}$ 的是 p 動量，因此(21.13)式所對應的正是速度算符。

　　我想稍微離題的向你說明一下這一切究竟是怎麼回事──爲什麼量子力學中一定得有類似(21.15)式的東西。波函數是根據(21.3)式這個薛丁格方程式隨時間而變的。如果我突然改變向量位勢，波函數並不會在第一瞬間就跟著改變，只有波函數的時間變化率會馬

---

[4] 原注：例如參考 J. D. Jackson, *Classical Electrodynamics*, John Wiley and Sons, Inc. New York (1962), P.408 。

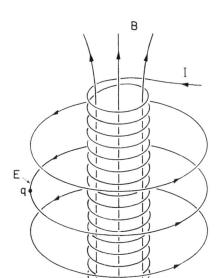

圖21-2 電流持續增加的螺線管外的電場

上跟著改變。現在想一想在以下的狀況下會發生什麼事。假設我有個長螺線管（solenoid），我可以在螺線管內產生磁場（B場）通量（如圖21-2所示），這時附近有一個帶電粒子。假如磁通量幾乎瞬間從零變成某個不為零的值，也就是說我從零向量位勢開始，然後施加一向量位勢；這表示我忽然間產生了環繞螺線管的向量位勢 A。你應該記得 A 繞著一個迴圈的線積分，等於穿過這迴圈的磁場 B 通量。[5] 當我突然施加一個向量位勢時，會發生什麼事？根據量子力

[5] 原注：請見第 II 卷的第 4 章，14-1 節。

學方程式，A 突然改變並不會造成 ψ 也突然改變。波函數仍然是一樣的，所以波函數的梯度也沒有改變。

但是當我突然施加一個磁通量時，從電的角度看，請回想會發生什麼事。在磁通量變化的短暫時刻內，有一個電場出現了，它的線積分是磁通量對於時間的變化率：

$$E = -\frac{\partial A}{\partial t} \tag{21.16}$$

如果磁通量變化得很快，這個電場就很大；它會施力於帶電粒子，力的大小等於電荷乘上電場。所以在磁通量建立起來的這段時間內，粒子會獲得一個等於 $-qA$ 的總衝量（impulse，也就是 $m\boldsymbol{v}$ 的變化量）。換句話說，如果你突然對電荷施加一個向量位勢，這電荷就馬上得到一個等於 $-qA$ 的「mv」動量。但是有一個東西是不會馬上改變的，那就是 $m\boldsymbol{v}$ 與 $-qA$ 之差。因此 $\boldsymbol{p} = m\boldsymbol{v} + qA$ 這個和，是不會在你突然改變向量位勢的時候也跟著變化的。$\boldsymbol{p}$ 這個量就是我們稱為 p 動量的東西，它在古典動力學理論中非常重要。這個量取決於波函數的特性，我們應該將它與算符

$$\hat{\boldsymbol{p}} = \frac{\hbar}{i}\nabla$$

對應起來。

21-4 波函數的意義

當薛丁格最初發現他的方程式之時，他就發現了(21.8)式這個守恆律可以從方程式導出來。但是他把 P 錯想成是電子的電荷密度，也把 J 錯想成是電流密度，所以他以為電子是透過這些電荷與

電流而與電磁場有交互作用。當他針對氫原子的狀況解出了他的方程式，並算出了 ψ 的時候，薛丁格並不是在算什麼機率，那時候還沒有機率幅的概念，對於薛丁格方程式的詮釋完全與現在不同。原子核是靜止的，可是周圍有電荷在流動，電荷 P 與電流 J 會產生電磁場，所以原子會發射光。但他在做了幾個問題後就很快的發現這樣的解釋有問題。

就在這時，玻恩（Max Born, 1882-1970）對於如何理解量子力學提出了一個關鍵性的想法，他正確的（就我們所知）將薛丁格方程式中的波函數 ψ 解釋成機率幅，也就是說他提出了這個非常困難的想法——機率幅的絕對值平方並非電荷密度，而只是在某處單位體積內找到電子的機率，而且當你在某處找到電子的時候，全部的電荷都會在那裡。這些想法全是玻恩提出來的。

這麼一來，原子內電子的波函數 $\psi(r)$ 就不是描述一個有平滑電荷密度而散布開來的電子。電子若不是在這裡，就是在那裡，或在某個地方，但是不管它在那裡，它都是一個點電荷。不過從另一個角度看，如果我們有極多的電子都處於同一個狀態，即非常多的電子有完全一樣的波函數，那會如何呢？其中一個會在這裡，另一個會在那裡，發現它們其中一個在某個地方的機率是與 $\psi\psi^*$ 成正比。

不過既然有非常多的粒子，如果我往任何體積 $dxdydz$ 裡頭看，我大致上會找到 $\psi\psi^* \, dx \, dy \, dz$ 個粒子。所以一旦有極多的粒子處於相同狀態，而 ψ 正是每個粒子的波函數時，$\psi\psi^*$ 就**可以**解釋成粒子密度。如果這時每一個粒子都帶有相同的電荷 q，我們便可以進一步的將 $\psi\psi^*$ 解釋成**電荷**密度。平常我們讓 $\psi\psi^*$ 帶有機率密度的單位，所以 $\psi\psi^*$ 必須乘上 q 才具有電荷密度的單位。就我們目前的需要而言，我們將讓 $\psi\psi^*$ 乘上這個常數，以使得 $\psi\psi^*$ 本身就等於電荷密度。在這情況下，J（前面算過的機率流）就直接成為電

流密度。

　　所以如果有非常多的粒子全都處於一模一樣的狀態，我們就可以賦予波函數新的物理詮釋。電荷與電流可以直接從波函數算出來，而且波函數也獲得了能夠延伸到古典與巨觀狀況的物理意義。

　　類似的事情也可以發生在中性粒子上。一個光子的波函數就是在某個地方找到光子的機率幅，雖然我們還沒有寫下過光子波函數的方程式，這個光子波函數的確滿足某個類似電子薛丁格方程式的數學方程式。其實光子方程式只是電磁場的馬克士威方程式，光子波函數則只是向量位勢 A。我們發現波函數只是向量位勢。這裡量子物理和古典物理一樣，因為光子是沒有交互作用的玻色子，而且很多光子可以處於相同的狀態──其實你知道它們**喜歡**位於同一個狀態。一旦你有數十億個光子處於同樣的狀態（也就是同一個電磁波），你就可以直接測量波函數，也就是向量位勢。當然，歷史的進展不是這樣子的。最初的觀察是對於很多光子處在相同狀態的狀況，所以我們能夠藉由在巨觀的層次上，直接觀察光子波函數的性質而發現單一光子的正確方程式。

　　但是對於電子來說，問題在於是你不能讓兩個以上的電子處於相同的狀態。所以人們長久以來相信薛丁格方程式的波函數絕對不會有一種巨觀表現──類似光子機率幅的那種巨觀表現。不過我們現在已經瞭解超導體現象正提供了一種這樣的巨觀表現。

21-5　超導體

　　如你所知，很多金屬在某個溫度（不同的金屬有不同的溫度[6]）下會變成超導體。當你把溫度降得夠低，金屬就可以無阻力的導電。我們在很多（但不是全部）金屬上都觀察到這個現象，同時這

個現象的理論是很令人頭大的問題。我們花了很長的時間才瞭解超導體內部究竟發生了什麼事，我將只描述這堂課所需的部分。人們發現由於電子和晶格中原子的振盪有交互作用，兩個電子之間存在一項很小的淨有效**吸力**。結果是電子會（以定性和粗糙的講法來說）一對一對的束縛在一起。

你知道一個電子是費米子，但是束縛在一起的一對電子會像是玻色子，因為如果我把電子對中的兩個電子，都與另一電子對的兩個電子互換，我將改變波函數的正負號兩次，因此我什麼也沒有改變，所以一電子對**是**一個玻色子。

電子對的能量，也就是其淨吸力，非常非常微弱。只要有一點溫度，電子對就會受熱擾動分裂開來，而恢復成「正常」電子。但是如果溫度足夠低，電子必須想盡法子進入最低能量態，於是它們就會兩兩形成電子對。

我不希望你將電子對想像成是束縛的很緊、像是點粒子的東西。事實上，最初理解超導現象的困難之一，就是事情不是這樣子的，形成電子對的兩個電子其實離得相當遠，電子對之間的平均距離與一個電子對的大小相比，還要小上不少。在同一時間，許多電子對可以占據同一個地方。最近理論物理的一項大勝利就是理解了金屬中的電子為什麼會束縛成對，以及正確的估計出電子對成形所減低的能量。首先正確的解釋了超導體基本要點的是巴丁（J. Bardeen, 1908-1991）、古柏（L. N. Cooper, 1930-）、施里弗（J. R.

---

[6] 原注：最先是開默林昂內斯（H. Kamerlingh Onnes, 1853-1926）在 1911 年發現的，並發表於 Comm. Phys. Lab., Univ. Leyden, Nos. 119, 120, 122 (1911)。你會在 E. A. Lynton, *Superconductivity*, John Wiley and Sons, Inc., New York, 1962 上找到對於此一題材最新的討論。

Schrieffer, 1931-) [7] 等三人的理論，不過那不是這場演講的主題。但是我們會接受電子的確會以某種形式形成電子對，同時我們大致上可以把這些電子對看成是粒子，並且可以談論一個「電子對」的波函數。

電子對的薛丁格方程式大致上類似(21.3)式，區別之一是電荷 q 將是電子電荷的兩倍。此外，我們也不知道晶格中電子對的慣性（有效質量）為何，所以我們不知道該將 m 設定成什麼值。我們也不應該認為這個方程式在頻率很高（波長很短）的時候還適用，因為變化很快的波函數所帶的動能，可能會大到足以分裂電子對。如果溫度不為零，根據一般的波茲曼理論，總有少數電子對會分裂開來。電子對分裂開來的機率與 $\exp(-E_{電子對}/kT)$ 成正比。沒有結合成電子對的電子稱為「正常」電子，它們會以平常的方式在晶格中運動。我將只考慮零溫度的情形，或者說，我將忽略掉那些「正常」電子造成的影響。

既然電子對是玻色子，一旦有很多電子對已經處於某個狀態，其他電子對就會有特別大的機率幅讓它們也進入那個狀態。所以幾乎所有的電子對都會以**完全相同的狀態**被鎖在最低的能量中，這時其中之一的電子對將很不容易進入其他的狀態。電子對進入相同狀態的機率幅要遠大於進入尚未被占據狀態的機率幅，兩者差了個著名的因子 $\sqrt{n}$，這裡的 $n-1$ 是已在最低能量態的電子對數目。所以我們預期所有的電子對會以相同的狀態運動。

如果這樣，我們的理論看起來是什麼樣子？我將把位於最低能量態的電子對波函數稱為 ψ，不過既然 $\psi\psi^*$ 將會和電荷密度成正

[7] 原注：請參考 J. Bardeen, L. N. Cooper, and J. R. Schrieffer, *Phys. Rev.* **108**, 1175(1957)。

比，我乾脆就把 ψ 寫成電荷密度的平方根再乘上某個相位因子：

$$\psi(\mathbf{r}) = \rho^{1/2}(\mathbf{r})e^{i\theta(\mathbf{r})} \qquad (21.17)$$

其中的 ρ 與 θ 是 $\mathbf{r}$ 的實函數。（當然，任何複數函數都可以寫成這個樣子。）我們很清楚電荷密度的意義，但是波函數的相位 θ 有什麼物理意義呢？這樣吧，讓我們把 $\psi(\mathbf{r})$ 代入(21.12)式中，並且以這些新變數 ρ 與 θ 來表示電流密度。這只是變數變換而已，我不必把代數交代清楚，總之答案是

$$\mathbf{J} = \frac{\hbar}{m}\left(\nabla\theta - \frac{q}{\hbar}\mathbf{A}\right)\rho \qquad (21.18)$$

既然對於超導電子氣（superconducting electron gas）來說，電流密度與電荷密度兩者都有直接的物理意義，那麼 ρ 與 θ 兩者就是真實的東西。相位 θ 和 ρ 一樣都是可觀察的量，它只是電流密度 $\mathbf{J}$ 的一部分。**絕對**相位是不可觀察的，但是如果我們知道了相位在每個地方的梯度，那麼除了一個未定常數之外，我們就可求出相位。因此只要你定義出相位在某一點的值，則各處的相位就定下來了。

　　順帶一提，你可以更瞭解電流方程式的意義，一旦你想到了電流密度 $\mathbf{J}$ 事實上只是電荷密度乘上電子流體的運動速度（即 $\rho\mathbf{v}$），因為(21.18)式就等於

$$m\mathbf{v} = \hbar\nabla\theta - q\mathbf{A} \qquad (21.19)$$

請注意 $m\mathbf{v}$ 動量中有兩項，其中一項來自向量位勢，另一項貢獻則來自波函數的行為。換句話說，$\hbar\nabla\theta$ 這個量只是先前稱為 p 動量的東西。

21-6 麥士納效應

我們現在可以來描述一些超導體現象。首先是沒有電阻。沒有電阻的原因是所有的電子都集體的處於同樣的狀態。在一般的電流中，如果你把其中一個電子從正常流動中撞出來，動量就會漸漸衰減。但是在超導體中，我們很不容易讓一個電子的作為不同於其他的電子，因為所有的玻色子都有想處於同一狀態的傾向。電流一旦引發了，就永遠不會停下來。

我們也很容易理解以下的事情：如果你有一塊處於超導態的金屬，然後對它施加上一個不太強的磁場（我們不去仔細討論應該有多強），則磁場不能穿透金屬。因為當你在建立起磁場的時候，如果有任何磁場會在金屬內增強，則磁通量將有所變化而產生電場，電場就會馬上引起電流，同時依據冷次定律，將產生磁通量已抵消外來磁通量。既然所有的電子會一起運動，一點無窮小的電場就能產生足夠的電流，以完全抵抗任何外加磁場。所以如果你在金屬冷卻成超導體之後才施加磁場，它將會完全被排除於金屬之外。

更有趣的是一個相關的現象，這是由麥士納（Walther Meissner）在實驗上首先發現的[8]。如果你有一塊高溫的金屬（所以它是正常導體），然後讓磁場穿過它，接下來將溫度降低至臨界溫度之下（因此金屬變成超導體），則原先存在的磁場會被排除出來。換句話說，超導體會自行產生電流，電流的大小恰好足夠將磁場推出去。

我們可以從方程式看出為什麼會有這樣的現象，我想要解釋如何找出理由。假設有一整塊的超導材料，那麼在任何穩定態之下，

[8] 原注：請參考 W. Missner and R. Ochsenfeld, *Naturwiss.* **21**, 787 (1933)。

電流的散度一定是零，因爲它沒有地方可去（電流離不開這一塊超導體）。由於規範對稱，我們可以選擇讓 A 的散度爲零，因爲這是很方便的選擇。（我應該解釋爲什麼這個選擇不會影響結果的一般性，但是我不想花時間在這一點上。）取(21.18)式的散度，因爲這散度爲零，我們就發現拉普拉斯算符作用在 θ 上會等於零。

　等一下！爲什麼忽略了 ρ 的變化？我忘了說明很重要的一點：金屬中有來自於原子晶格離子的背景正電荷，如果電荷密度 ρ 是均勻的，就不會有淨電荷，也不會有電場。如果任何區域有電子累積起來，則電荷不會被中和，電子間將會有極大的排斥力，把它們推開。* 所以在一般的情況下，超導體中電子的電荷密度幾乎是完全均勻的，所以我可以把 ρ 設爲常值。金屬內 $\nabla^2\theta$ 處處爲零的唯一可能情況是 θ 等於某常值，這意味著 p 動量(正比於 $\nabla\theta$)對於 J 沒有貢獻。因此我們從(21.18)式得到超導體中的電流和 ρ 乘上 A 成正比。所以在一塊超導材料中，各處的電流必須正比於向量位勢：

$$J = -\rho \frac{q}{m} A \tag{21.20}$$

既然 ρ 和 q 有相同的正負號（即都是負號），而且既然 ρ 是常值，我便可以令 $-\rho q/m = -$(某常數)，所以

$$J = -(某常數)A \tag{21.21}$$

這個方程式最早是由倫敦兄弟（H. London 與 F. London）[9] 爲瞭解釋超

---

* 原注：事實上，如果電場太強，電子對會被破壞，產生的「正常」電子就會參與中和過剩的正電荷。然而，要產生這些正常的電子需要能量，所以重點是，近乎均勻的 ρ 就能量而言是非常穩定的狀況。

[9] 原注：請參考 H. London and F. London, *Proc. Roy. Soc.* (London) **A149**, 71 (1935); *Physica* 2, 341 (1935)。

導體的實驗觀測，所提出來的，他們是遠在我們瞭解這個現象的量子力學根源之前，就寫下了這個方程式。

我們可以將(21.20)式代入電磁學方程式來解出電磁場。向量位勢與電流密度的關係是

$$\nabla^2 A = -\frac{1}{\epsilon_0 c^2} J \qquad (21.22)$$

如果我把(21.21)式中的 J 代入(21.22)式，就得到

$$\nabla^2 A = \lambda^2 A \qquad (21.23)$$

這裡的 λ^2 只是一個新常數：

$$\lambda^2 = \rho \frac{q}{\epsilon_0 mc^2} \qquad (21.24)$$

我們現在可以試著解出(21.23)式以得到 A，以詳細看看會發生什麼事。譬如說，在一維的狀況下，(21.23)式有指數函數形式的解，如 $e^{-\lambda x}$ 與 $e^{+\lambda x}$。這些解意味著如果你從表面往材料裡前進，向量位勢必得以指數形式**減低**（向量位勢不能增加，因為會爆掉）。如果金屬塊遠比 $1/\lambda$ 來得大，磁場只能穿透表面薄薄一層，這一層的厚度約為 $1/\lambda$。金屬塊內部完全沒有磁場，如圖 21-3 所示。這就是麥士納效應的解釋。

λ 有多大？你還記得電子的「電磁半徑」 r_0 等於 2.8×10^{-13} 公分，它和其他物裡常數的關係是

$$mc^2 = \frac{q_e^2}{4\pi\epsilon_0 r_0}$$

此外，請記得(21.24)式中的 q 是電子電荷的兩倍($= 2q_e$)，所以

$$\frac{q}{\epsilon_0 mc^2} = \frac{8\pi r_0}{q_e}$$

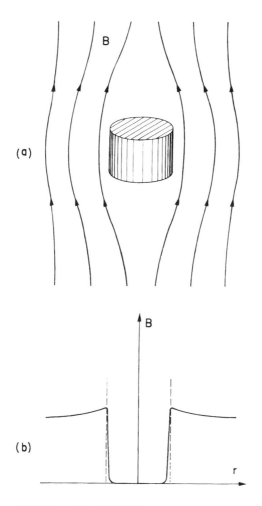

圖 21-3　(a) 位於磁場中的超導圓柱體
　　　　(b) 磁場 B 和 r 的關係

如果把 ρ 寫成 $q_e N$，N 是每立方公分中的電子數目，則

$$\lambda^2 = 8\pi N r_0 \tag{21.25}$$

對於像鉛之類的金屬來說，每立方公分大約有 3×10^{22} 個原子，所以如果每個原子只貢獻一個電子，$1/\lambda$ 就約等於 2×10^{-6} 公分。因此 $1/\lambda$ 的數量級大約就是這樣。

21-7　磁通量子化

倫敦方程式((21.21)式)的目地在於解釋觀察到的超導性質，包括麥士納效應。不過近來這個方程式還有更驚人的預測，一項由倫敦所做的預測實在太奇怪了，以致直到最近，這項預測才為人注意；我現在要來討論它。這一次，我們不拿單一塊材，而是用一個**環狀**超導體，環的厚度比 $1/\lambda$ 大很多；如果一開始有個磁場穿過環，然後降低溫度使環成為超導態，接著撤除原來磁場 **B** 的場源，我們想知道在這之後會發生什麼事。

圖 21-4 說明了這一連串事件。正常狀態下，環體中會有磁場，如圖 21-4(a)所示。當環變成了超導體，磁場會被排斥到**金屬物體**之外（我們前面已討論過這情形），這時某些通量會穿過超導環的孔，如圖 21-4(b)所示。如果我們現在除掉外加磁場，穿過環孔的場線會被「困住」，如圖 21-4(c)所示。穿過中心的磁通量 Φ 不會減少，因為磁通量的變化率 $\partial\Phi/\partial t$ 必須等於 **E** 沿著環的線積分，而 **E** 在超導體內等於零，所以 $\partial\Phi/\partial t$ 也等於零。當我們拿掉外加磁場，環體內將會出現超流，以便讓穿過環孔的磁通量保持不變。〔這個道理和渦電流（eddy current）的道理一樣，只是電阻為零而已。〕然而這些電流全部只會在表面附近（至多約 $1/\lambda$ 這麼深）流動，你可以用我前面分析單一塊材的方式來證明這一點。這些電流能夠將磁場排斥在環體之外，同時也產生永久被困住的磁場。

不過環體的情況與先前的情況有一個很根本的差異，你可以從

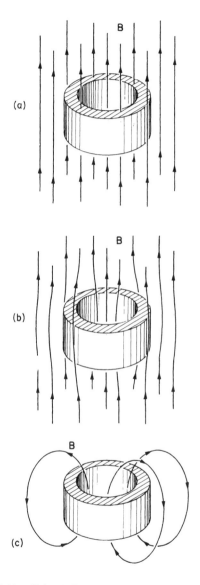

圖 21-4　磁場中的環狀超導體：(a) 在正常狀態；(b) 在超導態；(c) 在除去外場之後。

我們的方程式預測出一個令人吃驚的效應。我先前證明了 θ 在一塊超導體內必須是常值，但這個證明並**不適用於環狀超導體**，原因如下：

環體內部深處的電流密度 $\boldsymbol{J}$ 等於零，因此(21.18)式就成為

$$\hbar\boldsymbol{\nabla}\theta = q\boldsymbol{A} \tag{21.26}$$

如果我們取 $\boldsymbol{A}$ 繞著曲線 Γ 的線積分（Γ 是一條位於橫切面中心繞著環體一圈的曲線，因此它絕不會靠近表面，如圖 21-5 所示），則我們從(21.26)式得到

$$\hbar\oint\boldsymbol{\nabla}\theta\cdot d\boldsymbol{s} = q\oint\boldsymbol{A}\cdot d\boldsymbol{s} \tag{21.27}$$

因為 $\boldsymbol{A}$ 繞著任何迴圈的線積分，等於 $\boldsymbol{B}$ 穿過迴圈的通量

$$\oint\boldsymbol{A}\cdot d\boldsymbol{s} = \Phi$$

所以(21.27)式就變成

$$\oint\boldsymbol{\nabla}\theta\cdot d\boldsymbol{s} = \frac{q}{\hbar}\Phi \tag{21.28}$$

如果對某函數的梯度從某一點到另一點（例如從點 1 到點 2）作線積分，積分值就是這個函數在這兩個點上的值的差，亦即

$$\int_1^2\boldsymbol{\nabla}\theta\cdot d\boldsymbol{s} = \theta_2 - \theta_1$$

如果我們讓點 1 與點 2 靠在一起，以形成一封閉迴圈，你最初或許

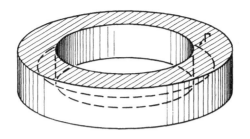

<u>圖 21-5</u>　環狀超導體內的曲線 Γ

會以為 θ_2 應等於 θ_1，所以(21.28)式的積分會是零。對於一塊單連通（simply connected）的超導體中的封閉迴圈而言，這積分的確等於零；但對於環狀的超導體來說，(21.28)式並不必然要等於零，因為我們能設定的唯一物理條件就是，**每一點的波函數只能有一個值**。無論 θ 會怎麼變，只要你繞了環狀體一圈回到出發點，對於波函數

$$\psi = \sqrt{\rho}\,e^{i\theta}$$

來說，你所得到的 θ 一定要能導致相同的值。因此 θ 的變化只能是 $2\pi n$，n 是任意整數。所以我們在繞了一圈之後，(21.27)式的左手邊必須等於 $\hbar \cdot 2\pi n$。將這個結果代入(21.28)式，就得到

$$2\pi n\hbar = q\Phi \qquad\qquad (21.29)$$

被困住的磁通量必須永遠是 $2\pi\hbar/q$ 的整數倍！你如果把環體想成是有完美（即無窮大）導電性的古典物體，你應會以為無論最初穿過環孔的磁通量為何，它會維持那個值，也就是說任何大小的磁通量都可能被困住。但是超導體的量子力學理論說磁通量可以是零、或 $2\pi\hbar/q$、或 $4\pi\hbar/q$、或 $6\pi\hbar/q$ 等等，而不可能有其他值。它必須是一

個基本量子力學單位的整數倍。

倫敦（F. London）[10] 預測了超導環所能困住的磁通量是量子化的，也推導出可能的磁通量大小必須滿足(21.29)式，而且式中的 q 是電子的電荷 q_e。根據倫敦的說法，磁通量的基本單位應該是 $2\pi\hbar/q_e$，約等於 4×10^{-7} 高斯・平方公分。我們可以這樣子想像這個磁通量單位：想像一個很小的圓柱體，直徑是十分之一毫米（mm），如果這個圓柱體所包含的磁通量正好是一個基本單位，這時的磁場大小約是地球磁場的百分之一。這樣的磁通量應該可以用敏感的磁性測量來觀察。

在 1961 年，史丹福大學的狄福（B. S. Deaver）與費爾班克（W. M. Fairbank）[11] 開始去尋找、也找到了這種量子化的磁通量。德國的杜爾（R. Doll）與納包爾（M. Nabauer）[12] 也約在同時得到相同的結果。

狄福與費爾班克的實驗是這樣子的：他們把一層薄錫電鍍到一根一公分長的 56 號（直徑 1.3×10^{-3} 公分）銅絲上，錫在溫度 3.8K 以下是超導態，但銅在這個溫度仍是正常金屬。他們把銅絲放進一個可控制的小磁場中，並降低溫度，直到錫變成超導態，然後他們拿掉磁場的場源。你會期待這麼一來，由於冷次定律，錫裡頭會出現電流以便讓磁通量保持不變。這個小圓柱體現在應該有個磁矩，磁矩的大小與圓柱體內的磁通量成正比。我們可以把銅絲放在

---

[10] 原注：請參考 F. London, *Superfluids*; John Wiley and Sons, Inc., New York, 1950, Vol. I, p. 152。

[11] 原注：請參考 B. S. Deaver, Jr., and W. M. Fairbank, *Phys. Rev. Letters* **7**, 43 (1961)。

[12] 原注：請參考 R. Doll and M. Nabauer, *Phys. Rev. Letters* **7**, 51 (1961)。

一對線圈之間，線圈位於錫圓柱體兩端，然後上下搖動銅絲（就好像縫衣機上的針，只是銅絲搖動的速率是每秒一百回）來測量磁矩。出現在線圈中的感應電壓就可以告訴我們磁矩的大小。

狄福與費爾班克從實驗中發現磁通量的確是量子化的，**但磁通量的基本單位卻只是倫敦所預測的一半**。杜爾與納包爾也得到同樣的結果。最初這個結果令人感到非常奇怪，＊ 不過我們現在已經瞭解為甚麼必須是這樣。根據巴丁、古柏、施里弗等人的超導體理論，出現在(21.29)式中的 q 是**一對**電子的電荷，所以等於 $2\,q_e$，因此磁通量基本單位是

$$\Phi_0 = \frac{\pi\hbar}{q_e} \approx 2 \times 10^{-7} \text{ 高斯 · 平方公分} \qquad (21.30)$$

也就是倫敦預測值的一半。現在一切都兜起來了，我們在大尺度（系統）上所做的測量，證實了所預測的純量子力學效應。

21-8 超導體動力學

麥士納效應與磁通量量子化是我們對於超導體想法的兩個證明。只為了完整起見，我現想告訴你（就我們前面的觀點而言）超導流體的完整方程式，這是相當有趣的。至目前為止，我只是把 ψ 的形式代入電荷密度與電流的方程式中，如果我把 ψ 的形式代入完整的薛丁格方程式，我就會得到 ρ 和 θ 的方程式。這個結果應該很有意思，因為我們有了一種電子對的「流體」，這流體有電荷密度 ρ

＊原注：翁薩格（Lars Onsager, 1903-1976）曾經提議這種情形可能發生（見 F. London, 注 10），雖然沒有其他人知道為什麼是這樣。

與神祕的 θ，我們可以試著找出這種流體的方程式！所以我們把波函數(21.17)式代入薛丁格方程式(21.3)式中，同時還要記得 ρ 和 θ 是 x、y、z 的實函數。如果我們把方程式的實部與虛部分開來寫，就得到兩個方程式。爲了不讓方程式看起來太長，我將依據(21.19)式寫下

$$\frac{\hbar}{m}\nabla\theta - \frac{q}{m}A = v \qquad (21.31)$$

那麼我所得到的方程式之一將是

$$\frac{\partial\rho}{\partial t} = -\nabla\cdot\rho v \qquad (21.32)$$

既然 ρv 是 J，上式只是連續方程式罷了。我得到的另一個方程式則說明了 θ 如何變化，它是

$$\hbar\frac{\partial\theta}{\partial t} = -\frac{m}{2}v^2 - q\phi + \frac{\hbar^2}{2m}\left\{\frac{1}{\sqrt{\rho}}\nabla^2(\sqrt{\rho})\right\} \qquad (21.33)$$

只要把 $\hbar\theta$ 看成是「速度位勢」（velocity potential），任何熟悉流體動力學的人（我很確定在你們之間這樣的人很少）都馬上會認出這就是帶電流體的運動方程式——除了最後這一項本來應該是代表流體壓縮能量的項，因爲它隨 ρ 變化的方式相當奇怪。總之，這個方程式告訴我們 $\hbar\theta$ 這個量的變化率等於一個動能項($-\frac{1}{2}mv^2$)加上一個位能項($-q\phi$)，再加上一個與 $\hbar^2$ 成正比的額外項，我們稱此項爲「量子力學能量」。我前面說過在超導體內靜電力將 ρ 維持的非常均勻，所以在每個應用中，只要我們僅有一個超導區域，就幾乎可以將其忽略。但是如果我們有個介於兩超導體之間的邊界（或其他 ρ 值可能快速變化的狀況），則這一項可能變得重要。

爲了那些不那麼熟悉流體動力學方程式的人，我把(21.33)式寫

成另一個能把物理表達得更清楚的形式，方法是利用(21.31)式將 θ 表示成 $\boldsymbol{v}$ 的函數。我們現在取(21.33)式的梯度，並以 A 與 $\boldsymbol{v}$ 來表示 $\nabla\theta$（用(21.31)式），就得到

$$\frac{\partial \boldsymbol{v}}{\partial t} = \frac{q}{m}\left(-\nabla\phi - \frac{\partial A}{\partial t}\right) - \boldsymbol{v} \times (\nabla \times \boldsymbol{v})$$
$$- (\boldsymbol{v}\cdot\nabla)\boldsymbol{v} + \nabla \frac{\hbar^2}{2m^2}\left(\frac{1}{\sqrt{\rho}}\,\nabla^2\sqrt{\rho}\right) \tag{21.34}$$

這個方程式的意思是什麼？首先，請記得

$$-\nabla\phi - \frac{\partial A}{\partial t} = E \tag{21.35}$$

再來，請注意如果我取(21.19)式的旋度，就得到

$$\nabla \times \boldsymbol{v} = -\frac{q}{m}\nabla \times A \tag{21.36}$$

因爲一個梯度的旋度永遠爲零（即 $\nabla \times \nabla\theta = 0$）。但是 $\nabla \times A$ 等於磁場 B，所以(21.34)式右邊的前兩項可以寫成

$$\frac{q}{m}(E + \boldsymbol{v} \times B)$$

最後，你必須理解 $\partial v/\partial t$ 代表流體的速度在某一點的變化率。如果你只關注某一特定粒子，它的加速度是 $\boldsymbol{v}$ 的**全**微分〔有時在流體動力學中這也稱爲「共動加速度」（comoving acceleration）〕，這個全微分與 $\partial v/\partial t$ 的關係是 [13]

---

[13] 原注：請見第 II 卷，40-2 節。

$$\frac{d\boldsymbol{v}}{dt}\bigg|_{\text{共動}} = \frac{\partial \boldsymbol{v}}{\partial t} + (\boldsymbol{v}\cdot\boldsymbol{\nabla})\boldsymbol{v} \qquad (21.37)$$

上式右邊第二項也出現在(21.34)式右邊的第三項，如果我們把這一項移到等號左邊，就能將(21.34)式寫成以下的形式：

$$m\frac{d\boldsymbol{v}}{dt}\bigg|_{\text{共動}} = q(\boldsymbol{E} + \boldsymbol{v}\times\boldsymbol{B}) + \boldsymbol{\nabla}\frac{\hbar^2}{2m^2}\left(\frac{1}{\sqrt{\rho}}\nabla^2\sqrt{\rho}\right) \qquad (21.38)$$

我們也可以把(21.36)式寫成

$$\boldsymbol{\nabla}\times\boldsymbol{v} = -\frac{q}{m}\boldsymbol{B} \qquad (21.39)$$

　　這兩個方程式是超導電子流體的運動方程式。第一個方程式只是帶電流體在電磁場中的運動方程式，它的意思是流體中每個電荷為 q 的粒子的加速度來自一般的勞侖茲力 $q(\boldsymbol{E} + \boldsymbol{v}\times\boldsymbol{B})$ 加上額外的一項力。這項額外的力是某種神祕的量子力學位勢的梯度，它並不是太大──除了在兩個超導體之間的接面上。第二個方程式則是在說超導流體是「理想」流體，亦即 $\boldsymbol{v}$ 的旋度的散度為零（$\boldsymbol{B}$ 的散度永遠為零），因此 $\boldsymbol{v}$ 可以用一個速度位勢來表示。我們通常說一個理想流體滿足 $\boldsymbol{\nabla}\times\boldsymbol{v} = 0$，但是對於**位於磁場中的理想帶電流體**來說，我們得用(21.39)式來取代 $\boldsymbol{\nabla}\times\boldsymbol{v} = 0$ 的條件。

　　所以我們從（超導體中）電子對的薛丁格方程式，得到了帶電理想流體的運動方程式，超導體問題與帶電流體的流體動力學問題是一樣的。你如果想解決超導體的任何問題，就得用上帶電流體的這些方程式（或者說，用上(21.32)與(21.33)這一對方程式），同時配合上馬克士威方程式以求得電磁場。（當然，你用來得到電磁場

的電荷與電流，必須同時包括來自超導體的電荷與電流以及外在的電荷與電流。）

順帶一提，我相信(21.38)式並不完全正確，它應該還額外有一項牽涉到密度的項。這一項和量子力學無關，而是來自與密度變化有關的一般能量。在一般流體中有一項與$(\rho - \rho_0)^2$成正比的位能項（ρ_0是平常沒受干擾時的密度，在這裡就是晶格中的電荷密度），超導體也應該是如此。既然這項能量的梯度會導致某種力，(21.38)式中就應該有這麼一項：(常數)$\nabla(\rho - \rho_0)^2$。我之前的討論沒有考慮這一項，原因是它來自粒子間的交互作用，而我所使用的獨立粒子近似，正好把交互作用忽略掉。但是當我在前面的定性陳述說，靜電力會讓超導體內的ρ幾乎保持固定時，我所指的就是這種力。

21-9 約瑟夫森接面

我現在想討論一個非常有趣的狀況，它是由約瑟夫森（Brian David Josephson, 1940-）首先注意到的[14]，他那時正在分析兩個超導體之間的接面會發生什麼事情。假設我們有兩個超導體，它們之間有層薄絕緣體把兩者連起來，如次頁的圖 21-6 所示。這樣的裝置現在稱為「約瑟夫森接面」（Josephson junction）。如果絕緣層很厚，電子便不能穿過，但是如果絕緣層夠薄，就有不小的機率幅讓電子穿過去。這只是量子力學中穿透障礙的另一個例子。約瑟夫森分析了這種狀況，並發現了一些應該發生的奇怪現象。

為了分析這種接面，我將把在某一邊超導體中發現電子的機率

---

[14] 原注：請參考 B. D. Josephson, *Physics Letters* **1**, 251 (1962)。

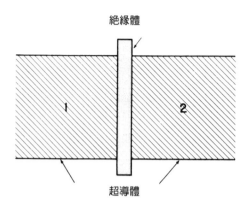

<u>圖 21-6</u>　兩個由一薄層絕緣體隔開的超導體

幅稱爲 ψ_1，而把在另一邊發現電子的機率幅稱爲 ψ_2。ψ_1 是一邊超導體中所有電子的共同波函數，ψ_2 是另一邊超導體中所有電子的共同波函數。我可以對不同的超導體來分析這個問題，但是我只想考慮非常簡單的情況，也就是兩邊的材料都是相同的，因此我們有一個對稱且簡單的接面。此外，我們暫時假設沒有磁場。在這情形下，兩個機率幅應該有以下的關係：

$$ih \frac{\partial \psi_1}{\partial t} = U_1 \psi_1 + K \psi_2$$

$$ih \frac{\partial \psi_2}{\partial t} = U_2 \psi_2 + K \psi_1$$

常數 K 代表接面的特性。如果 K 爲零，這兩個方程式將只是描述每個超導體的最低能量態（能量爲 U）。但是由於機率幅 K 的關係，電子可以從一邊漏到另一邊，因此兩邊就有了耦合。如果兩邊的超導體是相同的，U_1 就等於 U_2，我就可以把它們減掉。但是假

如我們將兩個超導區域連接到電池的兩極上，則兩超導體間就有電位差 V，因此 $U_1 - U_2 = qV$。爲了方便起見，我可以把能量零點定義定義在兩超導體之間，所以兩個方程式就變成

$$
i\hbar \frac{\partial \psi_1}{\partial t} = \frac{qV}{2} \psi_1 + K\psi_2
$$
$$
i\hbar \frac{\partial \psi_2}{\partial t} = -\frac{qV}{2} \psi_2 + K\psi_1
$$

(21.40)

這是兩個耦合在一起的量子力學狀態的標準方程式。這一次，我們用另一種方式來分析這些方程式。我們將利用以下形式的機率幅

$$
\psi_1 = \sqrt{\rho_1}\, e^{i\theta_1}
$$
$$
\psi_2 = \sqrt{\rho_2}\, e^{i\theta_2}
$$

(21.41)

其中的 θ_1 與 θ_2 是接面兩邊的相位，ρ_1 與 ρ_2 是兩邊的電子密度。請記得實際上 ρ_1 與 ρ_2 幾乎是完全一樣的，也等於 ρ_0（超導材料中的正常電子密度）。如果你將(21.41)式代入(21.40)式中，（令(21.40)式中兩個方程式的實部與虛部相等）你將得到四個方程式。令 $(\theta_2 - \theta_1) = \delta$，則結果是

$$
\dot{\rho}_1 = +\frac{2}{\hbar} K\sqrt{\rho_2 \rho_1}\, \sin\delta
$$
$$
\dot{\rho}_2 = -\frac{2}{\hbar} K\sqrt{\rho_2 \rho_1}\, \sin\delta
$$

(21.42)

$$
\dot{\theta}_1 = -\frac{K}{\hbar} \sqrt{\frac{\rho_2}{\rho_1}} \cos\delta - \frac{qV}{2\hbar}
$$
$$
\dot{\theta}_2 = -\frac{K}{\hbar} \sqrt{\frac{\rho_1}{\rho_2}} \cos\delta + \frac{qV}{2\hbar}
$$

(21.43)

頭兩個方程式告訴我們 $\dot{\rho}_1 = -\dot{\rho}_2$。你會說：「可是這麼一來 $\dot{\rho}_1$ 與 $\dot{\rho}_2$ 必須都等於零──如果它們都是常數也都等於 ρ_0」，但其實不全然如此，因為方程式之外還有些事要考慮。這些方程式所告訴我們的是**在沒有額外靜電力的情況下** $\dot{\rho}_1$ 與 $\dot{\rho}_2$ 會是什麼（這些靜電力可能來自電子流體與背景正離子的不平衡），它們所說的是密度會如何**開始**變化，所以它們描述了會開始流動的是什麼電流。從 1 這邊流到 2 那邊的電流，將只是 $\dot{\rho}_1$（或 $-\dot{\rho}_2$），或者說等於

$$J = \frac{2K}{\hbar}\sqrt{\rho_1 \rho_2}\sin\delta \qquad (21.44)$$

這樣的電流會很快的令 2 那邊的超導體充電，**只是**我們不應忘了兩邊是經由電線連接上了電池。電流不會令區域 2 充電（或令區域 1 放電），因為電流會讓電位保持不變。我們的方程式並沒有把來自電池的電流包括進來。如果那些電流包括了進來，ρ_1 與 ρ_2 事實上是不會改變的，但是通過接面的電流仍舊是(21.44)式。

既然 ρ_1 與 ρ_2 的確維持不變並等於 ρ_0，我們就令 $2K\rho_0/\hbar = J_0$，並把(21.44)式寫成

$$J = J_0 \sin\delta \qquad (21.45)$$

J_0 和 K 一樣，都是特定接面所特有的數值。

另一對方程式(21.43)式所牽涉的是 θ_1 與 θ_2，我們感興趣的是兩者的區別 $\delta = \theta_2 - \theta_1$，因為 δ 出現在(21.45)式中。我們從(21.43)式得到

$$\dot{\delta} = \dot{\theta}_2 - \dot{\theta}_1 = \frac{qV}{\hbar} \qquad (21.46)$$

這表示我們可以這麼寫：

$$\delta(t) = \delta_0 + \frac{q}{\hbar} \int V(t) \, dt \tag{21.47}$$

其中的 δ_0 是 δ 在 $t = 0$ 的值。也請記得 q 是電子對的電荷，即 $q = 2q_e$。(21.45)式與(21.47)式是重要的結果，它們是約瑟夫森接面的一般理論。

這兩個方程式有什麼後果呢？首先，放上直流電壓。如果你放上直流電壓 V_0，(21.45)式中的正弦 sin 函數的自變數就成爲(δ_0 ＋ $(q/\hbar)V_0 t$)。既然 $\hbar$ 是很小的數（與一般的電壓與時間相比），正弦函數會振盪得相當快，以致於我們看不到淨電流。（事實上，由於溫度不是零，你會得到由「正常」電子傳導所引起的小電流。）反過來講，如果跨過接面的電壓爲**零**，你反而可以得到電流！如果沒有電壓，電流可以是介於 ＋J_0 與 －J_0 之間的任何值（取決於 δ_0 的值）。但是一旦加上電壓，電流就變成零。這個奇怪的行為最近已經在實驗上看到了。[15]

還有另一個得到電流的辦法，那就是除了直流電壓之外，再加上一個非常高頻率的電壓。令

$$V = V_0 + v \cos \omega t$$

其中的 $v \ll V$。那麼 $\delta(t)$ 就是

$$\delta_0 + \frac{q}{\hbar} V_0 t + \frac{q}{\hbar} \frac{v}{\omega} \sin \omega t$$

[15] 原注：請參考 P. W. Anderson and J. M. Rowell, *Phys. Rev. Letters* **10**, 230 (1963)。

如果 Δx 很小，則

$$\sin (x + \Delta x) \approx \sin x + \Delta x \cos x$$

把上面的近似用在 $\sin \delta$ 上，就得到

$$J = J_0 \left[\sin \left(\delta_0 + \frac{q}{\hbar} V_0 t \right) + \frac{q}{\hbar} \frac{v}{\omega} \sin \omega t \cos \left(\delta_0 + \frac{q}{\hbar} V_0 t \right) \right]$$

第一項的平均值爲零，但是如果

$$\omega = \frac{q}{\hbar} V_0$$

則第二項就不是零。如果交流電壓恰好有這個頻率，我們就應該得到電流。夏皮若（S. Shapiro）[16] 宣稱已經看到這樣的共振效應。

你如果去讀這方面的論文，你會發現人們常常把電流公式寫成

$$J = J_0 \sin \left(\delta_0 + \frac{2q_e}{\hbar} \int A \cdot ds \right) \tag{21.48}$$

其中線積分的積分範圍得跨過接面；這麼做的原因是如果有一個向量位勢跨過接面，則電子跳躍機率幅的相位必須以我在前面說明過的方式多補上一項。你如果把這額外的相位抓出來，它的樣子正是如上式所示。

最後我要描述一個非常驚人有趣的實驗，這個實驗最近才做出來，它牽涉到從兩個接面來的電流相互干涉。在量子力學中，我們很習慣來自兩狹縫的機率幅的干涉，我們現在要做的是兩個接面之

[16] 原注：請參考 S. Shapiro, *Phys. Rev. Letters* **11**, 80 (1963)。

間的干涉，此干涉會出現的原因是，來自兩條路徑的電流抵達時的相位不一樣。圖 21-7 顯示「a」與「b」兩個不同的接面並聯在一起。端點 P 與 Q 與測量電流的電子儀器連在一起。外電流 $J_\text{總}$ 是通過兩個接面的電流之和，假設 J_a 與 J_b 分別是通過兩個接面的電流，同時它們的相位是 δ_a 與 δ_b。無論你走那一條路徑，波函數在 P 與 Q 之間的相位差必須都一樣。沿著通過接面「a」的路徑，P 與 Q 之間的相位差是 δ_a 加上向量位勢沿著上方路徑的線積分：

$$\Delta\text{Phase}_{P \to Q} \ = \ \delta_\text{a} \ + \ \frac{2q_e}{\hbar} \int_\text{上方} \boldsymbol{A} \cdot d\boldsymbol{s} \qquad (21.49)$$

為什麼這樣？因為相位 θ 和 A 的關係是(21.26)式；你如果沿某路徑積分那個方程式，左手邊會等於相位差（Δphase），右手邊則和 A

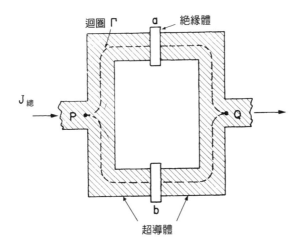

圖 21-7　兩個並聯的約瑟夫森接面

的線積分成正比，因此我們有(21.49)式。沿著下方路徑的相位差可以類似的寫成

$$\Delta \text{Phase}_{P \to Q} = \delta_b + \frac{2q_e}{\hbar} \int_{下方} \boldsymbol{A} \cdot d\boldsymbol{s} \qquad (21.50)$$

這兩個相位差必須相等。如果將它們相減，我就得到「δ_a 與 δ_b 之差」等於「$\boldsymbol{A}$ 繞著線路的線積分」：

$$\delta_b - \delta_a = \frac{2q_e}{\hbar} \oint_\Gamma \boldsymbol{A} \cdot d\boldsymbol{s}$$

這裡的積分是沿圖 21-7 中的封閉迴圈 Γ，Γ 通過了兩個接面。對於 $\boldsymbol{A}$ 的積分等於穿過迴圈的磁通量 Φ，所以 δ_a 與 δ_b 相差了「$2q_e / \hbar$ 乘上通過兩段線路之間的磁通量 Φ」：

$$\delta_b - \delta_a = \frac{2q_e}{\hbar} \Phi \qquad (21.51)$$

只要改變磁場就可以控制這個相位差，所以我可以調整相位差，然後看看流過兩接面的總電流是否表現出來自兩個部分的干涉。總電流是 J_a 與 J_b 之和，為了方便起見，我會這麼寫：

$$\delta_a = \delta_0 + \frac{q_e}{\hbar} \Phi, \qquad \delta_b = \delta_0 - \frac{q_e}{\hbar} \Phi$$

那麼

$$
\begin{aligned}
J_{總} &= J_0 \left\{ \sin\left(\delta_0 + \frac{q_e}{\hbar} \Phi \right) + \sin\left(\delta_0 - \frac{q_e}{\hbar} \Phi \right) \right\} \\
&= 2J_0 \sin \delta_0 \cos \frac{q_e \Phi}{\hbar}
\end{aligned}
\qquad (21.52)
$$

我們對於 δ_0 一無所知，大自然可以依據情況隨意調整它，尤其是 δ_0 取決於我們施在接面上的電壓。但是無論我們怎麼做，$\sin \delta_0$ 都不會比 1 大。所以對於任意 Φ 來說，**最大**的電流將是

$$J_{最大} = 2J_0 \left| \cos \frac{q_e \Phi}{\hbar} \right|$$

這最大的電流會隨 Φ 而變，而且每當（n 是某整數）

$$\Phi = n \frac{\pi \hbar}{q_e}$$

它本身的最大值就會出現。換句話說，如果磁通量是(21.30)式中所示的基本磁通量單位的整數倍，這時的電流就有了其最大值！

最近人們測量了通過雙重接面的約瑟夫森電流[17]，他們改變穿過接面間區域的磁通量，並測量電流的變化。次頁的圖 21-8 顯示了實驗結果。圖中的電流有個一般性的背景值，它們來自於各種我們忽略掉的效應，但是電流隨著磁場改變的快速振盪則是來自於(21.52)式中的干涉項 $\cos q_e \Phi/\hbar$。

量子力學中最令人迷惑的問題之一，是向量位勢是否會存在於沒有電磁場的區域中。[18] 我剛才描述的實驗是把一個很小的螺線管放在兩個接面之間，所以磁場 B 幾乎都在螺線管之內，超導電線中只有小至可以忽略的磁場。然而實驗發現儘管磁場沒有碰到電線，

[17] 原注：請參考 Jaklevic, Lambe, Silver, and Mercreeau, *Phys. Rev. Letters* **12**, 159 (1964)。

[18] 原注：請參考 Jaklevic, Lambe, Silver, and Mercreeau, *Phys. Rev. Letters* **12**, 274 (1964)。

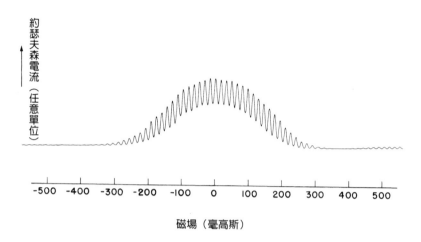

圖21-8　縱軸是通過一對約瑟夫森接面的電流，橫軸是穿過接面之間區域的磁場強度（見圖21-7）。（這個紀錄來自 R. C. Jaklevic, J. Lambe, A. H. Silver, and J. E. Mercereau of the Scientific Laboratory, Ford Motor Compatny.）

電流的大小還是會隨螺線管內磁通量的變化而上下振盪；這是向量位勢具有「物理實在性」的另一個證明。[19]

我不知道接下來會發生什麼事，不過我們可以看看能夠做些什麼。首先，請注意兩個接面之間的干涉，可以用來製作敏感的磁強計（magnetometer）。如果我們可以讓一對接面包圍住也許是 1 平方毫米的面積，則圖21-8 中曲線的最大值之間隔是 2×10^{-6} 高斯。我們當然能夠知道在兩個峰值之間的位置，至十分之一的精密度，所以我們應該可以用這樣的接面來測量小至 2×10^{-7} 高斯的磁場，或者以這種精密度去測量較大的磁場。我們應該還可以更進一步。

[19] 原注：請見第 II 卷第 15 章，15-5 節。

假設我們把一組 10 或 20 個接面以等間隔放在一起，那麼我們就有 10 或 20 個狹縫的干涉，當磁場變化的時候，我們會得到非常尖銳的最大值與最小值。所以我們不僅可以有兩狹縫的干涉，還可以有 20 個或甚至 100 個狹縫的干涉儀（interferometer）來測量磁場。或許我們可以預測利用量子力學干涉效應，將來對於磁場的測量會變成幾乎和光波長的測量一樣精確。

　　以上的討論只是近來才出現的事物的一些例子，這些新事物包括電晶體、雷射，以及這裡的這些接面。我們還不清楚它們最終的實際用途。發現於 1926 年的量子力學至今已經發展了約四十年，突然之間人們開始以很多實際與真實的方式來利用量子力學。我們真的開始能夠在非常細緻與漂亮的層次來控制自然。

　　諸君，我必須說你們如果想參與這一項探險，絕對必要儘快學習量子力學。我們的願望就是可以在這門課中找到一種方法，能夠讓你儘早理解這門物理的奧祕。

費曼的結語

　　好了，我和你們談物理已經連著談了兩年，現在終於要告一段落了。就某方面而言，我想跟你們說抱歉，但是其他方面我則不需要抱歉。我希望（其實我知道）你們之間有二、三十位同學一直都能跟得上，學習情緒始終很高昂。不過，我也理解：「除了在特殊的情況下，教學大致上是沒有效果的，而在那些有效果的愉快場合中，教學其實幾乎是多餘的。」所以，對於完全瞭解教材的二、三十位同學來說，我頂多只是把這些內容介紹給你們。但是對於其餘的同學來說，如果我反而讓你們討厭這門學問，那我真是抱歉。我以前從沒教過基礎物理，所以要請你們包涵。我只希望沒有帶給你太大的困擾，使得你想逃避這門有趣的學問。我希望有人能以適當的方法教你懂物理，又不至於讓你消化不良；我也希望以後有一天，你會發現物理其實並沒有那麼嚇人。

　　最後我想講，我教書的主要目的不是幫你準備參加某些考試，更不是為了讓你能夠到工業界或是軍中服務。我最大的心願就是讓你欣賞這個美妙的世界，以及物理學家看待它的方式。而這種物理學家看待世界的方式，我相信是現代人類文化的主要一環。（或許有其他學科的教授不會同意我的看法，然而我相信他們完全錯了。）

　　或許你將來不僅對於這種文化有些理解，說不定你還會想加入這個人類心智才剛開始的最偉大探索。

附錄 | 第 II 卷第 34 章
物質的磁性

第 III 卷有許多內容，需要先瞭解原子磁性，而這個主題正是包含於第 II 卷第 34 與 35 章之內。我們把這兩章放在本卷當作附錄，讓手邊沒有第 II 卷的讀者方便參閱。

34-1 反磁性與順磁性

本章將討論材料的磁學性質。擁有最明顯磁性的材質是鐵，其他元素，如鎳、鈷，及低溫（16°C 之下）的釓，以及某些合金，也都有類似磁性。這種磁性，稱為**鐵磁性**，因為有顯著且複雜的特性，我們將另闢專章討論。然而，所有非鐵磁材料，都具有些許磁性，只是比起鐵磁材料，它們的磁性要小上千倍至百萬倍。這便是本章將要討論的普通磁性，也就是非鐵磁材料的磁學性質。

這種微弱的磁學效應可分為兩類。有一類材料會受磁場**吸引**；另一類則被**排斥**開來。與材料的電學效應相比較，不同之處在於介電質永遠會被電場所吸引。磁學效應有正負兩種符號，這兩種符號可藉由強力電磁鐵的實驗觀測到。如圖 34-1 所示，磁鐵的一極具有尖銳的端點，另一極則呈平坦結構，尖端處的磁場遠大於平坦的一端。如果將一小塊材料用長線繫住，懸掛於兩極之間，這個材料將感受到微弱的磁力。當磁鐵通電時，這個懸掛的材料會因為微弱磁力而產生些微位移。只有少數鐵磁材料會受尖端磁極強烈吸引；其餘材料則只會感受微弱之力，且其中有些受尖端磁極微弱吸引；有些則被微弱排斥開來。

使用鉍材料做成的小圓柱體，可以輕鬆觀察到上述效應，小圓柱體將因**排斥**而移離高場區域。這類受斥物質稱為**反磁材料**。即使像鉍這種反磁性頂強的物質，其反磁效應仍屬微弱。所以一般而言，反磁性屬於微弱效應。反之，如果將小圓柱體替換為小塊的

請複習：第 II 卷 15-1 節〈作用在電流迴路上的力：偶極的能量〉。

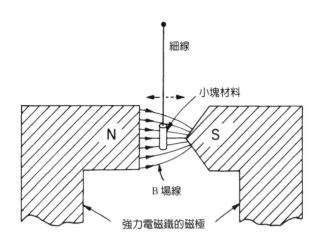

圖 34-1 鉍的小圓柱體會受尖端磁極微弱排斥；鋁則被吸引。

鋁，懸掛於兩極之間，則物體將受到微弱引力而**移往**尖端磁極。因此，像鋁這一類的物質稱為**順磁材料**（在這類實驗裡，通電及斷電時，因為磁場強度變化，物體上將產生渦電流；而在磁場－渦電流作用下，物體將感受到強烈衝力。我們應該要耐心等待物體靜止後，才去測量它的淨位移）。

　　接下來，我們將簡短描述造成這兩種效應的機制。首先，在許多材料裡，其組成原子並不帶有永久磁矩，或者說，原子內的所有磁體會相互抵消，使得該原子的**淨磁矩**為零。由於原子中電子自旋及軌道運動所貢獻的磁矩恰好完全抵消，所以原子不帶有平均磁矩。對於這樣的材料，當外加磁場出現時，原子內會引發感應電流。根據冷次定律，此感應電流產生的磁場與原磁場反向。也就是說，原子會因感應而產生與原磁場方向**相反**的磁矩。這就是「反磁性」的物理機制。

　　另外，有些材料裡，其組成原子帶有永久磁矩，也就是說，原

子中的電子自旋及軌道運動，會形成出不爲零的淨迴路電流。因此，除了原有的反磁效應（此效應必定存在）之外，各個原子的磁矩也可能形成整齊排列。在這些材料裡，磁矩的方向會傾向與外加磁場的方向相同（就如同介電質內的永久電偶極，也傾向**與**外加電場同向）。這樣一來，所誘發的磁場就會與外加磁場同向，而使磁場增強。因此，這類材料即稱作「順磁性」。順磁效應一般而言相當微弱，因爲使磁矩整齊畫一的排列的力量，遠小於使磁矩做無序排列的熱運動。也就是說，溫度高低對於順磁效應影響很大（在金屬材料裡，導電電子的自旋所產生的順磁效應與溫度關係不大，但在本章中我們不討論這個例外）。對一般順磁效應而言，溫度愈低，表現愈強。低溫下，碰撞所產生的擾動影響變弱，磁矩便能有較整齊的排列。相對的，反磁效應和溫度關係並不大。任何材料，當具有內在的永久磁矩時，即使反磁效應與順磁效應共存，一般而言順磁效應爲主導。

在第 II 卷第 11 章中，我們曾描述過**鐵電**材料，其內部的電偶極矩會受彼此的電場影響而形成整齊排列。乍看之下，與這種鐵電現象類似的磁現象或許也能存在，也就是說，所有的原子磁矩也能夠彼此鎖定而形成整齊排列。但是，若你進一步對這個可能的現象做些計算，你將會發現，由於磁力遠小於電力，即使在低於 1K 的低溫時，微弱的熱擾動還是足以破壞磁矩的排列。因此，在室溫時是絕不可能有永久磁矩排列的產生。

但是，磁矩排列的現象在鐵材質裡卻是清楚可見的。在這種材料裡，不同鐵原子磁矩之間，存在著有效力，它會遠大於磁矩之間**直接的磁性**交互作用。這種力是由間接效應所造成，非用量子力學解釋不可；其強度約爲直接磁力的萬倍，所以能將磁矩排列整齊。我們將留待第 II 卷以後的章節裡討論。

　　在我們嘗試了以定性的方式解釋反磁性與順磁性之後,我們得做些修正,並坦白指出:光是從古典物理,是**無法**完整解釋磁性現象的。磁性現象**全然是量子現象**,只是我們可以用些虛假的古典物理來概略瞭解這個現象的本性。換句話說,我們可以用古典論證來分析,並估計材質的磁性;但是歸根究柢,這樣的論證是不「合法」的,因為畢竟所有磁性現象在本質上都涉及量子力學。當然,在某些場合(例如電漿),或者是存在很多自由電子的區域,電子確實是遵守古典力學的。對於這些情況,古典磁學所給出的某些定理也還相當有用。此外,使用古典論證的另一理由是源自於磁學發展的歷史。當人們最早猜出磁性材料的意義與行為之時,他們所用的是古典論證。最後,就如我們之前所提過的,古典力學可以幫助我們做些猜測(雖然先學懂量子力學,再用以瞭解磁性,才是真正研讀磁學的誠實方式)。

　　不過,從另一方面來說,我們又不想等到徹頭徹尾瞭解了量子力學之後,才學習反磁性如此簡單的課題。所以,我們將倚賴古典力學,來對磁性有些粗略的瞭解,但還是要提醒自己:這樣的論證並不完美。接下來所要談的一系列關於古典磁性的定理或許會混淆你的視聽,因為正確的定理是不太一樣的。除了最後一個定理之外,其餘都是錯的。嚴格說來,對實際物理世界的描述而言,它們甚至全是錯的,因為它們並沒有將量子力學考慮在內。

34-2　磁矩與角動量

　　我們想要以古典力學來證明的第一個定理如下:若電子做圓周軌道運動(例如,在連心力的影響之下,繞著原子核旋轉),則在其磁矩與角動量之間,存在有一固定比值。令 J 為角動量,μ 為該

軌道電子的磁矩。角動量大小等於電子質量乘以速度再乘以半徑
（見圖34-2），其方向則垂直於軌道平面。

$$J = mvr \qquad (34.1)$$

（上式未計入相對論效應。對原子而言，不失爲良好的近似。因
爲，在這種情形的 v/c 其數量級約是 $e^2/\hbar c = 1/137$，約爲 1% 。）

　　另外，原軌道的磁矩等於電流乘以面積（見第 II 卷的 14-5
節）。電流等於軌道上任一點在單位時間內所通過的電量，也就是
電荷 q 乘以轉動頻率，而轉動頻率等於電子速度除以軌道周長；綜
合前面所述

$$I = q\,\frac{v}{2\pi r}$$

軌道面積爲 πr^2，所以磁矩等於

$$\mu = \frac{qvr}{2} \qquad (34.2)$$

磁矩方向也垂直於軌道平面。因此 $\boldsymbol{J}$ 及 $\boldsymbol{\mu}$ 同向，且

$$\mu = \frac{q}{2m}\,\boldsymbol{J}\,(\text{軌道}) \qquad (34.3)$$

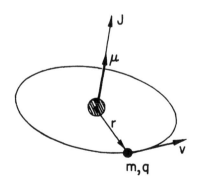

圖 34-2　對於圓周運動而言，其磁矩 $\boldsymbol{\mu}$ 是 $q/2m$ 乘以角動量 $\boldsymbol{J}$。

兩物理量之間的比值及速度都與半徑無關。也就是說，對於做圓周運動的粒子而言，其磁矩等於 $q/2m$ 乘以該粒子的角動量。如果粒子爲電子，所帶電荷爲負，就稱之爲 $-q_e$；因此對電子而言

$$\boldsymbol{\mu} = -\frac{q_e}{2m}\, \boldsymbol{J} \quad (\text{電子軌道}) \qquad (34.4)$$

　　以上就是古典結果，而且奇蹟似的，這也是正確的量子力學結果；這類的巧合並不是首次發生。然而，如果你持續使用古典物理，那麼你遲早總會在別處發現古典答案是錯誤的。因此，要緊的是，記住哪些是對的，哪些是錯的。讓我們現在就告訴你，我們在這裡所談論的，究竟正確的量子力學答案是什麼。首先，(34.4)式對**軌道運動**而言是正確的，但軌道運動並不是唯一給出磁性的機制。因爲電子還有自轉（正如地球可以自轉），而伴隨著自轉運動，也會有對應的角動量及磁矩。不過基於純粹量子力學的理由（我們無法從古典力學給予解釋），在自旋運動下，$\boldsymbol{\mu}$ 對 J 的比值是軌道運動對應值的兩倍，也就是

$$\boldsymbol{\mu} = -\frac{q_e}{m}\, \boldsymbol{J} \quad (\text{電子自旋}) \qquad (34.5)$$

　　一般而言，一個原子含有數個電子，且角動量及磁矩是由自旋及軌道轉動所構成。而基於量子力學（而不是古典力學）的理由，對於一孤立原子而言，磁矩**永遠**與角動量反向。又因爲來自軌道與自旋的貢獻混合在一塊兒，使得兩者的比值不一定要是 $-q_e/m$ 或 $-q_e/2m$，而可介於兩者之間。我們可以寫成

$$\boldsymbol{\mu} = -g\left(\frac{q_e}{2m}\right) \boldsymbol{J} \qquad (34.6)$$

在這裡，因子 g 是由原子的狀態所決定。g 的值是這樣的：對於純

粹軌道磁矩，g 值爲 1；對於純粹自旋磁矩，g 值爲 2；對於複雜的系統如原子，則 g 會是介於 1 與 2 之間的數值。當然，上式並沒有透露出許多訊息，只描述了磁矩與角動量**平行**，而大小則可爲任意值。而(34.6)式的方便處就在於，g 是無單位的常數（稱之爲「蘭德 g 因子」），並具有 1 的數量級。量子力學的任務之一，便是計算任一特定原子狀態的 g 因子。

或許你也會對原子核內的磁矩感興趣。在原子核內，存在著質子及中子，它們也會以某種軌道運動四處移動，同時它們也像電子一樣含有內在的自旋。在這兒，對應的磁矩也會與對應的角動量平行。唯一不同之處，是(34.3)式中的質量 m，必須更換爲**質子**質量，如此所給出的比值，才適用於做圓周運動的質子。因此，對於原子核，我們通常寫爲

$$\boldsymbol{\mu} \,=\, g \left(\frac{q_e}{2m_p}\right) \boldsymbol{J} \qquad\qquad (34.7)$$

上式中，m_p 爲質子質量，而 g 稱爲**原子核**的 g 因子（其數值約等於 1），由對應的原子核所決定。

將原子核的情況與電子相比，兩者有一個重要的差異，也就是質子的**自旋**磁矩，其 g 因子並**不是** 2。對質子而言，$g = 2(2.79)$。此外，令人訝異的是，**中子**也具有自旋磁矩，且該磁矩與對應角動量的比值爲 2(− 1.93)。換句話說，由磁性來看，中子並不是眞正的電中性。中子其實也是一個小磁鐵，就像是旋轉**負**電荷所攜帶的磁矩一般。

34-3　原子磁體的進動

磁矩與角動量成正比的現象，造成了這樣的結果：將一個原子

磁矩置入磁場內時，這個磁矩會產生**進動**（precession）。我們先以古典力學的方式來說明：想像將磁矩 $\boldsymbol{\mu}$ 自由懸掛在一個均勻磁場內，則它將會感受到等於 $\boldsymbol{\mu} \times \boldsymbol{B}$ 的力矩 $\boldsymbol{\tau}$，該力矩會想將磁矩轉至磁場方向。但因為該原子的磁矩類似於陀螺儀（擁有角動量 $\boldsymbol{J}$），所以由磁場施予的力矩並不會使得磁矩和磁場平行，而是使該磁體產生進動，如同我們在第I卷第20章所分析的陀螺儀一樣。而其角動量（及伴隨的磁矩），將圍繞一平行於磁場的軸產生**進動**。使用第I卷第20章的方法，便可以計算出進動的速率。

設想在小時段 Δt 之內，角動量由 $\boldsymbol{J}$ 變化為 $\boldsymbol{J}'$，如圖 34-3 所示，而與磁場 $\boldsymbol{B}$ 方向的夾角 θ 則維持不變。令 ω_p 為進動的角速度，則在 Δt 時段內，**進動**的角度為 $\omega_p \Delta t$。由圖中的幾何關係，可

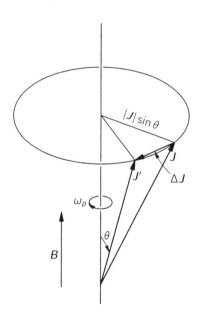

圖 34-3　一物體具有角動量 $\boldsymbol{J}$ 及平行的磁矩 $\boldsymbol{\mu}$，將物體置於磁場 $\boldsymbol{B}$ 時，會產生角速度為 ω_p 的進動。

以看出在時段 Δt 之內，角動量的改變量為

$$\Delta J = (J \sin \theta)(\omega_p \, \Delta t)$$

因此，角動量變化率為

$$\frac{dJ}{dt} = \omega_p J \sin \theta \qquad (34.8)$$

而該量又等於力矩：

$$\tau = \mu B \sin \theta \qquad (34.9)$$

所以進動的角速度是

$$\omega_p = \frac{\mu}{J} B \qquad (34.10)$$

在上式中的 μ/J，可以用(34.6)式代換，就可以看到對於一原子磁矩而言：

$$\omega_p = g \frac{q_e B}{2m} \qquad (34.11)$$

我們可以看到進動頻率正比於 B。有一個較方便的公式，對原子（或電子）而言：

$$f_p = \frac{\omega_p}{2\pi} = (1.4 \text{百萬赫茲} / \text{高斯})gB \qquad (34.12)$$

而對原子核而言：

$$f_p = \frac{\omega_p}{2\pi} = (0.76 \text{千赫茲} / \text{高斯})gB \qquad (34.13)$$

（上述的公式在原子及原子核時有所不同，是因為二者的 g 因子定義不同的緣故。）

　　根據以上的**古典**理論，原子內的電子軌道（及自旋）在磁場內都會產生進動。而量子理論是否一樣如此呢？基本上的確是如此，但進動的意義不盡相同。在量子力學中，我們所謂的角動量**方向**是無法用相同的古典語言來描述的；但即使是這樣，兩者間還是存在著相近的類比，且相近程度足以讓我們仍繼續稱之為「進動」。往後當我們談到量子力學觀點時，會再回到這一點來討論。

34-4 反磁性

　　接著，讓我們從古典觀點來探討**反磁性**。我們有幾種不同的做法可以選擇，但以下是一種很好的方式。想像我們有一個原子，然後在原子的附近逐漸施加一個磁場。隨著磁場變化，磁感應效應將會產生**電**場。根據法拉第定律，沿封閉路徑計算電場 E 的線積分，其值等於該路徑所包含的磁通量變化率。假設我們所選的路徑 Γ 是半徑為 r 的圓，且與原子共圓心，如次頁的圖 34-4 所示。則沿此路徑切線方向的平均電場為

$$E2\pi r = -\frac{d}{dt}(B\pi r^2)$$

所以，存在一環形電場，且強度為

$$E = -\frac{r}{2}\frac{dB}{dt}$$

　　感應電場可以對原子內的電子產生力矩 $-q_e Er$，而該值等於角動量變化率 dJ/dt：

$$\frac{dJ}{dt} = \frac{q_e r^2}{2}\frac{dB}{dt} \tag{34.14}$$

將時間由零磁場時積起，可得到由於磁場出現而導致的角動量變化為

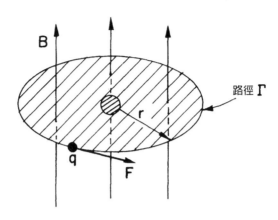

<u>圖 34-4</u>　原子內，電子受到感應電場作用。

$$\Delta J = \frac{q_e r^2}{2} B \qquad (34.15)$$

這就是磁場變化所產生的力矩而引發的電子角動量改變，也就是額外的角動量。

　　由於增加的角動量屬於**軌道**運動所以也有磁矩伴隨，且其值等於 $-q_e/2m$ 乘以該角動量。因此，引發的反磁性磁矩爲

$$\Delta\mu = -\frac{q_e}{2m}\Delta J = -\frac{q_e^2 r^2}{4m} B \qquad (34.16)$$

這裡的負號（根據冷次定律即可看出此負號是正確的）意謂著：增加的磁矩與原磁場反向。

　　我們希望將(34.16)式略爲改寫。原式中的 r 是平面軌道半徑，其中心軸平行於 B 且通過原子。若 B 指向 z 方向，則 r^2 即爲 $x^2 + y^2$。若考慮球對稱的原子（或假設中心軸可以指向各個方向，而對

所有的原子取平均值），則 $x^2 + y^2$ 的平均值即爲 2/3 乘以眞正由原子**中心**算起的半徑的平方。因此，(34.16)式可以更方便的寫爲

$$\Delta \mu = - \frac{q_e^2}{6m} \langle r^2 \rangle_{平均} B \qquad (34.17)$$

　　總之，我們得到一個感應磁矩，其大小正比於磁場的大小且與磁場反向。這就是材料的反磁性。就是這反磁性，造成前面所談到的，當一塊鉍金屬置於非均匀磁場時，會感受到微弱的磁力（其實，你也可以計算這個感應磁矩在外磁場的能量，並且算出當材質進入或移出高磁場區域時，能量如何隨之改變，以瞭解這個微弱磁力）。

　　我們還剩下一個問題尚未回答：半徑平方的平均值 $\langle r^2 \rangle_{平均}$ 是多少？古典力學無法回答這個問題，所以我們得回到量子力學從頭算起。在一個原子內，我們並不能給出電子眞正的位置，而只能談電子在各處的機率。若我們將 $\langle r^2 \rangle_{平均}$ 視爲在此機率分布下，電子到中心距離平方的期望值，則量子力學所給出的反磁性磁矩，恰好就是(34.17)式（該式當然只是單一電子的磁矩）；要對原子內的所有電子求和，才能給出總磁矩。讓人訝異的是，古典論證居然能給出與量子力學一致的結果。不過即使是這樣，我們以後會談到，給出(34.17)式的古典論證，在古典力學中其實是不成立的。

　　最後要說明的是，即使在原子原來就擁有永久磁矩的狀況下，這裡所談的反磁效應仍舊不變。此時，系統在磁場下會產生進動。當整個系統進動時，它就額外獲得一個微小的角速度，這個微小轉動會產生微小電流，而對磁矩做出修正。這還是先前所推導的反磁效應，只是用不同的表現方式罷了。不過如果有順磁效應，之前就已經指出，反磁效應根本是不需要考慮的。不過，如果先計算反磁效應，就如同我們這裡所做的那般，我們也不必擔憂進動所給出的額外電流，因爲該電流已經含在反磁效應裡了。

34-5 拉莫定理

　　由以上的結果，我們可以得到下列結論。首先，在古典理論裡，磁矩 $\boldsymbol{\mu}$ 必與 $\boldsymbol{J}$ 成正比，而正比常數由原子系統決定。當電子自旋不存在時，則比例常數等於 $-q_e/2m$；也就是說，在(34.6)式中的 g 應該設定為 1，$\boldsymbol{\mu}$ 對 $\boldsymbol{J}$ 的比值與電子運動無關。因此，古典理論認為，所有系統的電子都具有**相同**的進動角速度（但是量子力學則**不然**）。這樣的敘述與古典力學裡的一個定理有關，我們現在就來證明這個定理。

　　假設我們有一群電子，受到來自同一中心的吸引力所束縛，就好像這些電子受到同一個原子核所吸引。因為電子之間也存在交互作用，所以形成極為複雜的運動。假設你已經解出這個系統在**無磁場**時的電子運動，且進一步的想要瞭解當**有**一微弱磁場存在時，該系統的運動。則拉莫定理告訴我們，在微弱磁場下，其運動可視為無磁場時的解，再加上圍繞一轉軸的旋轉；該轉軸平行於磁場，且旋轉角速為 $\omega_L = q_e B/2m$（當 $g = 1$ 時，這就是之前所說的 ω_p）。雖然在無磁場時可以有許多個解，但拉莫定理（Larmor's theorem）指出，無論其解為何，當微弱磁場出現時，系統的運動只不過是原解所代表的運動，再加上均勻旋轉罷了。這就是拉莫定理，而 ω_L 則稱為**拉莫頻率**。

　　我們只會概略示範這個定理如何證明，而讓你自己填補過程中的細節。我們先考慮在連心力場下，單一電子的狀況：作用於電子上的力為 $F(r)$，並指向中心。若開啟均勻磁場，將額外產生一磁力為 $q\boldsymbol{v} \times \boldsymbol{B}$；故總力為

$$F(r) + qv \times B \tag{34.18}$$

另外,我們由轉動座標系來考慮原系統運動,該座標系的轉軸平行於 **B** 且通過力場中心。因為新座標系並非慣性系統,我們需要考慮適當的假想力,也就是第 I 卷第 19 章所說的離心力及柯若利斯力(Coriolis force)。在第 I 卷中,我們已經推導過,在角速為 ω 的轉動座標系裡,存在**表觀切向**力,正比於 v_r(即速度的徑向分量):

$$F_t = -2m\omega v_r \tag{34.19}$$

此外,存在著表觀徑向力為

$$F_r = m\omega^2 r + 2m\omega v_t \tag{34.20}$$

上式中,v_t 為轉動座標系裡所測到的速度切向分量(無論在慣性系統或轉動系統,所測得的徑向分量 v_r 並不改變)。

當轉動角速度夠小時(也就是當 $\omega r \ll v_t$),(34.20)式中的首項(離心力)遠小於第二項(柯若利斯力)而可以忽略。則(34.19)式與(34.20)式可以合併寫為

$$F = -2m\omega \times v \tag{34.21}$$

現在,從轉動座標系來觀察電子系統在連心力場及磁場下的行為,則應該要將(34.21)式中的假想力加入(34.18)式中。如此得到的總力為

$$F(r) + qv \times B + 2mv \times \omega \tag{34.22}$$

(在上式中的末項,因為已經調整了(34.21)式向量外積的順序,所以負號被移除。)我們檢視最後的結果,可以看出,如果令

$$2m\omega = -qB$$

則磁力與假想力正好相互抵消，因此轉動座標系裡只剩下連心力場 $F(r)$。電子的運動就像無磁場時，在慣性座標系裡所觀察到的情況一樣。到這裡，我們證明了單一電子時的拉莫定理。請注意，因為證明中假設 ω 很小，所以這裡的證明只適用於弱磁場的情形。我們將多個電子的案例留給各位自己證明，在這樣的案例中，電子彼此之間存在交互作用，並且同處於一個連心力場內。所以，我們可以歸納出這樣的結論：無論原子有多複雜，只要是連心力場，此定理就會成立。古典力學的應用到這裡也就結束，因為嚴格說來，進動的方式並不遵守拉莫定理。畢竟，只有當 $g = 1$ 時，(34.11)式中的進動頻率 ω_p 才等於拉莫頻率 ω_L。

34-6　古典物理中不存在反磁性及順磁性

現在，我們要證明在古典物理中，反磁性與順磁性根本是無法存在的。這聽起來有些瘋狂，因為先前我們已經證明了古典物理存在有順磁性、反磁性，及軌道進動等，但現在卻要證明這些所有都是錯的。的確如此！我們將要證明，**如果**能老實實的根據**古典**力學做計算，前述的磁性效應將不存在，**所有的**磁效應會**彼此抵消**。如果你從某個階段才開始進行古典論證，且進行的不夠徹底，或許你可以獲得任何你所預設的結論。然而，若根據適當並正確的論證，則可證明事實上古典的磁性效應是不存在的。

根據古典力學，任何的系統（包括電子氣體，質子，或是其他），當被封在盒子裡以致系統無法整體轉動時，將不會有磁效應。如果系統是孤立的，例如恆星，可以藉由自身的重力將所有系

統內的物質聚集在一塊兒，則當你施加一磁場時，這類系統便會開始轉動。但若系統是一塊位置固定的材料，以致系統無法旋轉，則不會有任何磁效應發生。這裡所講的「固定住位置，而不使其旋轉」，所指的是：對於一給定的溫度，我們假設**只有一個**熱平衡**狀態**。古典物理的定理說，如果你施加一磁場並等候系統進入熱平衡狀態，則系統不會產生順磁或逆磁現象，或者說感應磁矩為零。我們可以證明：根據統計力學，一個系統會處於某一運動狀態的機率正比於 $e^{-U/kT}$，這裡的 U 是該運動狀態的能量。現在要問的是，運動的能量是多少？對於在恆定磁場下運動的粒子而言，該能量為普通的位能加上 $mv^2/2$，而沒有來自磁場的貢獻。

　　（你已經知道，電磁場所給出的電磁力為 $q(\boldsymbol{E} + \boldsymbol{v} \times \boldsymbol{B})$，對應的功率 $\boldsymbol{F} \cdot \boldsymbol{v}$ 等於 $q\boldsymbol{E} \cdot \boldsymbol{v}$，不受到磁場影響。）所以系統的能量，無論是否處於磁場內，必定是動能加上位能。另外，因為任一運動狀態的機率只由能量決定，也就是說，由速度及位置決定，所以該機率不受磁場的影響。因此，對於**熱**平衡系統而言，磁場不產生效應。若在一個盒子裡放置一力學系統，又在另一個盒子裡放置第二個系統，且後者置放於磁場中，則在一號盒子裡，在某處出現某速度的機率，會與在二號盒子裡的機率完全相同。如果一號盒子裡的平均環繞電流為零（當該系統與靜止盒壁間形成熱平衡時，就沒有非零的平均環繞電流），則平均磁矩亦為零。此時，因為二號盒子內的運動情況與一號盒完全相同，所以盒內的平均磁矩也為零。因此，我們可以歸納出以下結論：若溫度維持不變，且在磁場出現之後又再度建立新的熱平衡，則根據古典力學，該磁場無法感應出任何磁矩。所以，對磁性現象而言，想要獲得令人滿意的瞭解，就只有訴諸於量子力學了。

　　不幸的是，在這裡我們不能夠認定你們已經對量子力學有深刻

的瞭解，因此還不適合這樣做。但另外，在學習某一領域時，並不一定要先學過嚴謹的法則之後，才能學習如何應用這些法則到各種狀況。因為在這門課裡，每個題材的處理方式也不盡相同。以電學為例，我們會開宗明義的先談論馬克士威方程式，之後才由該方程式導出許多結果，這是一種做法。但是在這裡，我們**不**打算先談論量子力學後，再導出所有結果。我們將直接介紹給你一些量子力學的結果，而或許以後你才會明瞭這些結果如何被導出。以下便是這些結果。

34-7　量子力學的角動量

　　之前我們已給出磁矩與角動量之間的關係式，這式子很清楚。但是在量子力學裡，磁矩及角動量的**意義**到底是什麼？在量子力學中，要定義這些物理量（如磁矩）的最好方式，就是由其他概念（例如能量）來著手，以避免混淆不清；而要以能量來定義磁矩並不困難。在古典理論裡，磁矩在磁場中的能量為 $\boldsymbol{\mu} \cdot \boldsymbol{B}$。因此，在量子力學中，可以用這樣的方式來定義磁矩：我們計算一系統在磁場內的能量，若發現該能量正比於磁場強度（在低磁場時），其正比係數就稱為該系統磁矩沿磁場方向的分量（我們不需要因此而特別看待這類的計算結果；計算出的磁矩，仍可視為古典意義下的普通磁矩）。

　　接著，讓我們討論量子力學裡角動量的概念，簡單的說，就是在量子力學中，一個系統的哪種特性可以稱為角動量。請注意，當系統遵守量子力學定律時，一個物理量名詞所具有的意義，與對應的古典狀況相比，並不相同。例如，你或許會說，「我知道角動量的意義。它就是在力矩作用下會被改變的量。」但是我們必須要

問，力矩又是什麼？在量子力學裡，我們所有的古典物理量都必須重新給予定義。因此，從這個觀點來說，我們最好是稱呼角動量為「量子力學角動量」，或其他像這樣的名稱，以表明我們正談論量子力學裡所定義的角動量。然而，當系統趨向大尺寸時，若我們所談的量子力學物理量，隨之趨近於某古典物理量，則沒有必要引進新的名詞來稱呼量子力學物理量。我們不妨就稱呼它為角動量。根據這樣的默契，下面我們將討論的奇特量子力學物理量，就是角動量。也就是說，當系統尺寸放大時，該量趨近於古典力學所指的角動量。

首先，我們考慮角動量守恆的系統，例如在真空中孤立的原子。這樣的系統，正如以自轉軸旋轉的地球，可以圍繞任意指向的轉軸旋轉。對於一個給定的轉速，可以有許多不同的狀態，而能量維持不變，每一個狀態則對應角動量的某一特定方向。在古典理論裡，當角動量大小給定時，可以有無窮多個狀態，都具有相同能量。

但是在量子力學裡，有幾點奇特的修正。首先，這些旋轉態的個數會受到限制，也就是**僅存在**有限數目的旋轉態。當系統很小時，這個有限個數隨之變小；當系統很大時，此個數也隨之變大。其次，我們**不可以**用角動量的**方向**來描述一個量子力學旋轉態，而是必須以該角動量沿某方向（例如 z 方向）的**分量**的方法來描述。在古典情況下，對於給定的角動量 J，一物體可以有任意從 $+J$ 到 $-J$ 之間的數值，來做為其 z 分量。但在量子力學裡，則並非如此。這個 z 分量只可以是某些特定的值。對於任意系統（如某種原子、原子核，或其他）而言，當能量給定時，存在有一特徵值 j，使得角動量的 z 分量只能為下列情況之一：

$$
\begin{array}{c}
j\hbar \\
(j-1)\hbar \\
(j-2)\hbar \\
\vdots \\
-(j-2)\hbar \\
-(j-1)\hbar \\
-j\hbar
\end{array}
\tag{34.23}
$$

其最大值為 j 乘以 $\hbar$；次大值為前述的值減去一單位的 $\hbar$，其餘以此類推，一直到該序列的數遞減到 $-j\hbar$ 為止。這個特徵值 j 便稱為「系統的自旋」（有人稱之為「總角動量量子數」；但我們稱作「自旋」）。

或許你會擔心以上所述只對某特定的 z 軸才成立，但實際上並非如此。對一自旋為 j 的系統而言，沿著**任意**軸的角動量分量只能是(34.23)式其中之一的值。雖然這個結果聽起來有些怪異，但我們希望你暫且先接受它，我們以後會再回頭討論。這個結果至少有一點令人安心，就是 z 分量的極大值與極小值大小**相等**，正負號相反，使得我們不需要煩惱 z 軸的正向在哪一端（反過來，如果極大值與極小值並不是大小相等，則會產生不合理的物理結果：z 軸的正向與反向將不對稱，因而無法沿著原 z 軸的反向來定義一個新的 z 軸）。

乍看之下，既然角動量的 z 分量逐漸以整數之差，由 $+j$ 遞減為 $-j$，則 j 必然為整數。但其實不是這樣，而是 j 的兩倍才必須為整數。這是因為 $+j$ 與 $-j$ 的**差**才必須要求是整數。因此，自旋 j 可以是整數或半整數，視 $2j$ 的奇偶而定。以鋰原子核為例，其自旋 $j=3/2$，所以沿 z 軸的角動量分量，在 $\hbar$ 單位下，只能是下列數值之一：

$$+3/2$$
$$+1/2$$
$$-1/2$$
$$-3/2$$

因此，如果這個原子核處於眞空且無外場時，總共有四個可能的狀態，且都具有相同的能量。而如果另一系統的自旋爲 2，則當使用 $\hbar$ 爲單位時，角動量的 z 分量可以是下列的值：

$$2$$
$$1$$
$$0$$
$$-1$$
$$-2$$

對於一個給定的 j，總共有（$2j + 1$）個可能的狀態。換句話說，如果你給定能量及自旋 j，則共有（$2j + 1$）個態具有給定的能量，且每一個狀態都對應角動量在 z 方向某一被容許的分量。

我們再來陳述另一個相關事實。如果任意挑出一個具有給定 j 值的原子，並且測量它的角動量的 z 分量，則你將會測得某一個前述容許的值，而所有被容許的值出現的機率都**相等**。所有前述被容許的態都是單一狀態，不分優劣，也就是說，在物理世界裡都擁有相等的權重（在這裡，假設我們沒有特別的去篩選出一組樣本）。以上的事實剛好有個簡單的古典類比。讓我們考慮古典情況：假設我們隨機取出一組系統，其中每一個系統都有相同的總角動量，那麼你發現此角動量具有某特定 z 分量的概率應該是多少？答案是，介於最大與最小值之間的所有分量，都有相同的概率可以被我們測得（這個事實非常容易推導出來）。以上的古典結果就是對應到量子力學中，所有（$2j + 1$）個狀態，它們出現的機率均相等。

由以上討論，我們可以推導出另一個有趣、但令人有些訝異的結論。在某些古典計算裡，最後的結果會含有角動量 J 的**平方**，也

就是 $\boldsymbol{J} \cdot \boldsymbol{J}$。在對應的量子力學計算裡，我們常常可以發現下列通則：只需要將古典答案 $\boldsymbol{J}^2 = \boldsymbol{J} \cdot \boldsymbol{J}$ 代換成 $j(j + 1) \hbar^2$，就可以得到量子力學結果。這個通則常被使用，而且可以得到正確答案，但嚴格來說，**並不是**沒有例外。我們將用以下的論證來說明為何我們會認為這項規則是正確的。

純量積 $\boldsymbol{J} \cdot \boldsymbol{J}$ 可寫為

$$\boldsymbol{J} \cdot \boldsymbol{J} = J_x^2 + J_y^2 + J_z^2$$

因為是純量，所以無論自旋的指向為何，這個量都不變。假設對於任意給定的原子系統，我們隨機揀選其樣本並測量 J_x^2、J_y^2 或 J_z^2，則這三者的**平均值**必然相等（因為沒有特定的方向可言）。因此，$\boldsymbol{J} \cdot \boldsymbol{J}$ 的平均值應該等於任一分量平方的期望值的三倍，以 J_z^2 為例：

$$\langle \boldsymbol{J} \cdot \boldsymbol{J} \rangle_{平均} = 3\langle J_z^2 \rangle_{平均}$$

又因為 $\boldsymbol{J} \cdot \boldsymbol{J}$ 並不隨角動量方向改變，是一個常數，所以其方向平均值等於這個常數值；這可以給出

$$\boldsymbol{J} \cdot \boldsymbol{J} = 3\langle J_z^2 \rangle_{平均} \tag{34.24}$$

之前我們已談過在量子力學裡，角動量 z 分量的方程式。使用這些方程式，便可以輕易算出 $\langle J_z^2 \rangle_{平均}$。只需要將（$2j + 1$）個可能的 J_z^2 值相加，再除以總態數即可

$$\langle J_z^2 \rangle_{平均} = \frac{j^2 + (j - 1)^2 + \cdots + (-j + 1)^2 + (-j)^2}{2j + 1} \hbar^2 \tag{34.25}$$

如果系統具有 3/2 的自旋，則應該計算如下：

$$\langle J_z^2 \rangle_{\text{平均}} = \frac{(3/2)^2 + (1/2)^2 + (-1/2)^2 + (-3/2)^2}{4}\,\hbar^2 = \frac{5}{4}\,\hbar^2$$

可以得到

$$\boldsymbol{J} \cdot \boldsymbol{J} = 3\,\langle J_z^2 \rangle_{\text{平均}} = 3\tfrac{5}{4}\hbar^2 = \tfrac{3}{2}(\tfrac{3}{2} + 1)\hbar^2$$

我們讓你自己證明，將(34.25)式與(34.24)式合併，就可以得到下面一般性的結果：

$$\boldsymbol{J} \cdot \boldsymbol{J} = j(j + 1)\hbar^2 \qquad (34.26)$$

在古典力學裡，我們會認為 $\boldsymbol{J}$ 的 z 分量的最大值等於 $\boldsymbol{J}$ 的大小，也就是 $\sqrt{\boldsymbol{J} \cdot \boldsymbol{J}}$；但是在量子力學裡，$J_z$ 的最大值永遠略小於 $\boldsymbol{J}$ 的大小，因為 $j\hbar$ 永遠小於 $\sqrt{j(j+1)}\,\hbar$。也就是說，角動量永遠不可能完全指向 z 方向。

34-8 原子的磁能

我們再回過頭來談磁矩。先前我們已經談過，一個原子系統的磁矩可以藉由(34.6)式以角動量來表示：

$$\boldsymbol{\mu} = -g\left(\frac{q_e}{2m}\right)\boldsymbol{J} \qquad (34.27)$$

在這裡，$-q_e$ 及 m 分別是電子的電荷與質量。

當一個原子磁體置於外加磁場內時，它會獲得額外的能量，且磁能大小由其磁矩沿著磁場方向的分量決定。也就是

$$U_{\text{磁}} = -\boldsymbol{\mu} \cdot \boldsymbol{B} \qquad (34.28)$$

我們選取 $\boldsymbol{B}$ 的指向做為 z 軸方向，則

$$U_{磁} = -\mu_z B \hspace{3cm} (34.29)$$

根據(34.27)式，我們可以得到

$$U_{磁} = g\left(\frac{q_e}{2m}\right) J_z B$$

由於在量子力學裡頭，J_z 只可以是下列特定的值之一：$j\hbar$、$(j-1)\hbar$、⋯⋯、$-j\hbar$，所以一原子系統的磁能不可為任意值（它只能為某些特定值）。例如，其最大值為

$$g\left(\frac{q_e}{2m}\right) \hbar j B$$

在上式中出現的 $q_e\hbar/2m$，通常稱為「波耳磁元」，並寫為 μ_B：

$$\mu_B = \frac{q_e\hbar}{2m}$$

所以被容許的磁能可以寫為

$$U_{磁} = g\mu_B B \frac{J_z}{\hbar}$$

在這裡，$J_z/\hbar$ 只能是下列數值之一：j、$(j-1)$、$(j-2)$、⋯⋯ $(-j+1)$、$-j$。

換句話說，當一個原子系統置於磁場中，其能量會產生改變，這個改變正比於磁場及 J_z。或者我們可以說，這個原子系統的能量被磁場「分裂成（$2j+1$）個能階」。例如，我們假設某原子，在無磁場時的能量為 U_0，自旋 j 為 3/2，當置入磁場後，則會出現四種

可能的能量值。這些能量，可以用類似圖 34-5 的能階圖來表示。當給定磁場 B 時，任一原子的能量只能是圖中的四種能量之一。這就是量子力學對於原子系統在磁場內行為的敘述。

最單純的「原子」系統就是單一電子。因為電子的自旋是 1/2，所以只能存在兩種狀態：$J_z = \hbar/2$ 及 $J_z = -\hbar/2$。對於靜止（無軌道運動）的電子，自旋磁矩的 g 值等於 2，所以它的磁能只能是 $\pm \mu_B B$ 的其中之一。次頁的圖 34-6 顯示電子在磁場內可以擁有的能量。不嚴謹的講，我們稱電子的自旋只能是「向上」（與磁場同向）或「向下」（與磁場反向）。

如果系統擁有更高的自旋，則狀態的個數也將隨之增加。我們

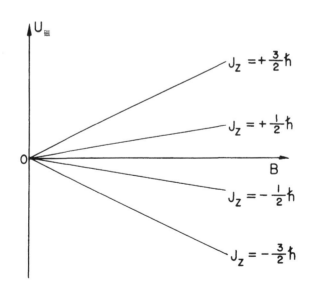

圖 34-5　旋轉量為 3/2 的原子系統，置於磁場 B 內，所可能擁有的能態。

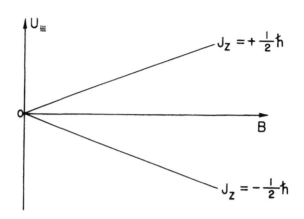

<u>圖 34-6</u>　電子置於磁場 **B** 內，所可能擁有的兩種能態。

可以視其自旋爲「向上」或「向下」，或是介於其間的某一傾斜角度；一切依 J_z 的值而定。

　　以上所談的種種量子力學結果，將會在下一章討論材料磁性時使用。

附錄 第Ⅱ卷第 35 章
順磁性與磁共振

35-1 量子化的磁性能態

在前一章，我們談到在量子力學裡，物體的角動量不可是任意方向的，而是該角動量沿某給定軸的分量，只能是某些等差距的不連續數。這結果令人驚訝。或許你會認為我們應先擱置這類的相關討論，直到我們的心智更成熟，更習慣於如此的量子力學現象為止。但實際上，就更易接受這類概念的層面而言，我們的心智永不可能變得更成熟。任何一個能夠將此類量子力學結果，成功的以可理解方式解釋的描述，本身所含的玄奧及複雜度，必然勝過於原量子力學結果。就如我們已提過多次的，物質在微小尺寸尺度上的行為，不同於我們司空見慣的日常經驗，而經常表現出奇特的性質。隨我們陸續談論古典物理論證之際，最好也培養出自我對小尺寸尺度行為的熟悉度，暫以增加這方面相關經驗為主，而不追求深入透徹的瞭解。對這一類行為的瞭解只能緩慢漸進為之。久而久之，就有能力較準確預測在某量子力學狀況下會發生的現象，這或許就表示已有所「瞭解」了。

雖然如此，我們可能永遠無法真正接受這些量子力學法則為「自然現象」。當然嚴格而言，它們**是**自然現象，只是以我們普通的日常經驗來看不易接受罷了。我們也應提及，底下我們對角動量的量子力學法則所持的態度，與我們在他處對其他討論所持者相比，存有極大差異。我們將不嘗試去「解釋」量子力學法則，但是我們起碼要**告訴**你發生了什麼事；若不這樣，會令人誤解認為，材料的磁性是可以用角動量與磁矩的古典描述去瞭解的，這不是誠實的做

請複習：第 II 卷第 11 章〈介電體內部〉。

法。

量子力學裡一個令人訝異與困擾的特性便是，當測量角動量沿任意給定軸的分量時，答案永遠是 $\hbar$ 的整數倍或半整數倍。無論如何選取該軸，皆是如此。這個奇異事實所涉及的奧妙，即是無論該軸指向爲何，沿其方向的分量永遠鎖定在固定數列所成的集合，這將留待未來章節再闡明。到時，你便可愉快的見識到這矛盾是如何解決的了。

我們先接受下列事實：對任一個原子系統，存在一數值 j，稱爲該系統的**自旋**，j 值爲整數或半整數，角動量沿任何給定軸的分量只能是下列介於 $+j\hbar$ 及 $-j\hbar$ 間之眾數值之一：

$$J_z = \left\{ \begin{array}{c} j \\ j-1 \\ j-2 \\ \vdots \\ -j+2 \\ -j+1 \\ -j \end{array} \right\} \cdot \hbar \; 之一 \tag{35.1}$$

我們之前曾提過，任何一個原子系統的磁矩與其角動量都會同向。這不僅對原子及原子核爲如此，對基本粒子也是如此。每一個基本粒子亦有其特徵的 j 值與磁矩。（對某些粒子而言，兩者皆爲零。）我們此處所謂的「磁矩」，當置於一個磁場內，若令該場指向 z 方向，該系統能量在低磁場的情況下，可寫爲 $-\mu_z B$。我們必須對於磁場的強度設下限制，否則磁場便會影響該系統的內部運動，前述磁能不再能用來量度磁場未出現時的磁矩。但若磁場微弱，則因磁場而產生的能量改變就等於

$$\Delta U = -\mu_z B \tag{35.2}$$

此處，式中的 μ_z 要用下式代換

$$\mu_z = g\left(\frac{q}{2m}\right) J_z \tag{35.3}$$

而 J_z 即為(35.1)式中所列的值。

設想一個自旋 $j = 3/2$ 的系統。在無磁場時，系統可以有四種可能狀態，都具有相同能量，但分別對應不同的 J_z 值。一旦磁場出現，就會多一項額外的磁作用能量，把前述各態分裂成四個能量略有差異的能階。這些能階的能量正比於 B，並分別乘以 3/2 、1/2 、 $-1/2$ 、 $-3/2$ ，即 J_z 之值，再乘以 $\hbar$。在圖 35-1 中，我們分別顯示自旋為 1/2 、 1 及 3/2 ，各原子系統的能階分裂情形。（但提醒一點，無論電子狀態為何，磁矩永遠與角動量反向。）

由圖中也可以看出，無論磁場存在與否，各能階的「重心」皆不改變。也請你們注意，對於給定磁場中的給定粒子，相鄰兩能階的間距為常值。我們可以把該能量間距寫為 $\hbar\omega_p$，這即是 ω_p 的定義。根據(35.2)及(35.3)兩式，得到

$$\hbar\omega_p = g\frac{q}{2m}\hbar B$$

或

$$\omega_p = g\frac{q}{2m} B \tag{35.4}$$

上式的量 $g(q/2m)$ 正是磁矩對角動量的比值，可視為粒子的性質。(35.4)式與在第 34 章所導得的公式相同，第 34 章的公式是當一個角動量為 $\boldsymbol{J}$、磁矩為 $\boldsymbol{\mu}$ 的陀螺儀，置於磁場內時所產生進動運動的角速度公式。

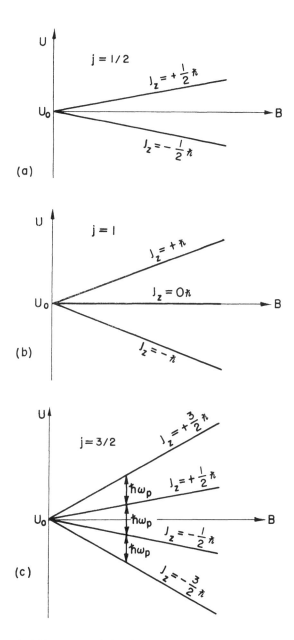

圖 35-1　具有自旋 j 的原子系統，在磁場 B 內具有（$2j+1$）個可能的
能量值。在低磁場時，能量間的差距正比於 B。

35-2　斯特恩－革拉赫實驗

角動量是量子化的這件事實很讓人驚訝，所以我們將略爲敘述相關的歷史發展。雖然這個結果已有理論預測，但當實驗發現這個現象時，仍讓人震驚不已。這個現象最初是在 1922 年，由斯特恩（O. Stern）及革拉赫（W. Gerlach）二人在實驗中觀察到的。若你願意，可以把這個實驗視爲角動量量子化觀念成立的證據。斯特恩與革拉赫設計這個實驗，是要觀察銀原子的磁矩。他們以高溫爐蒸發出銀原子，並讓其中一部分穿越過一系列的孔隙來產生一串銀原子束。他們再將這個原子束送入特殊磁鐵的兩磁極所包夾的空間內，如圖 35-2 所示。他們的想法如下：如果銀原子的磁矩爲 $\boldsymbol{\mu}$，在磁場 $\boldsymbol{B}$ 內的能量會是 $-\mu_z B$，此處 z 爲磁場方向。在古典理論裡，μ_z 等於磁矩乘以磁矩與磁場之間夾角 θ 的餘弦函數值，所以磁場給出的額外能量爲

$$\Delta U = -\mu B \cos \theta \tag{35.5}$$

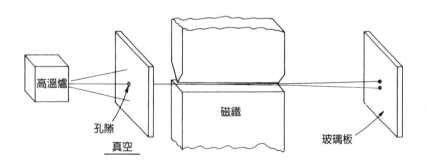

圖 35-2　斯特恩－革拉赫實驗

當然,在原子離開烤箱後,磁矩可分布於任意方向上,所以角度 θ 可為任意值。現在,若所用的磁場在 z 方向上的變化很大,也就是說磁場的梯度很大,則磁能就會隨著原子的位置而變,因此這些磁矩就會感受到磁力,且磁力的方向依 $\cos \theta$ 的正負而定。這個把原子拉上或拉下的磁力正比於磁能函數的導數;由虛功原理可知

$$F_z = -\frac{\partial U}{\partial z} = \mu \cos \theta \frac{\partial B}{\partial z} \tag{35.6}$$

斯特恩與革拉赫把磁鐵的一極設計成極為銳利的刀刃狀,以便產生快速變化的磁場。銀原子束是沿此刀刃邊緣平行前進,所以在這個不均勻磁場中,原子會感受到一個垂直的力。如果這個原子的磁矩指向水平方向,感受到的磁力為零,原子將毫無轉折的直接通過磁場區域。若磁矩指向 $+z$ 的垂直方向,則感受的磁力會把原子牽引向上,往刀刃狀磁極那方靠近。若磁矩垂直向下,則原子會感受到向下的推力。綜合以上所述,當原子離開磁場區域時,視其磁矩的垂直分量,將以扇形狀分散開來。由於古典理論中,磁矩的所有角度均為可能,所以當銀原子降落於玻璃板面上,收集在一起時,我們應該可以觀察到一條垂直銀線。這條銀線的長度應該與其磁矩的大小成正比。當斯特恩與革拉赫完成觀測後,他們的結果完全牴觸了古典理論的預期,顯示出古典物理完全失效。他們在玻璃板上發現兩個點,換句話說,銀原子受磁力分裂為兩束。

想想這實在很神奇,銀原子束的自旋指向顯然是隨機分布的,但居然只分裂成兩束。這些磁矩如何**得知**它們在磁場下,沿磁場方向之分量只允許有某些特定值?好啦,這便是當初角動量量子化的發現實況。我們不打算給你更進一步的滿意理論解釋,而只想說你只能接受上述的實驗結果,正如當年的物理學家在這個實驗結果剛發現時,也只有接受一途。原子在磁場下的磁能,只能為某幾個特

定值，這是**實驗證實的事實**。這些特定的能量值正比於磁場強度。當磁場強度隨位置變化時，虛功原理告訴我們，原子可感受到的磁力也只能為某特定序列中的數值；對每個磁矩狀態而言，感受的磁力均不同，所以一束原子便會分裂為數個不同的原子束。由這些原子束的偏折程度，可測出磁矩的強度。

35-3 拉比分子束法

現在，我們要介紹拉比（Isidor Isaac Rabi, 1898-1988）及其研究團隊發展出的一種改進裝置，可用於磁矩的測量。在斯特恩－革拉赫實驗裡，原子束的偏折量很小，因此不易精確的測量出磁矩。拉比的技術可以非常精準的量出磁矩。這個方法是基於下列事實：原子的能量在磁場下會分裂成數個能階。原子在磁場下只能有某些能階這件事，並不會令人過於驚訝，因為**一般而言**，原子的能量只能有某些離散的能階，這已在第 I 卷提過。既然如此，原子在磁場裡當然也可表現出類似現象。但是當我們把離散能階的概念，與**磁矩方向關聯**在一塊兒時，則更進一步的展現了量子力學的奇特本質。

當原子擁有兩個能階，且其能量間距為 ΔU，則它可由上能階躍遷至下能階，並輻射出一個頻率為 ω 的光子，且滿足

$$\hbar\omega = \Delta U \tag{35.7}$$

同樣的，把原子置於磁場時，相同的情況也可以發生。只不過由於能階間的差異極為微小，以致於頻率會對應於微波或無線電波，而非可見光波。由下能階至上能階的躍遷，也可以用吸收光的方式達成；如果原子位於磁場內，所吸收的則是微波。因此，當原子置放於磁場時，我們透過某適當頻率的電磁場，引發原子由一個能態躍

遷至另一個能態。換言之，若我們把一個原子置於強磁場中，並以一個微弱電磁波「騷擾」，則當電磁波頻率接近(35.7)式的 ω 時，將有可能把原子從一個能態敲出，而進入另一個能態中。對於磁場內的原子而言，這個頻率即是之前所謂的 ω_p，即(35.4)式以磁場所表出者。若用不當的頻率騷擾原子，則引發躍遷的機率極微小。當頻率接近 ω_p 時，則形成強烈**共振**，引發躍遷的機率為最大。在給定磁場 B 之下，藉由測量此共振頻率，可以得到 g(q/2m)，因此也可以得到 g 因子，且精確度極高。

　　有趣的是，前述結果也可以用古典觀點得出。根據古典圖像，當一個具有磁矩 μ 及角動量 J 的小陀螺儀，置於一個磁場內時，陀螺儀將圍繞著平行於磁場的軸進動（見圖35-3）。設想下列問題：要如何改變這個古典陀螺儀與磁場的夾角，也就是與 z 軸的夾角？此處磁場所產生的力矩是沿某**水平軸**方向。你或許會誤以為，這個力矩將讓磁矩與磁場方向一致，然而實際上它的效應是造成進動。如果我們想改變陀螺儀相對於 z 軸的角度，則必須施一個**圍繞 z 軸**

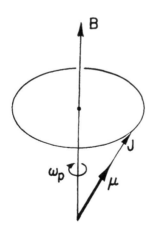

圖35-3　具有磁矩 μ 與角動量 J 的原子，做古典進動運動。

的力矩。如果所施以的力矩與進動同向，陀螺儀的角度會增加，使 *J* 沿 *z* 軸的分量減少。反之，如果該力矩阻礙進動運動，則 *J* 會移近鉛垂方向。

　　對於在均勻磁場下做進動運動的原子，前述的力矩該如何施加？答案便是：由側面施以一個微弱磁場。你可能會認為，該磁場必須隨磁矩的進動旋轉，使其方向能永遠垂直於磁矩，如圖 35-4(a) 中的磁場 *B'* 一般。這樣的磁場確實很能發揮所希望的功能，但一個**正負交替變化**的水平磁場也可以有類似的作用。若 *B'* 是一個微弱的

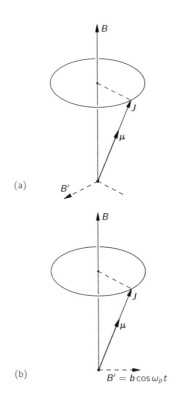

圖35-4　原子磁體的進動角度，可用一個垂直於 **μ** 的磁場加以改變，如 (a)，或用一個振盪磁場，如 (b)。

水平磁場，方向固定在 x 軸（正或負），並以 ω_p 頻率振盪，則每半個週期，磁矩所受的力矩便會變為反向，所累積造成的效應幾乎等效於一個轉動的磁場。故由古典物理觀點來看，當我們有一個頻率恰為 ω_p 的微弱振盪磁場時，磁矩沿 z 方向的分量便會改變。在古典物理裡，μ_z 的變化量可為連續分布，但在量子力學裡，磁矩的 z 分量則無法連續調整。它必須由一個值突然變化為另一個值。上面我們比較了古典力學與量子力學的結果，告訴你在古典力學下可能發生的狀況，並指出它與實際量子力學結果的相關性。你應已注意到，兩種力學所預期的共振頻率是一致的。

　　再補充一點：根據之前的量子力學討論，並無任何明顯的理由禁止頻率為 $2\omega_p$ 的躍遷發生。但在古典力學裡則不然。其實即使在量子力學裡，這種躍遷也不會發生，至少無法以前述的方法引發該躍遷。也就是，在水平振盪磁場下，頻率為 $2\omega_p$ 時，能導致一口氣跳躍兩個能階的機率為零。僅能以 ω_p 的頻率進行向上或向下的躍遷。

　　現在，我們可以描述如何以拉比法測量磁矩了。這裡僅用自旋 1/2 的原子為例，討論該測量的操作方式。儀器配置如圖 35-5 所示。起始處為一個烤爐，可連續發射出中性原子，通過串連在一直線的三個磁鐵。1 號磁鐵的性質正如圖 35-2 所示，其磁場有很大的

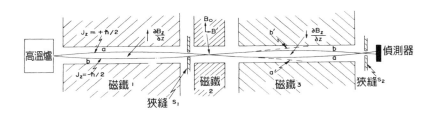

圖 35-5　拉比分子束法實驗的儀器配置

梯度，令該梯度$\partial B_z/\partial z$ 爲正值。所以如果原子具有磁矩，則當 $J_z =$ $+\hbar/2$ 時它們會向下偏折，而當 $J_z = -\hbar/2$ 時則它們會向上偏折（因對電子而言，$\boldsymbol{\mu}$ 與 $\boldsymbol{J}$ 互爲反向)。因此，具有 $J_z = +\hbar/2$ 的原子會沿 a 曲線行進，穿越磁鐵右方的 1 號狹縫 S_1；而具有 $J_z = -\hbar/2$ 的原子則會沿 b 曲線行進。至於離開烤爐，出發時即沿其他曲線行進的原子，則無法穿越該狹縫。

2 號磁鐵爲均勻磁場。因此，在此區域的原子並不受磁力作用，而沿直線方向穿過並進入 3 號磁鐵。 3 號磁鐵的性質正如 1 號磁鐵，但磁場**上下倒置**，所以梯度$\partial B_z/\partial z$ 的正負符號也會相反。具有 $J_z = +\hbar/2$ 的原子（我們稱爲「自旋向上」），在 1 號磁鐵內感受到向下的推力，將在 3 號磁鐵內感受到**向上的**推力；它們會一直沿 a 曲線行進，最終穿過 2 號狹縫 S_2 而進入偵測器。反之，具有 $J_z = -\hbar/2$ 的原子（稱爲「自旋向下」) 在 1 號及 3 號磁鐵內，亦將感受兩方向相反的磁力，並依循 b 曲線行進，最終亦穿過 2 號狹縫 S_2 進入偵測器。

所用的偵測器則可以有數種不同的偵測機制供選擇，視原子種類而定。例如，對鈉等鹼金族金屬原子來說，所用的偵測器可以是一條纖細、赤熱的長條鎢絲，連接至靈敏的電流計。當鈉原子落於鎢絲上時，將會以 Na^+ 離子狀態蒸發掉，留下電子於鎢絲上。於是，便產生電流，電流大小正比於每秒內落於鎢絲上的鈉原子。

在 2 號磁鐵的兩磁極間，置有一串線圈，用以產生微弱水平磁場 $\boldsymbol{B}'$，線圈內的電流以可變頻率 ω 振盪。因而在 2 號磁鐵的兩個磁極間，存在著一個強烈、不隨時間而變的垂直磁場 $\boldsymbol{B}_0$，以及一個微弱振盪的水平磁場 $\boldsymbol{B}'$。

設想該振盪磁場的頻率 ω 設定在 ω_p 值，即原子在磁場 $\boldsymbol{B}$ 內的「進動」頻率。則該振盪磁場會讓穿越其中的原子產生躍遷，由某

J_z 值忽然變化成另一個值。例如，原先自旋向上之原子($J_z = +\hbar/2$) 可以翻轉成自旋向下($J_z = -\hbar/2$)。此類的原子，由於磁矩方向翻轉，在 3 號磁鐵內，將因感受到**下推**磁力，而沿 a' 曲線前進，如圖 35-5 所示。所以它無法穿過 2 號狹縫 S_2 進入偵測器。同樣道理，某些起始狀態爲自旋向下($J_z = -\hbar/2$)的原子，在穿越 2 號磁鐵時會翻轉成自旋向上($J_z = +\hbar/2$)。所以它們會沿 b' 路徑前進，無法抵達偵測器。

　　若振盪磁場 $\boldsymbol{B'}$ 的頻率大幅偏離 ω_p，該磁場無法造成磁矩翻轉，所以原子可以不受干擾的沿原路徑行進，抵達偵測器。因此，只要我們改變 $\boldsymbol{B'}$ 磁場的頻率 ω，直至觀測到抵達偵測器的原子流量減少，這樣便可以找出原子在磁場 $\boldsymbol{B}_0$ 中的「進動」頻率 ω_p。隨著 ω 變化，偵測到的電流將如圖 35-6 所示。由 ω_p 值，便可以得到原子 g 值。

　　這種原子束，或較常稱爲「分子」束共振實驗，是很漂亮且靈

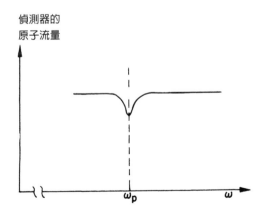

圖 35-6　原子束中的原子流量，當 $\omega = \omega_p$ 時會減少，如圖所示。

敏的方法，可以用來量測原子物體的磁學性質。其中的共振頻率 ω_p 可以很精確的測得，事實上其精確程度甚至高於我們對磁場 $\boldsymbol{B}_0$ 所做的測量，而後者也是在決定 g 因子時必須知道的物理量。

35-4 塊材之順磁性

現在，我們要進入塊材順磁現象的討論。設想我們有一個物質，例如硫化銅晶體，其原子帶有永久磁矩。在這個晶體中，銅離子的內層電子帶有淨角動量及淨磁矩。所以銅離子即是帶有永久磁矩的物體。讓我們用一點篇幅，說明哪類原子帶有磁矩，哪類原子則無。任何帶有**奇數**個電子的原子，例如鈉，都會帶有磁矩。鈉的未填滿電子殼層只含有一個電子。這個電子賦予原子自旋與磁矩。通常，當原子形成化合物時，外殼層電子會與其他電子耦合，而這些配對電子因為擁有相反自旋，所有價電子角動量總和與磁矩總和均會抵消掉。這便是為何一般而言，分子並不具有磁矩的原因。當然，若系統為鈉原子氣體，則不會抵消。＊ 此外，若系統為化學上所謂的「自由基」時（即該系統的價電子總數為奇數），則是含有未飽和的化學鍵，可帶有淨角動量。

在塊材情況，則通常是只當它含有未填滿**內**殼層原子時，才會表現出淨磁矩，此時會有淨角動量與磁矩。這類原子通常是週期表上的「過渡金屬元素」，例如鉻、錳、鐵、鎳、鈷、鉑、鈀等。另外，所有稀土族元素亦均擁有未填滿的內殼層與永久磁矩。尚有一

＊原注：通常，鈉蒸氣的粒子是以單原子為主，雖然仍可含少量的 Na_2 分子。

些奇怪的系統也擁有磁矩，例如液態氧等，但我們把它們留給化學家去解釋。

　　現在，設想有一箱原子或分子是具有永久磁矩的，它可能是氣體、液體或晶體。我們試問在外加磁場下，系統會受何影響。無磁場時，因為熱擾的緣故，原子會四處碰撞，原子磁矩將指向各個方向。但如果有磁場，磁矩會整齊排列；此時與磁場同向排列的磁矩會多於反向的。我們即稱此材料給「磁化」了。

　　我們定義一個材料的**磁化強度** M 為每單位體積的淨磁矩，也就是該單位體積內，所有原子磁矩所形成的向量和。如果每單位體積內有 N 個原子，且其**平均**磁矩為 $\langle \boldsymbol{\mu} \rangle_{\text{平均}}$，則 M 可寫為 N 乘以該平均磁矩：

$$M = N\langle \boldsymbol{\mu} \rangle_{\text{平均}} \tag{35.8}$$

此處，M 的定義對應到在第II卷第10章電極化強度 P 的定義。

　　順磁性的古典理論，和我們在第II卷第11章所談的介電常數理論一樣。我們假設每一個原子均擁有磁矩 $\boldsymbol{\mu}$，其大小恆定，但方向任意。在磁場 $\boldsymbol{B}$ 下，磁矩能量為 $-\boldsymbol{\mu} \cdot \boldsymbol{B} = -\mu B \cos\theta$，此處 θ 為磁矩與磁場的夾角。根據統計力學，擁有某一個角度的相對機率為 $e^{-\text{能量}/kT}$，所以角度近似於零的機率要高於近似 π 的。正如我們在第II卷11-3節所做的計算一樣，我們發現在低磁場時，M 平行於 $\boldsymbol{B}$ 且同向，其大小為

$$M = \frac{N\mu^2 B}{3kT} \tag{35.9}$$

（參見(11.20)式）上面的近似公式，只在 $\mu B/kT$ 遠小於1時才是正確的。

　　因此我們發現磁場所誘發之磁化強度（每單位體積的磁矩），

正比於磁場。這就是順磁現象。你將會發現這個效應在低溫時較爲顯著，高溫時較爲微弱。當我們將一個物質置於磁場內時，在低磁場條件下將會誘發出一個和磁場大小成正比的磁化強度。M 對 B（低磁場時）的比即稱爲**磁化率**。

現在，我們要從量子力學來討論順磁性。首先我們考慮一個自旋爲 1/2 的原子系統。無磁場時，原子的能量爲某個值，在磁場下這個值會分裂爲兩個，分別對應於 J_z 的二個值。如果 $J_z = +\hbar/2$，（由於磁場）原子能量的變化將是

$$\Delta U_1 = +g\left(\frac{q_e\hbar}{2m}\right) \cdot \frac{1}{2} \cdot B \tag{35.10}$$

（因爲電子電荷爲負，所以能量改變值爲正。）如果 $J_z = -\hbar/2$，原子的能量的改變則是

$$\Delta U_2 = -g\left(\frac{q_e\hbar}{2m}\right) \cdot \frac{1}{2} \cdot B \tag{35.11}$$

爲節省麻煩，令

$$\mu_0 = g\left(\frac{q_e\hbar}{2m}\right) \cdot \frac{1}{2} \tag{35.12}$$

則

$$\Delta U = \pm\mu_0 B \tag{35.13}$$

此處，μ_0 之物理意義很明白：$-\mu_0$ 爲自旋向上時磁矩的 z 分量，而 $+\mu_0$ 爲自旋向下時磁矩的 z 分量。

統計力學告訴我們，原子處於某狀態或另一狀態的機率正比於

$$e^{-(\text{能態})/kT}$$

無磁場時，此二態之能量相等；因此當系統在磁場中達到熱平衡時，各態的機率正比於

$$e^{-\Delta U/kT} \tag{35.14}$$

所以每單位體積內自旋向上的原子個數就是

$$N_上 = ae^{-\mu_0 B/kT} \tag{35.15}$$

自旋向下的原子個數則是

$$N_下 = ae^{+\mu_0 B/kT} \tag{35.16}$$

式中的常數 a 可由下式決定

$$N_上 + N_下 = N \tag{35.17}$$

此處，N 為每單位體積內的原子總數。所以我們得到

$$a = \frac{N}{e^{+\mu_0 B/kT} + e^{-\mu_0 B/kT}} \tag{35.18}$$

我們感興趣的是沿 z 軸方向的**平均**磁矩分量。每一個自旋向上原子貢獻 $-\mu_0$ 的磁矩，自旋向下的原子則貢獻 $+\mu_0$ 的磁矩；所以平均磁矩為

$$\langle \mu \rangle_{平均} = \frac{N_上(-\mu_0) + N_下(+\mu_0)}{N} \tag{35.19}$$

每單位體積的總磁矩 M 則為 $N\langle \mu \rangle_{平均}$。利用(35.15)、(35.16)及

(35.17)三式可得到

$$M = N\mu_0 \frac{e^{+\mu_0 B/kT} - e^{-\mu_0 B/kT}}{e^{+\mu_0 B/kT} + e^{-\mu_0 B/kT}} \tag{35.20}$$

這即是量子力學中 $j = 1/2$ 原子系統的 M 值公式。順便指出該公式可藉用雙曲線正切函數，表現成更簡潔的形式：

$$M = N\mu_0 \tanh \frac{\mu_0 B}{kT} \tag{35.21}$$

在圖 35-7 中，我們把 M 對 B 作圖。當 B 很大時，雙曲線正切函數值趨近於 1，所以 M 趨近於 $N\mu_0$。故在高磁場時，磁化強度達到**飽和**。我們很容易便可瞭解這個現象：在足夠強烈的磁場下，所有原子磁矩都會呈同向排列。換言之，就是都處於自旋向下狀態，

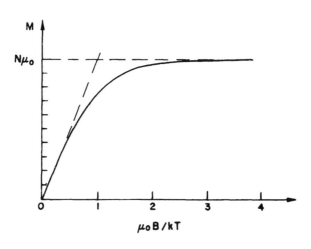

圖 35-7　順磁性磁化強度隨著磁場 B 變動的情形

且每一個原子均頁獻 μ_0 的磁矩。

在通常的狀況下（例如典型的磁矩大小、室溫及一般可達到的磁場強度，如 10,000 高斯），$\mu_0 B/kT$ 這個比值約爲 0.02。由此可知，要在極低溫下，才能見磁化強度的飽和現象。在一般溫度下我們可以用 x 取代 $\tanh x$，而有

$$M = \frac{N\mu_0^2 B}{kT} \tag{35.22}$$

上述結果與先前的古典結論相同，都得到 M 正比於 B 的答案。事實上，二者除了一個 $1/3$ 因子的差異外，其餘的都相同。底下我們要把量子公式中的 μ_0 與古典公式(35.9)中的 μ 連起來。

出現古典公式中的是 $\mu^2 = \boldsymbol{\mu} \cdot \boldsymbol{\mu}$，即磁矩向量的平方，或

$$\boldsymbol{\mu} \cdot \boldsymbol{\mu} = \left(g\,\frac{q_e}{2m} \right)^2 \boldsymbol{J} \cdot \boldsymbol{J} \tag{35.23}$$

我們在前一章中曾指出，若把古典計算中的 $\boldsymbol{J} \cdot \boldsymbol{J}$ 代換爲 $j(j+1)\hbar^2$，則通常可給出正確的量子力學結果。在目前之討論裡，$j = 1/2$，故

$$j(j+1)\hbar^2 = \tfrac{3}{4}\hbar^2$$

將上式代入(35.23)中的 $\boldsymbol{J} \cdot \boldsymbol{J}$，則得到

$$\boldsymbol{\mu} \cdot \boldsymbol{\mu} = \left(g\,\frac{q_e}{2m} \right)^2 \frac{3\hbar^2}{4}$$

若上式用(35.12)定義的 μ_0 表出，則得到

$$\boldsymbol{\mu} \cdot \boldsymbol{\mu} = 3\mu_0^2$$

將此式代入(35.9)式的古典公式，恰好給出正確的量子力學結果，即(35.22)式。

以上順磁性的量子力學理論可以很容易的推廣至任意自旋 j 的原子系統。低磁場時，磁化強度爲

$$M = Ng^2 \frac{j(j+1)}{3} \frac{\mu_B^2 B}{kT} \tag{35.24}$$

此處，

$$\mu_B = \frac{q_e \hbar}{2m} \tag{35.25}$$

爲幾個物理常數的組合，具有磁矩單位。許多原子都約略具有這個大小的磁矩。這個量稱爲**波耳磁量子**。電子之自旋磁矩幾幾乎等於一波耳磁量子。

35-5　絕熱去磁冷卻

底下討論一個順磁性現象的有趣應用。在極低溫時，可以用一個強烈磁場把眾原子磁體排列起來。接著便可藉所謂的**絕熱去磁**程序，把系統降至**超低**的溫度。以某種順磁性的鹽爲例（例如，含有數種稀土族原子的鹽，如 $Pr(NO_8)_3 \cdot NH_4NO_3$），把它置於一個強烈磁場內，用液態氦冷卻至絕對溫度一或二度。則 $\mu B/kT$ 因子將大於 1，例如會是 2 或 3。大部分的磁矩均成同向排列，使磁化強度大致飽和。爲了簡化討論，令磁場強度極高，溫度極低，以致幾乎所

有原子均成同向排列。之後，把這個鹽與環境的熱能交換阻斷（例如，移除液態氦，使鹽處於絕熱的真空環境下），並移去磁場。此時，鹽的溫度將降至超低之值。

如果你**忽然間**去掉磁場，則原子在晶體裡的晃動振顫，將逐漸擾亂原先磁矩的整齊排列。有一部分磁矩呈向上排列，另外的部分則呈向下排列。但是如果沒有磁場（同時，亦忽略原子磁矩間的交互作用，因該作用僅造成微小的修正），原子磁矩的翻轉並不需要任何能量。因此，原先整齊排列的磁矩逐漸零亂化，且因能量不產生改變，溫度也不會有變化。

然而，設想如下情形，即當原子磁矩因熱擾運動而翻轉時，仍存殘餘磁場。則把磁矩翻轉至逆著磁場的方向，**必須透過做功才能達成**。因此熱運動的能量就被拿走了，造成溫度下降。所以如果前述強磁場並非迅速移離，鹽的溫度將會下降，也就是去磁造成了降溫。由量子力學觀點來看，當磁場極強時，所有原子均處於最低能量狀態，任一個原子處於高能態的機率幾乎為零。當磁場減弱時，熱擾動將一個原子由低能態撞入高能態的機率逐漸增加。當此躍遷發生時，原子即吸收了 $\Delta U = \mu_0 B$ 的能量。因此，當磁場逐漸關閉時，磁性能階躍遷會吸走晶體的熱振動能量，使其冷卻。以這樣的方式，可以把一個系統由原來的溫度降至絕對溫度數千分之一度。

你還想要把系統的溫度再進一步降低嗎？事實上，大自然確實提供了這樣的路徑。我們之前曾提過，原子核也擁有磁矩。我們原先所導得的順磁性磁化強度公式，也同樣適用於原子核磁矩，相異點僅是，原子核磁矩約是電子磁矩的**千分之一**。（原子核磁矩數量級為 $q\hbar/2m_p$，其中 m_p 為**質子**質量，所以兩種磁矩的比值等於電子與質子對應質量之比。）對原子核磁矩而言，即使在低溫如 2K 下，$\mu B/kT$ 因子仍只為數千分之一的大小而已。但如果使用前述的

順磁去磁程序，便可以把溫度降至數千分之一度，則 $\mu B/kT$ 將接近 1，在這個溫度下，原子核磁矩的排列將逐漸飽和。這真是幸運，因為我們可以接著使用**原子核**磁矩絕熱去磁原理，使系統溫度更進一步下降。因此，兩階段的磁冷卻便成為可行途徑。首先，我們藉由順磁性離子的絕熱去磁效應把溫度降至數千分之一度。之後，用此低溫順磁性鹽類化合物，去冷卻某種具有強原子核磁性的物質。最後，把磁場由這個物質移除，則最終的溫度將可達低於**百萬分**之一的極低溫——只要所有步驟都能小心翼翼施行的話。

35-6　核磁共振

前面敘述過，原子順磁性極為微弱，而原子核磁性甚至更微小，只有原子順磁性的數千分之一。然而實際上，原子核的磁性卻較容易藉由所謂「核磁共振」（nuclear magnetic resonance）的原理來觀測。設想我們的系統為液態水，因為系統的所有電子自旋都已配對相消，所以其淨磁矩為零。但水分子則仍有非常、非常小的磁矩，是由氫原子核的核磁矩所貢獻的。設想把少量的水置於磁場 **B** 中，因（氫原子）質子具有 1/2 自旋，磁場下它們將會有兩個能態。當水處於熱平衡時，會有較多質子處於低能態，其磁矩和磁場平行。所以每單位體積內，會存在著一個微量淨磁矩。因質子的磁矩約僅為原子磁矩的千分之一，又因磁化強度正比於 μ^2（根據 (35.22)式），所以水的磁化強度約僅為一般原子順磁強度的百萬分之一。（這便是為何我們需要選取不具原子磁性材料的原因。）如果你可以把這個問題解出，則會發現自旋向上與自旋向下的兩類質子，數量差距約僅為 10^8 之 1，所以這個效應的確極為微小！然而，這個效應仍然可以下列方式觀測到。

設想我們把水置於一個小型線圈內，線圈能產生微弱水平振盪磁場。若此場的振盪頻率爲 ω_p，則可誘發在高低兩能態間的躍遷，正如我們在第35-3節描述的拉比實驗一般。當質子由高能態翻轉至低能態時，它將釋放能量 $\mu_z B$，而該量如前所述，等於 $\hbar\omega_p$。若質子由低能態翻轉至高能態，則它將從線圈**吸收**能量 $\hbar\omega_p$。由於處於低能態的質子數要略多於處於高能態的質子數，所以整體而言，水將自線圈**吸收**能量。雖然該效應非常微弱，但這少量之能量吸收，仍可藉由靈敏的放大器電子元件觀測到。

正如在拉比分子束實驗中一樣，前述能量的吸收，唯有在振盪磁場與水共振時，亦即當

$$\omega = \omega_p = g\left(\frac{q_e}{2m_p}\right) B$$

時，才能觀測到。通常較方便的實驗設計，是維持 ω 不變，而改變 B，使上述的共振條件成立。亦即，當

$$B = \frac{2m_p}{g\,q_e}\,\omega$$

時，能量吸收之現象將較爲顯著。

次頁的圖 35-8 顯示一個典型核磁共振的儀器配置，一個小型線圈置於大型電磁鐵的兩磁極之間，並用高頻的振盪器驅動線圈。另外，兩磁極末端分別包以小型副線圈，而此類小型線圈則受一個60赫茲的電流驅動，使電磁鐵的磁場值在平均值上下，進行小幅「搖晃」。例如，電磁鐵的主電流設定爲可產生5000高斯的磁場，而副線圈設定爲可在該值上下產生 ±1 高斯的振動。如果振盪器的頻率設定在21.2百萬赫茲，則每當磁場值掃描過5000高斯時，即與質

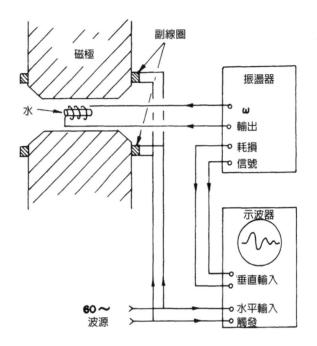

圖 35-8　信號顯示質子翻轉所額外消耗掉的功率

子產生共振（使用(34.13)式與質子的 g 值爲 5.58，即可驗證）。

　　振盪器電路的設計如下。當質子由振盪器所吸收到的能量發生**變化**時，即會輸出一個正比於該變化的信號。這個信號被輸入示波器的垂直偏折放大器。而示波器的水平掃描則同步於磁場的掃描，即水平掃描頻率等於磁場「搖晃」頻率。（通常，水平偏折量設計爲正比於磁場搖晃量。）

　　在水置入高頻線圈內之前，振盪器的輸出功率爲某個定值（該值不跟隨磁場變化）。然而，當一小瓶水置入線圈內之後，示波器螢幕就會有信號出現，如圖 35-8 所示。我們看到了質子翻轉時能量被吸收。

　　事實上，要確定主磁鐵的磁場值恰好設定在 5000 高斯，並非容易之事。通常是藉由調整主磁鐵電流值，直到示波器上顯示出共振信號為止。這就是今日欲精確量測磁場值時所使用的方法。當然之前總得**有人**要先能以某種方法精確測量出磁場值及頻率，以定出質子的 g 值。一旦這個困難的工作完成了，後人便可以使用圖中所示的質子共振裝置做為「質子共振磁強計」。

　　讓我們對前述信號的外形做一些注解。如果磁場的振盪極為緩慢，則將如預期的出現典型的共振曲線。當 ω_p 等於振盪器頻率時，能量的吸收將達到最大值。而在該頻率鄰近值亦會有部分的能量吸收發生，這是因為並非所有的質子都感受到同一個磁場值，而不同的磁場值會對應略為不同的共振頻率。

　　附帶說明一點，或許有人會認為無論是否達到共振頻率，都無法得到輸出信號。在高頻磁場下，難道我們不應該預期高低兩個能態的質子數會達到平衡，使得只有在水剛置入線圈時，才有信號產生？然而不全然如此，因為縱使該高頻磁場試圖讓兩個能態的質子數相等，熱擾動仍克盡其責**試圖**把兩質子數的比，維持在溫度 T 時應有的值。在共振發生時，注入於原子核的功率，很快的轉移喪失於熱運動上。不過事實上，原子核磁矩與原子運動之間，僅有微量的「熱接觸」。易言之，質子雖處於電子分布的中心，卻幾乎是與世隔絕的，相當孤立。所以在純水系統裡，的確會如前面所臆測的，共振信號過小以致於幾乎無法顯示。若要增加能量的吸收，便要增加熱接觸。通常的做法便是在水裡摻入一些氧化鐵。因為鐵原子正如小型磁鐵，它們隨熱能起舞搖曳時，便同時產生晃盪的微小磁場，作用在質子上。這些晃盪磁場把質子磁矩「耦合」至原子振動，藉以達到質子的熱平衡。經由這個「耦合」，已處於高能態的質子便可拋出多餘的能量，轉成低能態，因此能再度自振盪器吸收

能量。

　　實際上，一個核磁共振裝置的輸出信號，並不全然相似於典型的共振曲線。通常，該信號的外型因含有振盪變化，會較共振曲線複雜，如圖中所示。這種信號的成因與場變化有關。嚴格來說，需透過量子力學才能給出圓滿的解釋，然而在此類實驗裡，也可以用古典進動磁矩的概念來說明。在古典物理中，我們可以說當共振發生時，我們是以同步的方式在驅動許多進動中的核磁體。在這個情況下，我們讓眾磁矩共同進動。這些核磁體在共同旋轉的狀況下，會反過來以 ω_p 的頻率，對振盪器線圈產生感應電動勢。當磁場隨時間增強時，進動頻率隨之增加，引致感應電壓的頻率在不久後便略高於振盪器頻率。隨感應電動勢與振盪器兩者的相位關係，在同相與反相間做交替變換，所「吸收」的功率也在正與負兩值間交替變換。又因為眾質子的頻率並非都相同（因為不同的質子所處磁場強度也略相異），且水中的氧化鐵也可能會產生干擾，自由進動中的眾磁矩不久便無法保有同相位，「節拍」信號就不見了。

　　磁共振現象在許多方面已成為很有用的工具了，它可用來探索物質的新穎性質，尤其是在化學與核物理方面。無庸置言，核磁矩的數值透露了核結構的資訊。在化學裡，由共振曲線的結構或外形，得到了大量的訊息。由於鄰近原子核產生的磁場影響，一個核磁共振的確切位置會略為偏移原位，偏移量視對應原子核所處的環境而定。藉由測量這些偏移，可以判斷出哪些原子互為鄰近原子，這有助於分子結構細節的確定。同樣重要的是自由基電子自旋共振現象。雖然在平衡時，自由基並不能大量存在，但通常在化學反應的中間態會含有該類自由基。藉由測量電子自旋共振，可以靈敏測試出自由基的存在與否，進而瞭解某些化學反應的機制。

中英、英中對照索引

說明：

1. 索引中頁碼前方的 (1)、(2)、(3)，代表詞條分別屬於第 III 卷的第 1 冊《量子行為》、第 2 冊《量子力學應用》、第 3 冊《薛丁格方程式》。

2. 頁碼後若有 f，表示詞條出現於自該頁碼開始，以及之後的幾頁中。

The Feynman 閱讀筆記

閱讀筆記

The Feynman 閱讀筆記

國家圖書館出版品預行編目資料

費曼物理學講義. III, 量子力學. 3：薛丁格方程式 / 費曼
(Richard P. Feynman), 雷頓(Robert B. Leighton), 山德
士(Matthew Sands)著；高涌泉, 吳玉書譯. -- 第二版. --
臺北市：遠見天下文化, 2018.04
　　面；　公分. --（知識的世界；1229）
譯自：The Feynman lectures on physics, new millenni-
um ed., volume III
ISBN 978-986-479-439-3（平裝）

1.物理學 2.量子力學

330　　　　　　　　　　　　　　　　107005800

知識的世界 1229

費曼物理學講義 III——量子力學
(3)薛丁格方程式

原　　著／費曼、雷頓、山德士
譯　　者／高涌泉、吳玉書
顧 問 群／林和、牟中原、李國偉、周成功

總編輯／吳佩穎
編輯顧問／林榮崧
責任編輯／徐仕美　　特約校對／楊樹基
美術編輯暨封面設計／江儀玲

出 版 者／遠見天下文化出版股份有限公司
創 辦 人／高希均、王力行
遠見・天下文化 事業群榮譽董事長／高希均
遠見・天下文化 事業群董事長／王力行
天下文化社長／王力行
天下文化總經理／鄧瑋羚
國際事務開發部兼版權中心總監／潘欣
法律顧問／理律法律事務所陳長文律師　　著作權顧問／魏啓翔律師
社　　址／台北市 104 松江路 93 巷 1 號 2 樓
讀者服務專線／（02）2662-0012　　傳真／（02）2662-0007；2662-0009
電子信箱／cwpc@cwgv.com.tw
直接郵撥帳號／1326703-6 號 遠見天下文化出版股份有限公司

電腦排版／極翔企業有限公司
製 版 廠／東豪印刷事業有限公司
印 刷 廠／中原造像股份有限公司
裝 訂 廠／中原造像股份有限公司
登 記 證／局版台業字第 2517 號
總 經 銷／大和書報圖書股份有限公司　電話／（02）8990-2588
出版日期／2006 年 4 月 18 日第一版第 1 次印行
　　　　　2024 年 3 月 26 日第二版第 6 次印行

定　　價／450 元
原著書名／THE FEYNMAN LECTURES ON PHYSICS: The New Millennium Edition, Volume III
by Richard P. Feynman, Robert B. Leighton and Matthew Sands
Copyright ©1965, 2006, 2010 by California Institute of Technology,
　Michael A. Gottlieb, and Rudolf Pfeiffer
Complex Chinese translation copyright © 2006, 2013, 2016, 2018 by Commonwealth Publishing
Co., Ltd., a member of Commonwealth Publishing Group
Published by arrangement with Basic Books, a member of Perseus Books Group
through Bardon-Chinese Media Agency
博達著作權代理有限公司
ALL RIGHTS RESERVED

ISBN:978-986-479-439-3（英文版 ISBN:978-0-465-02501-5）

書號：BBW1229

天下文化官網　bookzone.cwgv.com.tw

※本書如有缺頁、破損、裝訂錯誤，請寄回本公司調換。